纳米压痕技术检测残余应力

王海斗　朱丽娜　徐滨士　编著

科学出版社

北京

内 容 简 介

全书共5章，在系统归纳材料表面残余应力的形成机理及其测量技术的原理和缺陷的基础上，重点介绍了先进的纳米压痕测量技术，深入阐述了不同计算模型的测量原理、适用范围及缺陷，并系统总结了不同模型在残余应力检测中的实际应用。本书涉及面广、应用面宽，对研究表面残余应力的实际问题具有较强的指导作用。

本书可供从事机械、材料、力学，以及表面工程、再制造工程等学科方向教学、科研和生产的相关人员参考阅读，也可作为高等院校相关专业研究生和高年级本科生的专业教材。

图书在版编目(CIP)数据

纳米压痕技术检测残余应力/王海斗，朱丽娜，徐滨士编著.—北京：科学出版社，2016

ISBN 978-7-03-048781-0

Ⅰ.①纳… Ⅱ.①王… ②朱… ③徐… Ⅲ.①纳米技术-压痕-检测-残余应力-研究 Ⅳ.①TB303

中国版本图书馆CIP数据核字(2016)第131868号

责任编辑：裴 育 / 责任校对：桂伟利

责任印制：吴兆东 / 封面设计：蓝正设计

科学出版社 出版

北京东黄城根北街16号

邮政编码：100717

http://www.sciencep.com

北京凌奇印刷有限责任公司 印刷

科学出版社发行 各地新华书店经销

*

2016年6月第 一 版 开本：720×1000 1/16

2022年6月第六次印刷 印张：12 3/4

字数：257 000

定价：88.00元

(如有印装质量问题，我社负责调换)

前　言

机械零部件在制造加工和使用过程中，都无法避免残余应力的产生；再制造的表面涂层在成形过程中，也会产生残余应力。残余应力对零部件的疲劳强度、应力腐蚀、形状精度等均有重大的影响，因此精确测量残余应力的大小、调整残余应力的分布、减小或消除残余应力的不利影响具有重要的科学意义。

由于残余应力的成因极其复杂，至今尚未找到成熟可靠的理论和方法来分析和计算残余应力，残余应力的测量方法和测试技术一直是国内外工程界最为热门的研究方向之一。虽然目前存在各种不同的测量技术和方法，如 X 射线衍射法、曲率法、钻孔法、拉曼光谱法、磁性法等，且都取得了不同程度的良好效果，但均因存在技术自身的短板或缺陷，而在残余应力值的微纳精确测量方面尚未取得突破。纳米压痕技术以其快速、方便、准确、无损等优点，已广泛应用于不同种类材料的力学性能测量上。因此，应用纳米压痕技术测量和评价材料表面的残余应力必将对各种工程技术和机械系统的发展起到巨大的推动作用，发展和完善纳米压痕检测技术和方法为评估零部件的使用性能和寿命提供强有力的技术支撑。

本书紧密围绕机械零件、金属材料及涂层薄膜表面的残余应力检测，对现有的纳米压痕检测残余应力的理论模型进行全面深入的阐述和介绍，并对不同模型的适用范围及缺陷进行归纳总结。本书属于基础研究，内容主要来自作者近年来的最新研究成果，并尽可能吸收本领域同行学者的研究精华。作者希望通过本书向广大读者介绍先进的纳米压痕技术检测残余应力的基本知识，以期使更多领域的专家、学者与工程技术人员了解这种测量技术的特点和效果，并在机械设计、加工制造、维修与再制造中合理地进行选择和运用，以求更好地指导生产实践，获得最大的社会与经济效益。书中参考了大量国内外文献，在此谨向相关文献的作者表示深切的谢意。

由于作者水平有限，对有些技术中的若干现象尚未给予深入全面的解释，对此深感遗憾。对于书中的疏漏与不足之处，由衷希望广大读者和专家提出宝贵意见和建议。

本书得到国家杰出青年科学基金(51125023)、国家 973 计划(2011CB013405)及北京市自然科学基金重大项目(3120001)的资助。

目　录

第 1 章　材料中的残余应力

在各种机械零部件制造过程中，如拉拔、挤压、轧制、校正、铸造、焊接、切削、磨削以及热处理等，都会使零部件内出现不同程度的残余应力[1]。此外，利用各种表面处理技术制备的薄膜和涂层中也会难以避免地产生残余应力。残余应力对材料的疲劳强度、应力腐蚀、形状精度等都会产生巨大的影响。

1.1　残余应力的定义及其分类

工程材料及其构件在加工过程中，会受到各种工艺等因素的作用与影响，而当这些因素消失之后，构件所受到的作用与影响并不能完全消失，仍有部分以平衡状态存在于构件内部，这种残余的作用与影响称作残余应力。

残余应力的存在状态因材料的性能、产生条件等的不同而异，按照残余应力的作用范围可分为宏观残余应力与微观残余应力，见表 1-1。

表 1-1　残余应力的分类[2]

残余应力	作用范围/mm							
	10	1	10^{-1}	10^{-2}	10^{-3}	10^{-4}	10^{-5}	10^{-6}
第Ⅰ类	不均匀的外部载荷引起的应力							
第Ⅱ类			结构的残余应力					
第Ⅲ类					晶体内的残余应力			
							位错引起的残余应力	

1. 宏观残余应力

宏观残余应力又称为第Ⅰ类残余应力，该应力在材料较大范围或大量晶粒范围内存在并保持平衡，是存在于各个晶粒的数值不等的内应力在很多晶粒范围内的平均值。其大小、方向和性质等可用通常的物理或机械方法进行测量。

2. 微观残余应力

微观残余应力按照其作用范围，又可分为第Ⅱ类和第Ⅲ类残余应力。第Ⅱ类残余应力存在于材料的较小范围（数个晶粒尺寸，约在 1～0.01mm 范围）内并保持平衡，是此范围内的平均应力。第Ⅲ类残余应力在极小的材料区域（几个原子间距，约在 10^{-2}～10^{-6} mm 范围）内存在并保持平衡，在晶体亚结构范围内大小不均匀。

1.2 残余应力的形成机理

1.2.1 宏观残余应力的形成机理

1. 不均匀塑性变形产生的残余应力

构件在进行机械加工后（如拉拔、滚压、挤压、切削、喷丸等）会发生不均匀的塑性变形，即材料各部分的塑性变形量不一致，这会使构件内部产生相对压缩或拉伸形变，从而产生残余应力[3]。

2. 热影响产生的残余应力

构件在加热或冷却的过程中，材料内部会产生温度梯度，造成不均匀的热胀冷缩，从而产生第Ⅰ类残余应力。当组织转变引起材料内部产生不均匀的体积变化时，则发生相变应力，即第Ⅱ类残余应力。

3. 化学成分差异产生的残余应力

化学热处理、电镀、喷涂等加工方式和表面脱碳都能引起化学成分的差异，这种情况的残余应力是由于从表面向内部扩展的化学或物理化学变化而产生的。钢材氮化时，表面形成比容积较大的化合物层，表面便产生了很大的压缩残余应力。渗碳时也会发生类似情况，这主要是由化学变化导致密度变化所造成的。

1.2.2 微观残余应力的形成机理

1. 因晶粒的各向异性而产生的残余应力

这是由于晶体的热膨胀系数、弹性模量等的各向异性和晶粒间的方位不同而产生的微观残余应力。例如，在多晶体中，由于各晶粒的方向不同，即使所施加的外力是均匀的，各晶粒的变形也有可能不同，此时若有塑性变形发生，各晶粒的塑性变形也会不均匀，因此必然产生残余应力[4]。

2. 因晶粒内外的塑性变形而产生的残余应力

这种微观残余应力主要由于晶粒内的滑移、穿过晶粒间的滑移及双晶的形成等而产生的。例如，晶粒内有滑移变形，位错就在晶界堆积；又如，穿过晶界在更广的范围内进行滑移，显示出折曲带等情况。由于位错穿过晶粒并不消失，所以此时也在组织内形成各种不均匀的内部缺陷。这些就成为外力去除后产生微观残余应力的主要原因。

3. 因夹杂物、沉淀相或相变出现的第二相而产生的残余应力

在金相组织内，当夹杂物、析出物及相变而出现不同相时，由于体积变化及热应力的作用，可能产生相当大的微观残余应力。

1.3 残余应力对材料性能的影响

残余应力对构件的疲劳强度[5]、材料脆性[6]、腐蚀开裂[7]以及构件的加工精度[8]和尺寸稳定性[9]都有很大的影响。

1.3.1 残余应力对疲劳强度的影响

残余应力对疲劳强度有很重要的影响。据不完全统计，机械工程中约有 80% 的零件损坏属于长期在交变应力下工作的疲劳破坏[10]。一般情况下，当受到交变应力的零件存在残余压应力时，会使其疲劳强度提高；而当存在残余拉应力时，其疲劳强度就会降低。在实际中，因条件和环境的不同，残余应力对疲劳的影响是复杂的，首先它与残余应力的分布和大小、材料的弹性性能、外来作用应力的状态等有关，还与残余应力的发生过程有关。也就是与冷加工或热处理所造成的组织上的特性和残余应力在应力交变时的稳定性等有关[11]。

材料表层的残余应力分布之所以对疲劳强度有重大影响，是因为表面拉应力能够促进疲劳裂纹的生成。因此，使材料表层呈现残余压应力就成为预防疲劳断裂、提高疲劳强度的一种有效手段。零件经不同的机械加工后，其残余应力分布大不相同。而各种表面加工方法，如喷丸、轧辊、挤压、渗碳、氮化、表面淬火等，都能在材料的表层产生残余压应力。因此，对于受到交变载荷的零件，常采用上述加工方法来提高其疲劳寿命。

对 316L 不锈钢表面进行超声喷丸处理，可在试样表面制备出一定厚度的纳米表面晶层，并在表面产生残余压应力[12]，如图 1-1 所示。经过喷丸处理后的试样表面对抑制疲劳裂纹的扩展、提高疲劳寿命起到很大的作用。

当材料表面较软、粗糙度高或者存在某种形式的应力集中时，疲劳加载时裂纹源大多位于试样表面。但是由于 316L 不锈钢表面经过超声喷丸处理后存在残余压应力，抵消了部分载荷应力，从而提高了疲劳强度。

图 1-2 为中碳钢曲轴经过表面淬火和喷丸处理后疲劳实验的应力-循环次数曲线（σ-N 曲线）。图中表示的是实验应力和断裂循环次数关系的分散带。表面淬火和喷丸处理对曲轴的疲劳性能有显著的影响，表面淬火后的曲轴疲劳强度在 500MPa 以上，而喷丸后则可高达 600MPa 以上。

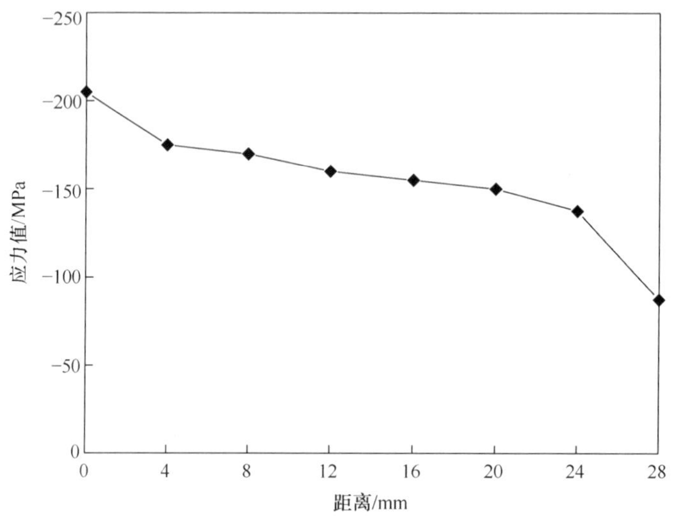

图 1-1　喷丸后 316L 不锈钢表面的残余应力分布[12]

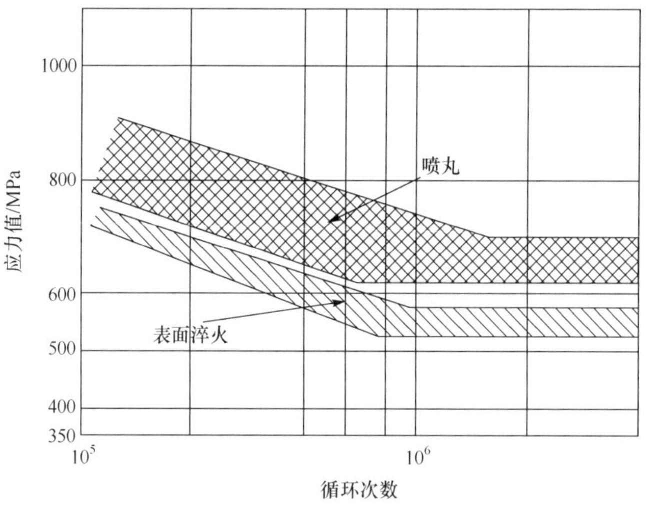

图 1-2　经表面处理的曲轴疲劳性能[3]

1.3.2　残余应力对脆性破坏的影响

脆性破坏是指材料在未达到寿命的时期内，其内部突然产生裂纹，随后扩展到整个截面而导致破坏，但几乎没有因外部载荷而产生的塑性变形。通常在低温等特殊环境下容易发生这种脆性破坏，但在普通的状态下也可能发生。构件的塑性变形在温度下降、变形速度增大以及厚壁断面等情况下会受到抑制，当受到大的应力作用时，脆性破坏就会突然发生。当残余应力作为初始应力附加到普通构件的断面时，就会对脆性破坏产生影响。

对于具有单轴残余应力的韧性材料的构件，在承受同轴拉伸静载荷的作用时，若材料的应变速率较低，能发生塑性变形，使构件整个横截面的应力均能达到屈服极限，则残余应力的存在不致引起低应力脆性破坏的发生。

如果残余应力是三向的，且 $\sigma_{r1}=\sigma_{r2}=\sigma_{r3}=\sigma_r$，在残余应力作用的区域内不容易发生塑性变形。当受到单向拉伸静载荷应力 σ_P 的作用，且 $\sigma_r+\sigma_P>\sigma_b$（强度极限）时，应力均匀化会滞后于材料破坏，未能产生塑性变形，因此足够大的体积残余应力将会导致脆性破坏的发生。如果载荷应力是三向的，并受到单向拉伸残余应力的作用，情况与上述类似。

如果材料呈脆性状态，在静载荷作用下未能发生塑性变形和应力均匀化，而构件中的残余应力通常可达到材料的屈服极限，因此在很低的载荷应力作用下就会发生低应力脆性破坏。

当构件承受高应变速率的冲击载荷作用时，材料的塑性变形能力降低，材料有可能从塑性状态转变为脆性状态，此时存在于构件中的残余应力会促使低应力脆性破坏的发生。

实际构件中会不可避免地存在各种各样的缺陷，如裂纹等。在裂纹的尖端局部引起应力集中，从而导致该区域处于复杂应力状态，并使该处材料发生脆化。此时，残余应力对脆性破坏的影响还与温度有关。在某一临界温度 T_{f} 以上时，缺口和残余应力对脆性破坏都与温度无关；在 T_{f} 以下时，即进入脆性破坏温度阶段，如果再引入另一临界温度（弹性负荷破坏转变温度）T_{P}，则在 $T_{\mathrm{P}}<T<T_{\mathrm{f}}$ 时，裂纹将不扩展；而在 T_{P} 以下时，缺口和残余应力都将会对脆性破坏产生很大的影响。此时稍微施加载荷应力即可在缺口尖端产生裂纹并迅速扩展，而残余拉应力可以提供所需的能量，并使裂纹传播速度增大。

1.3.3　残余应力对腐蚀开裂的影响

当承受静载荷的材料与腐蚀性介质相接触时，往往在经过一定时间后就发生开裂，并发展到整个断面而破坏，这种现象称为应力腐蚀开裂（stress corrosion cracking，SCC）。这种开裂是在同时满足静的拉应力、敏感的材料和特定的介质三个基本条件时才会发生，如图 1-3 所示[13]。其特征是：

（1）拉应力和腐蚀必须共存，缺少任何一方，裂纹或者不发生，或者不扩展；

（2）由于材料成分和组织的不同，对开裂的敏感性也会不同；

（3）特定的腐蚀介质可使裂纹更易于发生。

应力腐蚀的特点：裂纹一般起源于表面；没有明显的塑性变形；裂纹的深度与宽度之比相差几个数量级；裂纹的扩展与所受的拉应力相垂直。应力腐蚀裂纹的

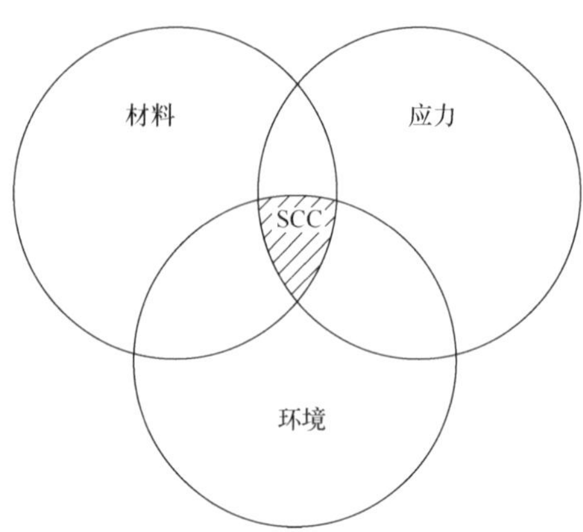

图 1-3 引起应力腐蚀开裂(SCC)的三个基本条件示意图[13]

微观形貌有穿晶、沿晶以及穿晶+沿晶混合型,但混合型较为少见。

只有存在拉应力时,才能产生应力腐蚀裂纹。这种应力可能是外加应力,或是加工和热处理过程引入的残余应力(如焊接残余应力),也可以是由腐蚀产物的楔入作用而引起的扩张应力。通常认为,只有拉应力才能产生应力腐蚀,压应力反而能阻止或延缓应力腐蚀[14]。

采用超声冲击处理工艺对 22SiMn2TiB 装甲钢试样进行表面冲击强化,采用四点弯曲加载装置将处理和未处理的试样在 3.5% NaCl 溶液中进行了 150 天的应力腐蚀实验[14]。超声冲击处理试样的冲击区表面残余应力平均值约为 −740MPa,为残余压应力;未冲击处理试样表面的残余应力平均值约为 43MPa,表明试样表面有一定的残余拉应力。通过四点弯曲加载,因弯曲面受拉应力作用,与残余压应力相抵消,可以使冲击表面处于基本不受力的状态;未冲击处理试样在四点弯曲加载后,弯曲面受到的总拉应力约 800MPa。

由于超声冲击处理在钢板表面引入了近 −740MPa 的残余压应力,起到了抵消弯曲拉应力的作用,也就是使腐蚀微裂纹尖端的名义应力水平降低到接近为零,因此会阻止或停止应力腐蚀裂纹的扩展,这便是超声冲击处理可提高装甲钢板抗应力腐蚀开裂能力的主要原因。

1.3.4 残余应力对加工精度和尺寸稳定性的影响

工程构件在热处理和锻压成形过程中通常会产生非常大的残余应力,当进行机械加工时,随着材料的不断去除,被切除材料内部的残余应力将会被释放,剩余材料中的残余应力将会重新分布直到达到新的平衡,此过程必将造成构件形状和尺寸的变化,从而影响构件的尺寸精度。同样,当构件在使用过程中受到外力、温度等因素作用时,残余应力将发生松弛与再分布,从而破坏构件的尺寸稳定性。

1.4　残余应力的检测方法

由于残余应力的形成原因极其复杂，至今还未找到成熟可靠的理论和方法来分析和计算残余应力。因此，通常采用实验测试方法来确定材料中残余应力的大小。残余应力的测试技术始于 20 世纪 30 年代，在 50 年代末到 70 年代初，随着微电子技术的不断发展和计算机的普遍应用，残余应力的测试技术取得了突破性的进展。测试仪器不断改造，实验方法逐步规范，测试数据的可信度也得到很大的提高，发展至今已经形成了数十种测试方法。

目前残余应力的测试方法主要分为有损测试法与无损测试法两大类。有损测试法是利用机械加工或其他方法将被测材料局部分离或者分割，释放部分或全部残余应力并造成相应的位移与应变，再在某些部位测量出这些位移或应变，通过力学分析推算出材料中原始存在的残余应力。有损测试方法会对材料造成一定的损伤或者破坏，但其精度较高、理论完善、技术成熟，目前在现场测试中被广泛应用。有损测试法主要有钻孔法[15]、环芯法[16]、剥层法[17]和切槽法[1]等。目前应用最多的是钻孔法和剥层法。无损测试法主要有 X 射线衍射法[18]、中子衍射法[19]、同步辐射法[20]、超声法[21]和磁性法[22]等。其中，X 射线衍射法在工程上应用最为广泛，其余方法理论上尚不够完善，或者相应的测试设备比较稀缺昂贵，操作比较复杂，从而在工程应用中受到限制。

1.4.1　无损检测法

1. X 射线衍射法

X 射线衍射法是目前研究得最为深入成熟的残余应力测试方法，被广泛应用于科学研究和工业生产的各个领域之中。该方法根据 X 射线晶体学理论和弹性力学来进行残余应力检测，其原理是通过由残余应力引起的晶粒内特定晶面间距的改变来测量残余应力。当某一波长的 X 射线照射到试样上并满足布拉格方程式时会产生衍射，如果试样内存在残余应力，则晶粒的晶面间距会发生变化，且 X 射线衍射的位置也会产生偏移。根据衍射位置的偏移即可求出晶面间距的变化，从而测出晶格应变，再通过弹性力学理论即可求出残余应力。由于该方法所测出的某点处晶格的变化量是其周围残余应力共同作用的结果，一般认为 X 射线衍射法测量的残余应力是其穿透深度上的残余应力的平均值。

X 射线衍射法测定残余应力的优点是：不改变试件的原始应力状态；X 射线束的直径可以控制在 2～3mm 以内，可以测定一个很小范围内的应变；可以测量出应力的绝对值。但该方法也存在很多不足，如对试件表面要求十分严格，且设备昂贵；由于 X 射线的穿透深度极浅，它只能在表层深度 30μm 左右的范围测量；对试件的尺寸和形状有一定的限制，试件的几何形状必须适应 X 射线无阻挡地入射与衍射仪的放置，因此该方法对试样的内表面和复杂形状表面的残余应力测定存在很大的困难。由于该方法是基于晶体的晶面间距的变化进行残余应力的测量，所以只能测量晶体材料表面的应力，无法对一些特殊的非晶材料的应力进行测量。

2. 中子衍射法

中子衍射法测量材料内部的残余应力始于 20 世纪 80 年代初期，是通过研究中子束的衰减来进行残余应力测量，可以得到材料内部的三维残余应力分布，是一种重要的无损检测分析手段。中子衍射法测定残余应力的原理与 X 射线衍射法基本相同，通过研究衍射束的峰值位置和强度，可以获得应力或应变的数据。图 1-4为中子衍射法的测量原理。中子衍射与 X 射线衍射的差别在于 X 射线是由电子壳层散射的，而中子射线是由原子核散射的，中子的穿透深度比 X 射线大得多[23]。

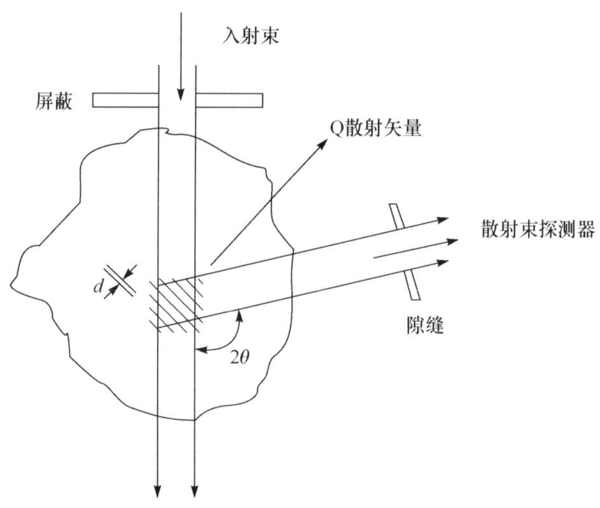

图 1-4　中子衍射法的测量原理[24]

Webster 等[24]利用中子衍射法测量了铝合金环和塞的环向残余应力以验证该方法的实用性。实验结果表明，中子衍射法测量出的应变误差为 10^{-4}，所对应的应力值为±(7～20)MPa。

由于中子在材料中的穿透深度较大，中子衍射作为有效的体探针和研究手段，具有较为独特的优势，可测量大块材料内部(厘米量级)的三维残余应力分布，同时中子衍射法具有很高的空间分辨率。其缺点是中子源的流强较弱，因此需要较长的测量时间。中子衍射测量需要样品的标准体积较大，空间分辨较差，通常为 $10mm^3$，而 X 射线衍射测量则为 $10^{-1}mm^3$，因此中子衍射对材料表层残余应力的测量无能为力，只有在对距表面 100μm 及以上区域进行测量时，中子衍射方法才具有优势。中子衍射残余应力测量设备重量大，受中子源的限制，不能像常规 X 射线衍射装置一样具有便携性，无法在工作现场进行实时测量。而且中子源建造和运行费用昂贵，测试成本太高[25]。此外，中子衍射设备非常稀缺，这也在一定程度上限制了中子衍射残余应力分析的商业应用。

3. 拉曼光谱法

拉曼光谱又称拉曼效应，是用发现人 C. V. Raman 的名字命名的。拉曼散射是光照射到物质上发生的非弹性散射所产生的。单色光束的入射光光子与分子相互作用时可发生弹性碰撞和非弹性碰撞，在弹性碰撞过程中，光子与分子之间没有能量交换，光子只改变运动方向而不改变频率，这种散射过程称为瑞利散射。而在非弹性碰撞过程中，光子与分子之间发生能量交换，光子不仅改变运动方向，同时光子的一部分能量会传递给分子，或者分子的振动和转动能量传递给光子，从而改变了光子的频率，这种散射过程称为拉曼散射。拉曼散射分为斯托克斯散射和反斯托克斯散射。最简单的拉曼光谱如图 1-5 所示。中央的是瑞利散射线，其频率为 γ_0，强度最强。其次是斯托克斯线，位于瑞利线的低频一侧，与瑞利线的频差为 $\Delta\gamma$。斯托克斯线的强度比瑞利线弱很多，约为后者的百分之一到上万分之一。在瑞利线的高频一侧为反斯托克斯线，与瑞利线的频差也是 $\Delta\gamma$，和斯托克斯线对称地分布在瑞利线两侧，反斯托克斯线的强度比斯托克斯线又要弱得多，因而不容易观察到，通常的拉曼实验检测到的是斯托克斯散射。

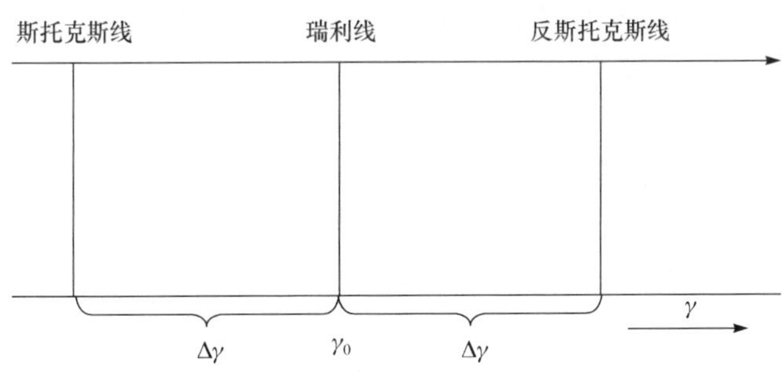

图 1-5　拉曼光谱图[26]

拉曼散射光谱与固体分子的振动有关，并且只有当分子的振动伴有极化率时才能与激发光相互作用，产生拉曼散射。当材料中存在应力时，某些对应力敏感的谱带会产生移动和变形。拉曼峰频移的改变与所受应力成正比，即 $\Delta\gamma=K\sigma$ 或 $\sigma=\alpha\Delta\gamma$，其中 $\Delta\gamma$ 为频移(单位 cm^{-1})，K 和 α 为应力因子。

拉曼峰频移的改变可简单说明如下：当材料受压应力作用时，分子的键长通常要缩短。根据力常数和键长的关系，力常数就要增大，从而振动频率增大，谱带向

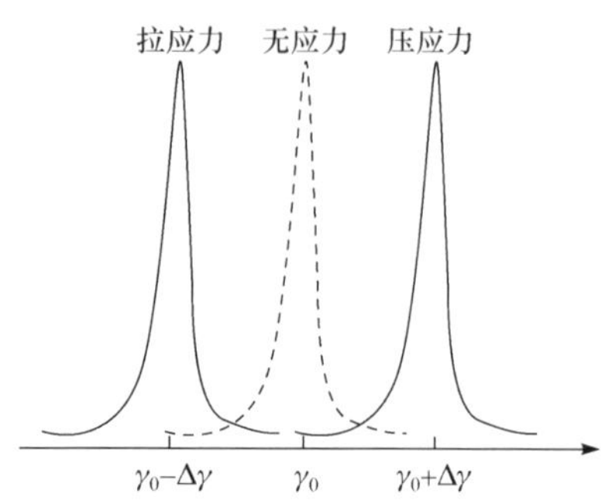

图 1-6　拉曼光谱与材料应力状态的关系[27]

高频方向移动。相反，当材料受拉应力作用时，谱带向低频方向移动，如图 1-6 所示。

拉曼散射光谱对于样品制备没有任何特殊要求，对形状大小要求低，不必粉碎、研磨，不必透明，可以在固体、液体、气体、溶液等物理状态下测量；对于样品数量要求比较少，可以是毫克甚至微克的数量级，适用于研究微量和痕量样品。拉曼散射采用光子探针，对于样品是无损伤探测，适合对那些稀有或珍贵的样品进行分析。因为水是很弱的拉曼散射物质，因此可以直接测量水溶液样品的拉曼光谱而无需考虑水分子振动的影响，比较适合于生物样品的测试，甚至可以用拉曼光谱检测活体中的生物物质。

拉曼光谱的缺点如下：一是会产生荧光干扰，样品一旦产生荧光，拉曼光谱会被荧光所湮灭而检测不到样品的拉曼信号；二是检测灵敏度低。

4. 超声法

目前，用超声法测量残余应力主要有两种方法：一种是采用超声横波作为探测手段，由于应力的影响，两束正交偏振横波具有不同的传播速度，会产生双折射，通过测量两束超声横波的回波到达时间，即可求出材料中的应力状态，但是该方法只能测量出材料内部的残余应力。另一种是采用表面波，是由 Lord Rayleigh 在 1885 年发现的，因此这种波被称作瑞利波（Rayleigh wave），它只在厚度远大于其波长的物体表面层上传播。通过测量声表面波在被测试样中传播速度的变化来确定残余应力值，但该方法仅适用于测量试样表面和次表面的残余应力。

超声波的穿透能力较强，对于一些金属材料，其穿透能力可达数米，因此它适合测量大型构件的三维残余应力。但是超声法也存在着一些不足之处[28]：

（1）测试结果受被测材料组织的干扰较大，特别是粗晶粒组织结构的材料；

（2）由于声波波长太长，声速太低，应力引起的声速变化过于微小，从而导致测量精度较低，只能测试高值残余应力，测量的可靠性较差。

5. 磁性法

当铁磁材料中存在残余应力时，其磁性会发生变化，利用磁性的这种变化可以测量出铁磁材料中的残余应力。目前应用于测量残余应力的磁性法有三种：磁噪声法、磁应变法和磁声发射法。

1）磁噪声法

磁噪声又称为巴克豪森(Barkhausen)噪声(BN)，是由德国 Dresden 大学巴克豪森教授于1919年发现的。当铁磁材料受到外加交变磁场或应力的作用时，磁畴壁会发生不连续的跳跃式急剧变化，从而释放出应力应变弹性波，这种现象被称为磁噪声。BN 信号对材料的微观结构、晶粒度、晶粒缺陷以及残余应力等因素是十分敏感的。当外磁场平行于应力时，BN 信号随拉应力的增大而增大，随压应力的增大而减小。BN 信号也与应力及磁场的方向有关，因此根据 BN 信号可以计算出铁磁性材料的残余应力状态。

2）磁应变法

磁应变法的原理是基于铁磁材料的磁致伸缩效应，即铁磁材料在应力作用下其磁化状态(磁导率和磁感应强度等)会发生变化，因此通过测量磁性变化可以检测出铁磁材料中的残余应力。铁磁材料的磁导率的相对变化量与残余应力之间存在以下线性关系：

$$\frac{\Delta\mu}{\mu_\sigma}=\lambda_0\mu_0\sigma \tag{1-1}$$

式中，$\Delta\mu$ 为磁导率的变化量，$\Delta\mu=\mu_0-\mu_\sigma$；$\mu_\sigma$ 为材料有应力时减小的磁导率；μ_0 为材料无应力时的磁导率；λ_0 为初始磁致伸缩系数；σ 为残余应力。

只有当应力小于300MPa 时，磁导率的相对变化量与残余应力之间才近似于线性，超过300MPa 则呈非线性，因此该方法不适合用来测定存在过大残余应力的构件[29]。刘翠荣等[30]利用磁应变法对 A633D 钢焊接接头焊缝的残余应力进行了测试，实验测得的数据规律性强、趋势明显，表明磁应变法测量焊接残余应力具有良好的可靠性和稳定性。

3）磁声发射法

磁声发射法(magnetic acoustic emission，MAE)是铁磁材料在受到交变磁场的作用时，由于磁畴的磁致伸缩效应，在变化了的体积内产生应变，从而产生一种应力应变的弹性波。实际上，这种弹性波就是能量的释放，通过声发射仪的传感器，把机械能转变成电能成为发射的信号。由于这种信号是由磁场激发的，所以称为磁声发射。当材料局部外磁场强度保持不变时，无论产生应力的原因是外加载荷还是残余应力，MAE 信号强度均随所受应力的变化而变化。利用 MAE 的这一特性，可对工件的残余应力状况进行测定。除 MAE 的信号强度外，MAE 信号的脉宽和幅值分布也对残余应力较为敏感，同样可以作为特征参量来评估材料内的残余应力[31]。

磁性法的最大特点是非接触测量，且测量速度快，适合于现场应用。但磁性法的测试结果会受到很多因素的影响，可靠性和精度较差，量值标定困难；同时，该方法对材质较为敏感，且只适用于铁磁材料。由于磁性法都需要外部激励磁场来完成测量,所以带来了设备笨重、磁化不均匀、能源消耗、剩磁和磁污染等问题。

6. 同步辐射法

同步辐射法兴起于 20 世纪 90 年代初期,西方发达国家利用较低能量的同步辐射(最大光子能量约为 10keV,波长为 0.14～0.15nm)进行残余应力的测量。90 年代中后期又出现了用更短波长(0.05nm)测量残余应力的报道,直到 21 世纪才陆续出现利用大于 40keV 的光子能量(波长＜0.03nm)进行残余应力测试的报道[32]。其中,法国的同步辐射装置可以提供 300keV 的光子能量,对于大多数的工程材料可达到厘米级的测量深度。Suárez 等[33]用同步辐射法测量了钴基合金熔覆层中的残余应力,对有限元模拟得到的结果进行验证,结果表明两种方法得到的残余应力值较为一致。

同步辐射法的优点在于 X 射线束的高强度以及高准直性,因此具有 X 射线衍射和中子衍射所无法比拟的高空间分辨率。同步辐射法的测量速度比 X 射线衍射法快,单点测量时间小于几分之一秒。此外,同步辐射可以测量近表层的内部应力以及残余应力沿层深的分布,弥补了传统的 X 射线衍射法只能测试表面的不足。但是,同步辐射法也存在一些不足之处:由于同步辐射的衍射角通常为 5°～30°,且只能对低原子序数材料有较强的穿透能力,目前仅能对轻合金材料(如铝合金)进行残余应力的检测;同步辐射设备非常稀缺,投资巨大,目前只有少数发达国家的少数实验室拥有该设备,难以得到实际应用。

1.4.2 有损检测法

1. 钻孔法

钻孔法的测量原理为:如果材料内存在残余应力,则在应力场内任意点上钻一个小孔,小孔附近表面因释放部分应力而产生相应的位移和应变。采用粘贴应变片(图 1-7)的方式测量出这些位移和应变,通过换算即可得到钻孔处深度方向的残余应力。具体计算公式为

$$\sigma_{1,2}=\frac{\varepsilon_1+\varepsilon_2}{4A}\pm\frac{1}{4B}\sqrt{(\varepsilon_1-\varepsilon_2)^2+[2\varepsilon_3-(\varepsilon_1+\varepsilon_2)]^2} \tag{1-2}$$

$$\tan(2\theta)=\frac{2\varepsilon_3-\varepsilon_1-\varepsilon_2}{\varepsilon_2-\varepsilon_1} \tag{1-3}$$

式中,σ_1、σ_2 分别为两个主应力;ε_1、ε_2、ε_3 为应变片测得的应变;A、B 为释放系数;θ 为 σ_1 与应变片 1 轴向的夹角。

钻孔法的设备便宜,易于现场操作,在工程上应用较为广泛。但钻孔法也存在明显的缺点:需要在被测材料表面钻孔,因此必然会对材料造成破坏;测量精度也容易受到很多因素的影响[34],如操作工艺、基本力学模型、钻削产生的附加应变、

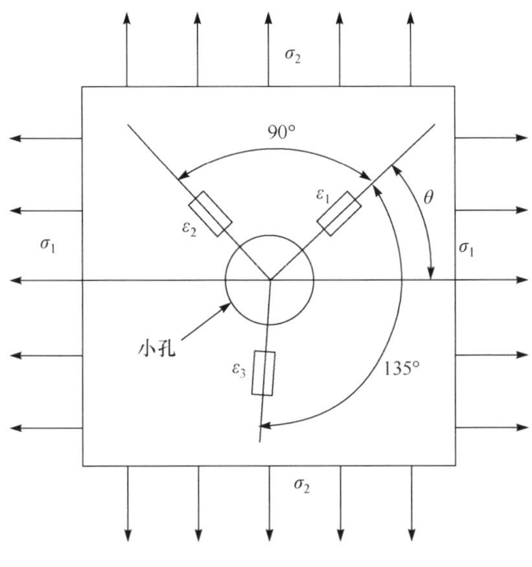

图 1-7　钻孔法测量原理示意图

孔边的塑性变形以及钻孔设备带来的误差等。操作工艺方面的因素主要包括:孔位偏移、孔径和孔深误差、应变片的粘贴质量以及灵敏度误差等。

2. 剥层法

剥层法通常采用铣、研磨抛光、腐蚀、电解腐蚀或电火花剥蚀等对已磨削表面进行剥层,使材料内部逐层显露,然后利用 X 射线衍射法测量试样中的残余应力沿厚度方向的大小和分布。为避免试样在剥层后产生弯曲,可在试样两面对称剥层[35]。张海[36]采用机械剥层和电解剥层相结合的方法研究了冷轧辊在低温回火中内部残余应力的变化规律,两种剥层方法的结合获得了理想的表面状态,使测量误差大大减小。

剥层法适用于测量几何形状简单的试样(如平板、圆筒、圆盘、球形构件、管件以及具有长方形截面的梁、柱构件等)的残余应力,并且可以测出平面应力沿厚度方向的分布,这是其他测量方法所难以实现的。但是,剥层法费工费时,操作工艺较为复杂,并且机械加工会带来切削附加应变,从而造成较大的测量误差。这些缺点使该方法的实际应用受到很多限制。

3. 环芯法

环芯法是通过在零件上加工出一个环形槽,将零件对环芯周围的约束去掉,残余应力则随之被释放出来。在环芯槽的中心部位贴上应变片,来测量释放出来的应变。

假设某一各向同性材料的工件上的某一区域内存在双向残余应力场，最大和最小主应力分别为 σ_1 和 σ_2，如图 1-8 所示。在工件表面上粘贴电阻应变计，以应变计为中心加工一个直径为 d 的环槽，由于在环芯边界上有残余应力被释放，应变计就会感应到应变的释放，根据测量的释放应变就可以计算出残余应力的大小和方向。

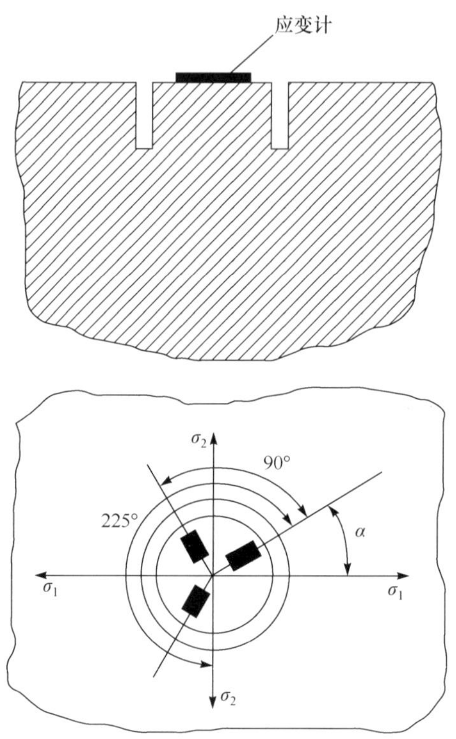

图 1-8 环芯法测残余应力原理图[37]

由弹性理论可知，环芯边界的残余应力释放时所引起的释放应变为

$$\varepsilon_\alpha=\frac{A}{E}(\sigma_1+\sigma_2)+\frac{B}{E}(\sigma_1-\sigma_2)\cos(2\alpha) \tag{1-4}$$

式中，σ_1、σ_2 为工件内的两个主应力；E 为被测材料的弹性模量；α 为应变计参考轴与 σ_1 方向的夹角；A、B 为应力释放系数。

采用如图 1-8 所示的三轴应变计，则有

$$\begin{cases}\varepsilon_1=\varepsilon_\alpha=\dfrac{A}{E}(\sigma_1+\sigma_2)+\dfrac{B}{E}(\sigma_1-\sigma_2)\cos(2\alpha)\\ \varepsilon_2=\varepsilon_{\alpha+225^\circ}=\dfrac{A}{E}(\sigma_1+\sigma_2)-\dfrac{B}{E}(\sigma_1-\sigma_2)\sin(2\alpha)\\ \varepsilon_3=\varepsilon_{\alpha+90^\circ}=\dfrac{A}{E}(\sigma_1+\sigma_2)-\dfrac{B}{E}(\sigma_1-\sigma_2)\cos(2\alpha)\end{cases} \tag{1-5}$$

将方程组求解，则得到残余应力的计算公式为

$$\begin{cases}\sigma_1=\dfrac{E}{4A}(\varepsilon_1+\varepsilon_3)-\dfrac{E}{4B}\sqrt{(\varepsilon_1-\varepsilon_3)^2+(2\varepsilon_2-\varepsilon_1-\varepsilon_3)^2}\\ \sigma_2=\dfrac{E}{4A}(\varepsilon_1+\varepsilon_3)+\dfrac{E}{4B}\sqrt{(\varepsilon_1-\varepsilon_3)^2+(2\varepsilon_2-\varepsilon_1-\varepsilon_3)^2}\\ \tan(2\alpha)=\dfrac{2\varepsilon_2-\varepsilon_1-\varepsilon_3}{\varepsilon_3-\varepsilon_1}\end{cases}\tag{1-6}$$

4. **切取法**

切取法是从存在残余应力的零件表面切取细长的矩形试样，则可将切下试样中的残余应力释放掉，通过测量其释放前后的长度变化，计算出残余应力。

当试样的表面和内部的残余应力相同时，试样表面上沿 x、y 方向的残余应力为 σ_x、σ_y，如图 1-9 所示，它们在断面的各个深度分布相同。切取方法如图 1-9 所示，切取后的试样长度发生改变，设产生的应变为 ε_x、ε_y，则有

$$\begin{cases}\varepsilon_x=-\dfrac{\sigma_x}{E}+\nu\dfrac{\sigma_y}{E}\\ \varepsilon_y=-\dfrac{\sigma_y}{E}+\nu\dfrac{\sigma_x}{E}\end{cases}\tag{1-7}$$

上式右边第二项是加在切取试样侧面上的附加应力项，因此残余应力 σ_x、σ_y 为

$$\begin{cases}\sigma_x=-\dfrac{E}{1-\nu^2}(\varepsilon_x+\nu\varepsilon_y)\\ \sigma_y=-\dfrac{E}{1-\nu^2}(\varepsilon_y+\nu\varepsilon_x)\end{cases}\tag{1-8}$$

当主应力未知，而要求出主应力的大小和方向时，则需要从三个方向上进行切取，可测量出试样在各个方向上的应变。如图 1-10 所示，设在任意三个方向切取试样后，其应变分别为 $\varepsilon_{-\alpha}$、ε_0、ε_α，并且与主应力 σ_1、σ_2($\sigma_1>\sigma_2$)方向相对应的主应变为 ε_1、ε_2，而 ε_0 与主应力 σ_1 成 φ 角时，这些应变量之间的关系如下：

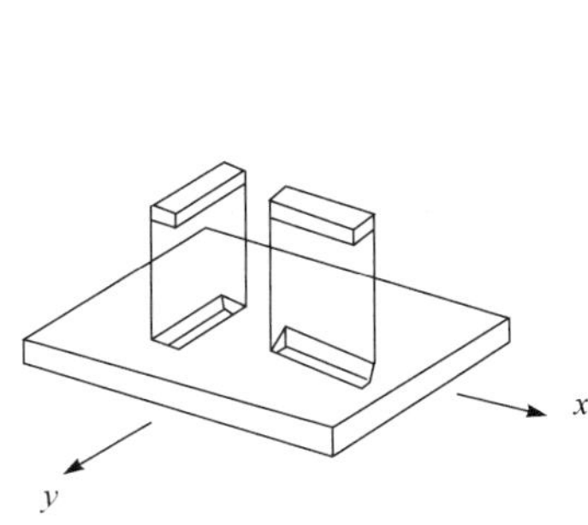

图 1-9　主应力方向已知的情况[1]

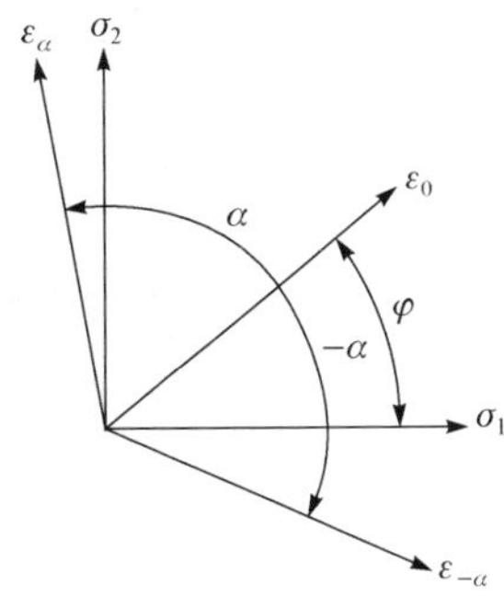

图 1-10　主应力未知的情况[1]

$$
\begin{cases}
\varepsilon_0=\frac{1}{2}(\varepsilon_1+\varepsilon_2)+\frac{1}{2}(\varepsilon_1-\varepsilon_2)\cos(2\varphi)\\
\varepsilon_\alpha=\frac{1}{2}(\varepsilon_1+\varepsilon_2)+\frac{1}{2}(\varepsilon_1-\varepsilon_2)\cos[2(\varphi+\alpha)]\\
\varepsilon_{-\alpha}=\frac{1}{2}(\varepsilon_1+\varepsilon_2)+\frac{1}{2}(\varepsilon_1-\varepsilon_2)\cos[2(\varphi-\alpha)]
\end{cases}
\tag{1-9}
$$

由式(1-9)即可求出 ε_1、ε_2 和 φ，将主应变 ε_1、ε_2 代入式(1-8)即可求得主应力 σ_1、σ_2(取 x、y 方向为主应力方向)。

当 $\alpha=45°$时，应力的大小和方向的计算公式为

$$
\begin{cases}
\sigma_1=-E\left[\frac{\varepsilon_{45}+\varepsilon_{-45}}{2(1-\nu)}+\frac{\sqrt{(2\varepsilon_0-\varepsilon_{45}-\varepsilon_{-45})^2+(\varepsilon_{45}-\varepsilon_{-45})^2}}{1+\nu}\right]\\
\sigma_2=-E\left[\frac{\varepsilon_{45}+\varepsilon_{-45}}{2(1-\nu)}-\frac{\sqrt{(2\varepsilon_0-\varepsilon_{45}-\varepsilon_{-45})^2+(\varepsilon_{45}-\varepsilon_{-45})^2}}{1+\nu}\right]\\
\tan(2\varphi)=\frac{\varepsilon_{-45}-\varepsilon_{45}}{2\varepsilon_0-\varepsilon_{45}-\varepsilon_{-45}}
\end{cases}
\tag{1-10}
$$

当 $\alpha=60°$时，则有

$$
\begin{cases}
\sigma_1=-E\left[\frac{\varepsilon_0+\varepsilon_{60}-\varepsilon_{-60}}{3(1-\nu)}+\frac{\sqrt{(2\varepsilon_0-\varepsilon_{60}-\varepsilon_{-60})^2+3(\varepsilon_{60}-\varepsilon_{-60})^2}}{1-\nu}\right]\\
\sigma_2=-E\left[\frac{\varepsilon_0+\varepsilon_{60}-\varepsilon_{-60}}{3(1-\nu)}-\frac{\sqrt{(2\varepsilon_0-\varepsilon_{60}-\varepsilon_{-60})^2+3(\varepsilon_{60}-\varepsilon_{-60})^2}}{1-\nu}\right]\\
\tan(2\varphi)=\frac{\sqrt{3}(\varepsilon_{-60}-\varepsilon_{60})}{2\varepsilon_0-\varepsilon_{60}-\varepsilon_{-60}}
\end{cases}
\tag{1-11}
$$

5. 切槽法

切槽法就是在试样表面进行切槽，形成残余应力的释放区，测量出此部分的应变从而求出残余应力。假设因切槽而形成的彼此孤立的部分内的残余应力是均匀一致的，并且槽沟所包围部分内的残余应力被完全释放。对于残余应力释放的区域，无论由直线形沟槽所包围，还是由圆弧状沟槽所包围均可。Gunnert 法即制成圆弧状沟槽，是切槽法的典型代表。

如图 1-11 所示，在试样表面制成相隔 45°的 8 个标点，切出宽 2.5mm、外径 Φ20mm 的圆形槽沟。切槽后测量各标点间距离的变化，由此计算出表面的残余应力。8 个标点设在直径为 9mm 的圆周上，使用特殊的工具预先冲成小孔，然后用 2.4mm 的锥形钻头加工成锥形孔。使用特殊的张力计测定标点间的距离。设切槽后如图 1-11 所示的 a、b、c、d 方向的应变为 ε_a、ε_b、ε_c、ε_d，残余应力可由式(1-12)和式(1-13)直接求出。令主应力为 σ_1、σ_2，主应力 σ_1 与 a 方向的角度为 φ，则有

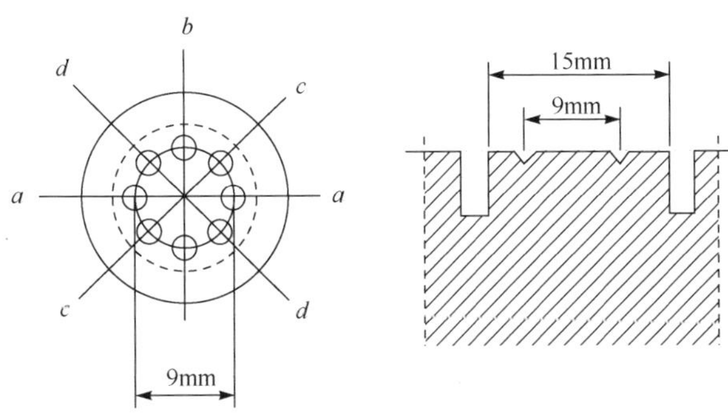

图 1-11　Gunnert 测定法[1]

$$\sigma_1+\sigma_2=-\frac{E}{2(1-\nu)}(\varepsilon_a+\varepsilon_b+\varepsilon_c+\varepsilon_d) \tag{1-12}$$

$$\sigma_1-\sigma_2=\frac{E}{(1+\nu)}\sqrt{(\varepsilon_a-\varepsilon_b)^2+(\varepsilon_c-\varepsilon_d)^2} \tag{1-13}$$

$$\tan(2\varphi)=\frac{\varepsilon_d-\varepsilon_c}{\varepsilon_a-\varepsilon_b} \tag{1-14}$$

综上所述，目前传统的残余应力检测方法都存在很多不足之处，其发展空间也受到各种条件的限制。由此可见，研究和开发一种简单易用、高精度的残余应力测试技术和方法具有十分重要的意义。近年来，基于纳米压痕技术的方法来测量残余应力已经引起了国内外研究学者的广泛关注。

参 考 文 献

[1] 米谷茂. 残余应力的产生与对策. 北京：机械工业出版社，1983.

[2] 宋天民. 焊接残余应力的产生与消除. 北京：中国石化出版社，2006.

[3] 方博武. 金属冷热加工的残余应力. 北京：高等教育出版社，1991.

[4] 第一机械工业部机械院机电研究所二室情报室. 残余应力. 北京：第一机械工业部，1977.

[5] Laamouri A, Sidhom H, Braham C. Evaluation of residual stress relaxation and its effect on fatigue strength of AISI 316L stainless steel ground surfaces: Experimental and numerical approaches. International Journal of Fatigue, 2013, 48: 109-121.

[6] 黄向红. 焊接残余应力对结构性能的影响. 现代机械，2011，(1)：67-70.

[7] Ghosh S, Rana V P S, Kain V, et al. Role of residual stresses induced by industrial fabrication on stress corrosion cracking susceptibility of austenitic stainless steel. Materials and Design, 2011, 32: 3823-3831.

[8] 樊雄. 残余应力对切削加工精度的影响及消除. 装备制造技术，2011，(1)：115-117.

[9] Clifford S, Jansson N, Yu W, et al. Thermoviscoelastic anisotropic analysis of process induced residual stresses and dimensional stability in real polymer matrix composite components. Composites: Part A, 2006, 37: 538-545.

[10] 袁发荣，伍尚礼. 残余应力测试与计算. 长沙：湖南大学出版社，1987.

[11] 王彦龙. 残余应力的超声波检测研究. 西安：西安科技大学硕士学位论文，2005.

[12] 石东艳，龙建旭，车正伟. 残余应力对表面纳米化 316L 不锈钢疲劳性能影响. 广西大学学报：自然科学版，2009，34(2)：154-157.

[13] 陆世英，王欣增，李丕钟，等. 不锈钢应力腐蚀事故分析与耐应力腐蚀不锈钢. 北京：原子能出版社，1985.

[14] 朱有利，叶雄林，黄元林. 超声冲击处理改善 22SiMn2TiB 装甲钢抗应力腐蚀性能研究. 装甲兵工程学院学报，2008，22(6)：76-78.

[15] Mainjot A K, Schajer G S, Vanheusden A J, et al. Residual stress measurement in veneering ceramic by hole-drilling. Dental Materials, 2011, 27: 439-444.

[16] Masláková K, Trebuňa F, Frankovský P, et al. Applications of the strain gauge for determination of residual stresses using Ring-core method. Procedia Engineering, 2012, 48: 396-401.

[17] Mahmoodi M, Sedighi M, Tanner D A. Investigation of through thickness residual stress distribution in equal channel angular rolled Al 5083 alloy by layer removal technique and X-ray diffraction. Materials and Design, 2012, 40: 516-520.

[18] Kirchlechner C, Martinschitz K J, Daniel R, et al. X-ray diffraction analysis of three-dimensional residual stress fields reveals origins of thermal fatigue in uncoated and coated steel. Scripta Materialia, 2010, 62: 774-777.

[19] Jiang W, Woo W, An G, et al. Neutron diffraction and finite element modeling to study the weld residual stress relaxation induced by cutting. Materials and Design, 2013, 51: 415-420.

[20] Singh D R P, Deng X, Chawla N, et al. Residual stress characterization of Al/SiC nanoscale multilayers using X-ray synchrotron radiation. Thin Solid Films, 2010, 519: 759-765.

[21] Javadi Y, Akhlaghi M, Najafabadi M A. Using finite element and ultrasonic method to evaluate welding longitudinal residual stress through the thickness in austenitic stainless steel plates. Materials and Design, 2013, 45: 628-642.

[22] Ju J, Lee J, Jang J, et al. Determination of welding residual stress distribution in API X65 pipeline using a modified magnetic Barkhausen noise method. International Journal of Pressure Vessels and Piping, 2003, 80: 641-646.

[23] 蒋刚，谭明华，王伟明，等. 残余应力测量方法的研究现状. 机床与液压，2007，35(6)：213-216.

[24] Webster G A, Wimpory R C. Non-destructive measurement of residual stress by neutron diffraction. Journal of Materials Processing Technology, 2001, 117: 395-399.

[25] 孙光爱，陈波. 中子衍射残余应力分析技术及其应用. 核技术，2007，30(4)：286-289.

[26] 方景礼，武勇. 表面增强激光喇曼光谱的原理及应用. 表面技术，1994，23(4)：167-173.

[27] 邱明，毛卫国，戴翠英，等. 热障涂层应力场的微拉曼光谱技术测试研究. 长沙交通学院学报，2006，22(2)：76-80.

[28] 朱伟，彭大暑，杨立斌，等. 超声波法测定残余应力的原理及其应用. 计量与测试技术，

2001，(6)：25-26.

[29] 冉启芳，吕克茂. 残余应力测定的基本知识——第三讲 磁性法和超声法测残余应力的基本原理和各种方法比较. 理化检验(物理分册)，2007，43(6)：317-320.

[30] 刘翠荣，孙述利，王成文. 磁性法测定 A633D 钢焊接接头残余应力的研究. 太原重型机械学院学报，2002，23(1)：16-21.

[31] 马咸尧，吴金山. 利用磁声发射法对钢铁件微观损伤与残余应力的研究. 武钢技术，1994，(7)：29-32.

[32] 张津，高振桓，牟建雷，等. 晶体材料内部残余应力衍射法无损检测的研究进展. 理化检验(物理分册)，2010，46：695-700.

[33] Suárez A，Amado J M，Tobar M J，et al. Study of residual stresses generated inside laser cladded plates using FEM and diffraction of synchrotron radiation. Surface & Coatings Technology，2010，204：1983-1988.

[34] 陶文哲. 残余应力测量技术及在凸膜中的应用. 舰船科学技术，2002，24(4)：57-60.

[35] 马志军，杨延清，朱艳，等. 连续纤维增强钛基复合材料热残余应力的研究进展. 稀有金属材料与工程，2004，33(12)：1248-1251.

[36] 张海. 冷轧辊回火工艺及残余应力的研究. 热加工工艺，2009，38(22)：135-138.

[37] 印兵胜，赵怀普，王晓洪. 残余应力测定的基本知识——第七讲 机械法测残余应力. 理化检验(物理分册)，2007，43(12)：642-645.

第 2 章　纳米压痕检测原理及方法

2.1　纳米压痕技术概述

压痕实验是一种简单、高效的评价材料力学性能的手段，其应用已有近百年的历史。通过压头对材料表面加载，然后测出压痕区域，以此来评价材料机械性能的技术称为压痕技术。压痕实验最早用于硬度的测试，将一定形状和尺寸的较硬物体（压头）在一定压力的作用下压入被测材料，保持一段时间后卸载，再根据总施加载荷与所产生压痕面积或深度之间的关系，得到材料的硬度值。基于该原理的传统的硬度测试方法有维氏硬度法（Vickers）、努氏硬度法（Knoop）和洛氏硬度法（Rockwell）等。

随着纳米技术的出现，材料在纳米尺度下的特性受到越来越多的关注。此时，传统的硬度测量已无法满足新材料研究的需要，纳米压痕技术（nanoindentation）应运而生。纳米压痕又称深度敏感压痕（depth sensing indentation）技术，最早是由 Oliver 等提出并发展的。该技术是基于弹性接触力学，根据实验所测得的载荷-位移曲线，从卸载曲线开始部分的斜率求出弹性模量，并由最大加载载荷和压痕的接触投影面积的比值计算出硬度值[1]。纳米压痕技术不仅是显微硬度的简单延伸，通过对加载卸载曲线的分析不仅可以得到硬度和弹性模量，而且可以得到诸如黏弹性、蠕变、断裂韧性、应变硬化效应、残余应力、相变、位错运动等丰富的信息。

近年来，纳米压痕实验方法和技术还在不断发展。纳米压痕实验装置还可以结合原子力显微镜使用，可以通过观察微小压痕的三维图像来确定真实接触面积和研究压痕周围的凸起变形现象[2-4]。有限元模拟技术也应用于纳米压痕实验，可以更为方便地研究材料的凸起行为[5-7]。

2.2　纳米压痕法的接触力学基础

2.2.1　弹性接触

弹性接触过程是纳米压痕测试的基础，最常用的弹性接触模型是 Sneddon 提出的。

两个物体的非协调表面在 O 点接触，如图 2-1 所示。接触点 O 始终作为轴对称坐标系的原点，选 Oz 轴与两表面的接触面法线一致。限定两物体分别为弹性半空间，每个物体外形光滑且相对 Oz 轴旋转对称。当两物体表面接触时，其间距用函数 $f(r)$ 描述[8]。

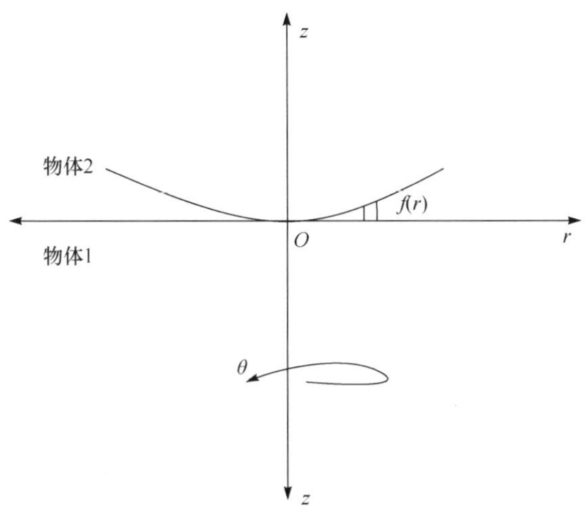

图 2-1　在 O 点接触的非协调表面[8]

图 2-2 是两物体在法向力 P 作用下的变形情况，其中 a 表示接触圆的半径。在法向力的作用下，两物体分别沿 z 轴位移 h_1 和 h_2，$h=h_1+h_2$ 表示两物体之间的接近距离。如果物体不变形，则其外形如图中虚线所示。由于接触压力的作用，两表面平行于 z 轴移动，位移量为 $u_{z1}(r,0)$ 和 $u_{z2}(r,0)$，指向物体内部的位移量为正。其中，$h_1=u_{z1}(0,0)$；$h_2=u_{z2}(0,0)$。

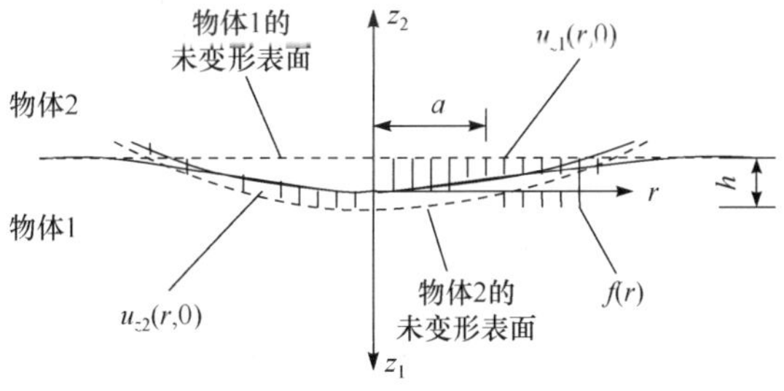

图 2-2　在法向力 P 作用下的两物体变形[8]

在压痕测试中，h 是可以直接测量的位移量，在接触半径之内，存在以下关系：

$$u_{z1}(r,0)+u_{z2}(r,0)+f(r)=h,\quad r\leqslant a \tag{2-1}$$

在接触半径外，z 轴方向的正应力

$$\sigma_{zz}(r,0)=0,\quad r\geqslant a \tag{2-2}$$

假设表面无摩擦，则

$$\sigma_{zz}(r,0)=0, \quad r\leqslant a \tag{2-3}$$

Sneddon 利用积分法解出了满足上述边界条件的弹性接触问题，给出了位移 h 与法向力 P 之间的关系：

$$P=\pi E_r a\int_0^1 \chi(t)\mathrm{d}t \tag{2-4}$$

式中

$$\chi(t)=\frac{2}{\pi}\left[h-t\int_0^1 \frac{f'(x)}{\sqrt{t^2-x^2}}\mathrm{d}x\right] \tag{2-5}$$

定义无量纲径向坐标 $x=r/a$。如果在接触边缘，$f(x)$是光滑的，则有

$$h=\int_0^1 \frac{f'(x)}{\sqrt{1-x^2}}\mathrm{d}x \tag{2-6}$$

综合式(2-4)～式(2-6)可以得到

$$P=2E_r a\int_0^1 \frac{x^2 f'(x)}{\sqrt{1-x^2}}\mathrm{d}x \tag{2-7}$$

式中，E_r 是折合模量(reduced modulus)，表示压针和被测样品材料之间双向变形的能力：

$$\frac{1}{E_r}=\frac{1-\nu_1^2}{E_1}+\frac{1-\nu_2^2}{E_2} \tag{2-8}$$

式中，E_1 和 ν_1 是样品材料的弹性模量和泊松比；E_2 和 ν_2 是压针材料的弹性模量和泊松比。

式(2-6)和式(2-7)是两弹性体法向接触的一般表达式，而实际测量时可以采用不同的压针形状。因此，具体的弹性接触过程会有一些差别，但都可以基于弹性接触问题的 Sneddon 解给出解释。

下面分别讨论球形、圆柱和锥形压针作用在弹性半空间的解。

1. 球形压针

对于半径为 R 的球形压针，其表面形状可以用以下函数进行描述：

$$f(r)=\frac{r^2}{2R} \tag{2-9}$$

如果使用无量纲径向坐标 $x=r/a$，则有

$$f(x)=\frac{(ax)^2}{2R} \tag{2-10}$$

微分后得到

$$f'(x)=\frac{a^2x}{R} \tag{2-11}$$

将式(2-11)代入式(2-6)和式(2-7)得到

$$h=\frac{a^2}{R}\int_0^1\frac{x}{\sqrt{1-x^2}}\mathrm{d}x=\frac{a^2}{R} \tag{2-12}$$

$$P=\frac{2E_{\mathrm{r}}a^3}{R}\int_0^1\frac{x^3}{\sqrt{1-x^2}}\mathrm{d}x=\frac{4E_{\mathrm{r}}a^3}{3R}=\frac{4}{3}E_{\mathrm{r}}R^{1/2}h^{3/2} \tag{2-13}$$

如果压针是刚性的,则接触深度 h_c 和压入深度之间有如下关系:

$$h_c=\frac{a^2}{2R}=\frac{h}{2} \tag{2-14}$$

2. 圆柱压针

圆柱压针的表面形状可以用如下的函数描述:

$$f(r)=0,\quad r\leqslant a \tag{2-15}$$

将无量纲径向坐标 $x=r/a$ 代入式(2-15)得到

$$f(x)=0,\quad x\leqslant 1 \tag{2-16}$$

由于 $f(x)$ 在 $x=1$ 处是不连续的,所以不能够用式(2-6)来计算总的压入深度,但是仍然可以用式(2-4)和式(2-5)来建立 P 和 h 之间的关系:

$$\chi(t)=\frac{2h}{\pi} \tag{2-17}$$

$$P=2E_{\mathrm{r}}ah \tag{2-18}$$

对于刚性压针 a 是不变的,所以 P 随 h 的增大而线性地增大。

3. 锥形压针

在实际的纳米压痕测试中,大都使用圆锥或棱锥压针,这种情况的弹性接触问题可以通过半锥角为 α 的锥体和平面的弹性接触来模拟。对于这种锥体,其表面的形状函数为

$$f(r)=r\cot\alpha \tag{2-19}$$

将无量纲径向坐标 $x=r/a$ 代入式(2-19)得到

$$f(x)=ax\cot\alpha \tag{2-20}$$

微分后得到

$$f'(x)=a\cot\alpha \tag{2-21}$$

将式(2-21)代入式(2-6)和式(2-7)得

$$h=\frac{\pi}{2}a\cot\alpha \tag{2-22}$$

$$P=\frac{\pi}{2}E_{\mathrm{r}}a^2\cot\alpha=\frac{2}{\pi}E_{\mathrm{r}}(\tan\alpha)h^2 \tag{2-23}$$

如果压针是刚性的，则接触深度 h_c 和压入深度之间有以下关系：

$$h_c = a\cot\alpha = \frac{2}{\pi}h \tag{2-24}$$

下面讨论对于不同形状的压针在接触面和对称轴处的应力分布。

对于球形压针，表面应力分布为

$$\sigma_{zz}(r,0) = p_0\left[1-\left(\frac{r}{a}\right)^2\right]^{1/2} \tag{2-25}$$

式中，p_0 是接触中心的压力，是最大压力。对式(2-25)进行积分可得总压力

$$P = \int_0^a \sigma_{zz}(r,0)\cdot 2\pi r\mathrm{d}r = \frac{2}{3}p_0\pi a^2 \tag{2-26}$$

沿对称轴，剪应力为

$$\sigma_{rz}(0,z) = -(1+\nu)p_0\left(1-\frac{z}{a}\arctan\frac{a}{z}\right)+\frac{3}{2}\frac{p_0}{1+(z/a)^2} \tag{2-27}$$

假设典型的泊松比 $\nu=0.3$，剪应力的最大值在 $z=0.47a$ 处有最大值：

$$\tau_{\max} = 0.31p_0 \tag{2-28}$$

对于圆柱压针，应力分布为

$$\sigma_{zz}(r,0) = p_0\left[1-\left(\frac{r}{a}\right)^2\right]^{-1/2} \tag{2-29}$$

式中，p_0 为接触中心 $r=0$ 处的压力，该处的压力最小。

对于锥形压针，表面应力分布为

$$\sigma_{zz}(r,0) = \frac{1}{2}E_r\cot\alpha\cdot\operatorname{arcosh}\left(\frac{a}{r}\right) \tag{2-30}$$

式(2-30)表明，当 r 趋于 a 时，正应力趋于 0，而当 $r=0$ 时，正应力为无穷大。如果材料是不可压缩的，则沿 z 轴的剪应力为

$$\sigma_{rz}(0,z) = \frac{1}{2}\frac{E_r a^2\cot\alpha}{a^2+z^2} \tag{2-31}$$

当 $z=0$ 时，剪应力为最大值

$$\sigma_{rz} = \frac{1}{2}E_r\cot\alpha \tag{2-32}$$

2.2.2 弹塑性接触[9]

对于有明显屈服应力 σ_y 的金属材料，当材料发生塑性和完全塑性变形时，屈服需满足 Tresca 准则，即

$$\tau_{\max} = k = \frac{\sigma_y}{2} \tag{2-33}$$

式中，k 和 σ_y 分别是纯剪切和单轴拉伸时的屈服应力。对无明显屈服应力 σ_y 的金属材料，以上理论同样有参考价值。

对于球形压针的接触，最大剪应力发生在表面以下的对称轴中的 $0.57a$ 处，等于 $0.31p_0$。根据 Tresca 准则，屈服发生在

$$\tau_{\max}=0.31p_0=\frac{\sigma_y}{2} \tag{2-34}$$

$$p_0=1.6\sigma_y \tag{2-35}$$

$$p_m=\frac{2}{3}p_0=1.1\sigma_y \tag{2-36}$$

$$P=\frac{\pi^3R^2}{6}\frac{(1.6Y)^3}{E_r^2} \tag{2-37}$$

因此，当平均接触应力略大于单轴屈服应力时，屈服发生。

当锥形压针接触不可压缩材料时，最大剪应力发生在锥的尖端，为 $2E_r\cot\alpha$。如果锥形压针的半角满足以下条件，则屈服发生：

$$\cot\alpha\geqslant\frac{\sigma_y}{E_r} \tag{2-38}$$

因此，当圆锥或棱锥接触不可压缩材料时，塑性仅由几何形状控制，与载荷或平均压力无关。对可压缩材料（$\nu<0.5$），式（2-38）并不完全成立，但仍是有用的概念。

材料的弹性在塑性压入过程中起着重要作用。当接触应力初次超过屈服点时，塑性区很小，仍被弹性材料包围，所以塑性应变和周围弹性应变的量级相同。此时，压针挤出的材料受到周围弹性膨胀的调节。当通过增大载荷或减小锥角使压入变得更剧烈时，需要在压针下面增加压力以产生所必需的膨胀。最后，塑性区挤出自由表面，挤出的材料受到塑性流动作用从而自由流向压针的旁边。由理想塑性固体接触理论可得平均压力的表达式：

$$p_m=C\sigma_y \tag{2-39}$$

式中，$C\approx3.0$，取决于样品材料的特性、压针形状和界面摩擦力，常称为约束因子。

由上述分析可知，被压材料对压入平均应力的响应分为三个区域：

（1）$p_m<1.1\sigma_y$，为纯弹性响应，不会有永久变形产生，卸载后样品材料上也不会产生残余压痕。

（2）$1.1\sigma_y<p_m<C\sigma_y$，塑性变形已经发生，但是仍被周围的弹性区约束。

（3）$p_m=C\sigma_y$，完全塑性区域，塑性区已经扩展到自由表面，随着压入深度的不断增大，平均接触应力不再变化或者变化很小。

2.3　硬度和弹性模量的测试原理

2.3.1　Oliver & Pharr 法

Oliver & Pharr(O&P)法是目前最广泛使用的纳米压痕测试方法。图 2-3 和图 2-4 为典型的载荷-位移曲线示意图以及材料表面受压前后的压痕剖面示意图。在加载过程中，被测材料表面首先发生弹性变形，随着压入载荷的进一步增加，塑性变形开始出现并逐步增大最终导致加载曲线的非线性；卸载过程主要是材料的弹性变形恢复过程，而不可逆的塑性变形最终使得材料表面形成了压痕。

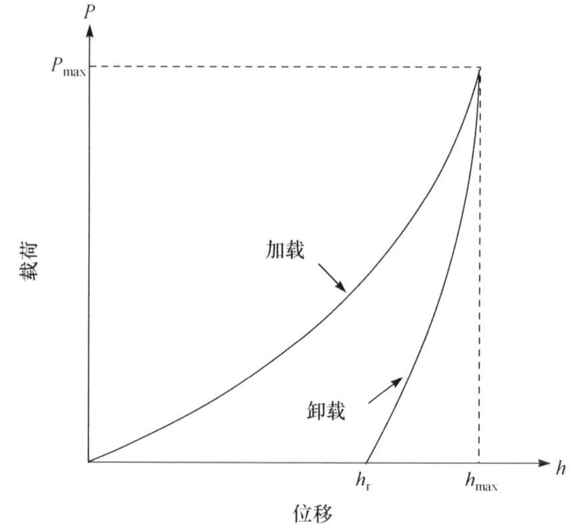

图 2-3　典型的载荷-位移曲线示意图[10]

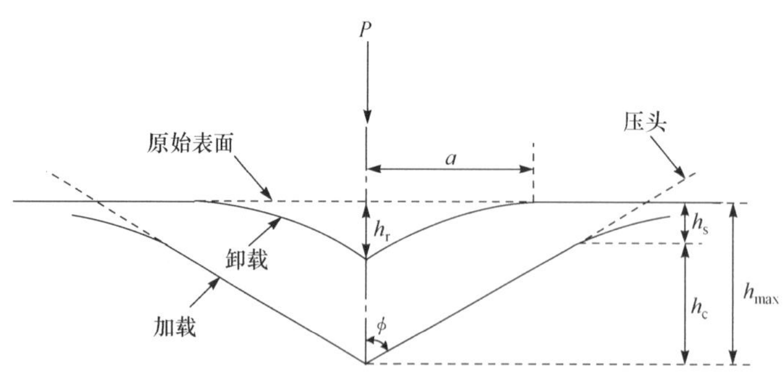

图 2-4　材料表面受压前后的压痕剖面示意图[10]

对于纳米压痕实验来说，压痕实验的可重复性至关重要。如果实验的可重复性差，得到的数据分散性太大，则无法对数据进行合理和准确的分析。通过对比不同压入载荷下的载荷-位移曲线，可以很好地判断纳米压痕实验重复性的好坏。如果不同载荷下的加载曲线可以很好地用一条曲线进行拟合，并且卸载曲线之间的间隔较为平稳、规律，则说明实验的重复性较好[11]。图2-5为无应力单晶铜在不同载荷下的载荷-位移曲线。由于单晶铜成分单一且均匀，内部几乎无缺陷，所以此载荷-位移曲线均比较光滑，无间断点和突变点出现。此外，不同载荷下的加载曲线完全重合，卸载曲线之间的间隔也相对规律，可见单晶铜的纳米压痕实验表现出很好的重复性。

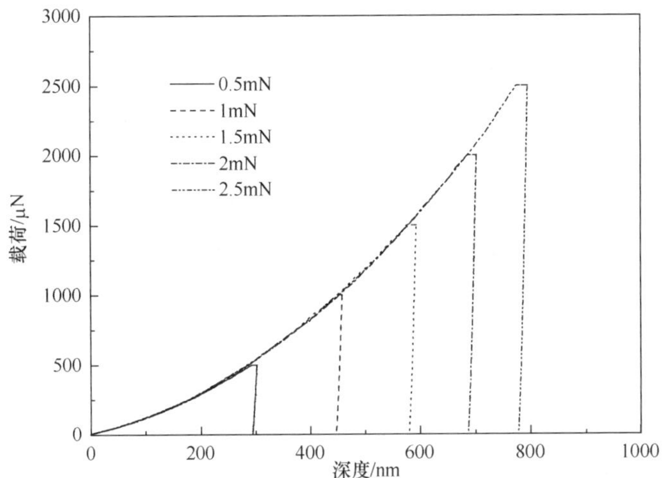

图2-5 无应力单晶铜在不同载荷下的载荷-位移曲线

硬度和等效模量可以由下式定义：

$$H=\frac{P_{max}}{A_c} \tag{2-40}$$

$$E_r=\frac{S\sqrt{\pi}}{2\beta\sqrt{A_c}} \tag{2-41}$$

式中，P_{max}为最大压入载荷；A_c为接触投影面积；S为接触刚度；β为与压针形状有关的常数（对于玻氏压针$\beta=1.034$）；E_r为等效弹性模量，通常定义为

$$\frac{1}{E_r}=\frac{1-\nu^2}{E}+\frac{1-\nu_i^2}{E_i} \tag{2-42}$$

式中，E、ν分别为样品材料的弹性模量和泊松比；E_i、ν_i分别为压针的弹性模量和泊松比。对于金刚石压针，$E_i=1141\text{GPa}$，$\nu_i=0.07$。

为从载荷-深度曲线中计算出硬度和模量，必须准确地测量出接触刚度和接触面积。接触刚度S为卸载曲线的顶部斜率，通常采用如下函数拟合载荷-深度曲线的卸载部分：

$$P=\alpha(h-h_{\mathrm{r}})^{m} \tag{2-43}$$

式中，h_{r} 为卸载后的残余深度；α 和 m 是通过实验获得的拟合参数。

因此，接触刚度可以根据式(2-43)的微分计算出：

$$S=\left(\frac{\mathrm{d}P}{\mathrm{d}h}\right)_{h=h_{\max}}=\alpha m(h_{\max}-h_{\mathrm{r}})^{m-1} \tag{2-44}$$

对于一个已知几何形状的压头来说，接触面积是接触深度的函数，即接触面积由面积函数 $A_{\mathrm{c}}=f(h_{\mathrm{c}})$ 确定。对于弹性接触，接触深度 h_{c} 总是小于最大压入深度 $h_{\max}$，由下式得出：

$$h_{\mathrm{c}}=h_{\max}-\varepsilon\frac{P_{\max}}{S} \tag{2-45}$$

式中，ε 为与压针形状有关的常数，对于玻氏压针 $\varepsilon=0.75$。

对于理想的玻氏压针，$A_{\mathrm{c}}=24.5h_{\mathrm{c}}^{2}$。但是实际中，由于加工研磨技术的局限性和使用磨损，压针尤其是端部往往偏离理想情况。事实上，压针的尖端处不可能是几何意义上的点，可近似看成小的球面，这就导致在浅压入处真实接触面积函数与理想接触面积函数之间存在较大的差异。因此，需要在理想面积函数的基础上修正实际压针的面积函数。通常，在使用过程中首先在标准均匀材料熔融石英上设置一系列深度不同的压痕点，然后通过以下的函数进行拟合：

$$A_{\mathrm{c}}=\sum_{n=0}^{8}C_{n}(h_{\mathrm{c}})^{2-n}=C_{0}h_{\mathrm{c}}^{2}+C_{1}h_{\mathrm{c}}+\cdots+C_{8}h_{\mathrm{c}}^{1/128} \tag{2-46}$$

式中，$C_{0},\cdots,C_{8}$ 为拟合常数。第一项代表理想压头，其他项则是压头钝化所造成的与理想压头的偏差。

选择这种函数形式的目的是在很宽的深度范围内拟合数据，而不在乎该函数的物理意义。该函数可以很方便地描述压头的几何形状。如函数的第一项可以单独描述理想的三棱锥或圆锥压头；第二项描述抛物线解，在小的压入深度下压头近似为球形，半径为 R 的理想球形压头可以用前两项来描述，$C_{0}=-\pi$，$C_{1}=2\pi R$。

采用熔融石英标准样品对面积函数进行修正，图 2-6 和图 2-7 分别为修正前后的面积函数。

一旦压痕的接触刚度 S 和真实接触面积 A_{c} 确定，通过式(2-40)～式(2-42)即可计算出材料的硬度和弹性模量。

2.3.2　压痕功法

压痕功分为弹性功和塑性功两部分：$W_{\mathrm{t}}=W_{\mathrm{e}}+W_{\mathrm{p}}$，如图 2-8 所示。

$$W_{\mathrm{t}}=\int_{0}^{P_{\max}}P(h)\mathrm{d}h=\int_{0}^{P_{\max}}Ch^{2}\mathrm{d}h=\frac{Ch_{\max}^{3}}{3}=\frac{P_{\max}h_{\max}}{3} \tag{2-47}$$

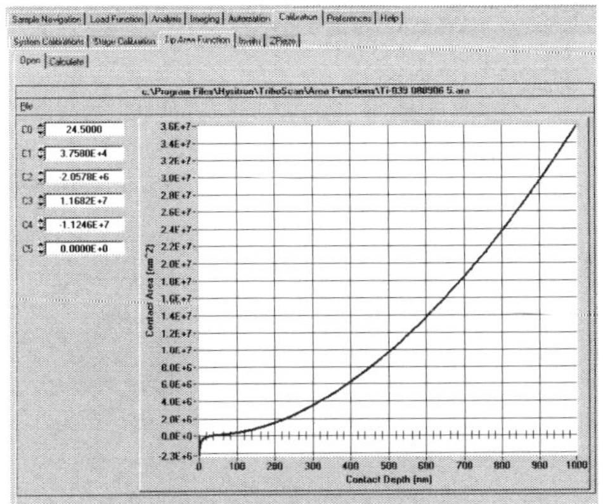

图 2-6　修正前的面积函数

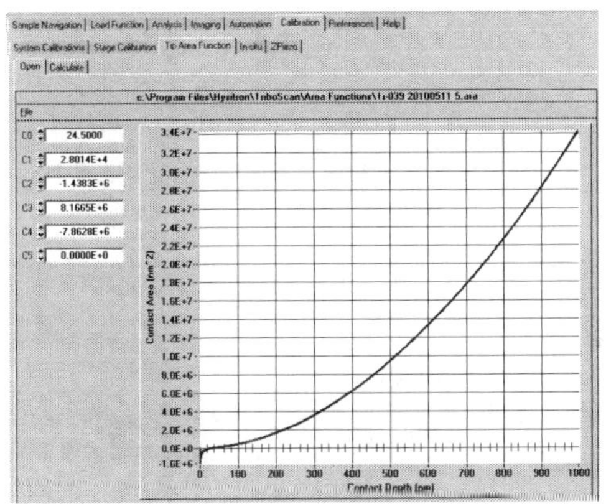

图 2-7　修正后的面积函数

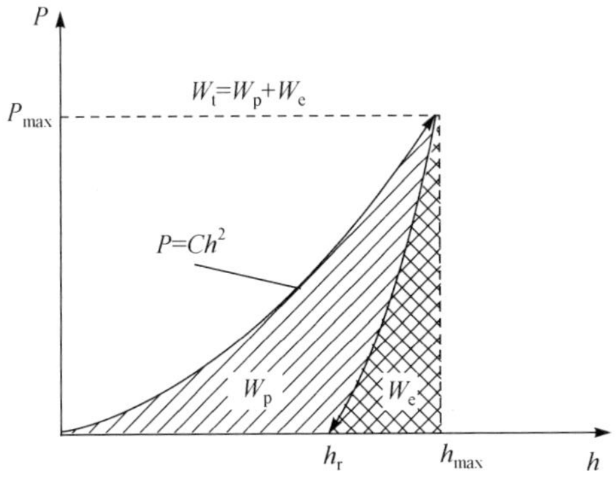

图 2-8　压痕功示意图

$$W_e = \int_{h_r}^{h_{\max}} P(h)\mathrm{d}h = \int_{h_r}^{h_{\max}} \alpha(h-h_r)^m \mathrm{d}h = \frac{\alpha(h_{\max}-h_r)^{m+1}}{m+1} = \frac{P_{\max}}{m+1}(h_{\max}-h_r) \tag{2-48}$$

Tuck 等[12]基于压痕功来计算材料的硬度，认为压痕过程是能量消耗或做功的过程，因此硬度可以由下式进行计算：

$$H=\frac{kP_m^3}{9W_t^2} \tag{2-49}$$

另外，考虑到硬度主要是基于塑性变形，因此将式(2-49)中的 W_t 替换为 W_p 得到

$$H=\frac{kP_m^3}{9W_p^2} \tag{2-50}$$

式中，k 为常数，对于玻氏压头 $k=0.0408$。

2.3.3 连续刚度法

O&P 法是通过卸载曲线起始点的斜率来确定接触刚度，因此只能得到最大压入深度处的硬度和弹性模量。对于卸载曲线斜率可能出现负值的黏弹塑性材料，准静态的 O&P 法已不再适用。如果将相对较高频率的小简谐力叠加在准静态的加载信号上(图 2-9)，测量出压头的简谐响应，则能够实现接触刚度的连续测量，即可以连续测量硬度和弹性模量随压入深度的变化，这种技术被称为连续刚度法(continuous stiffness measurement，CSM)。

CSM 技术压痕测试系统可简化为图 2-10 所示的动力学模型。压杆质量 m 由刚度为 K_S的两个叶片弹簧支撑，其特点为叶片平面内弹簧刚度很高而垂直方向上弹簧刚度很低。带有压头的压杆被线圈-磁铁装置驱动，压头上的准静态载荷由加在线圈上缓慢变化的电流控制，再叠加上小简谐分量，这可由锁定放大器的振

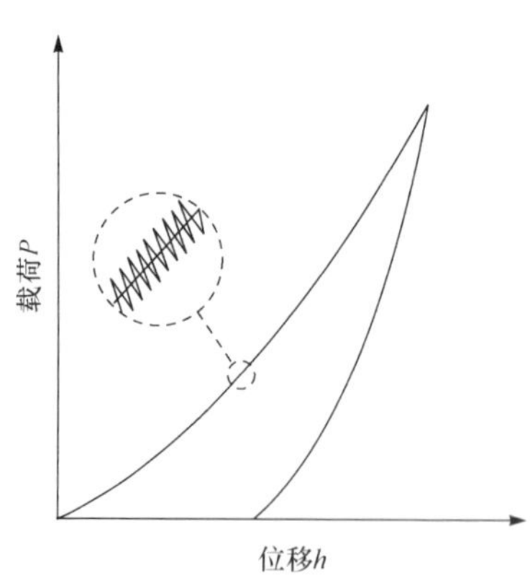

图 2-9 连续刚度法加载-卸载曲线

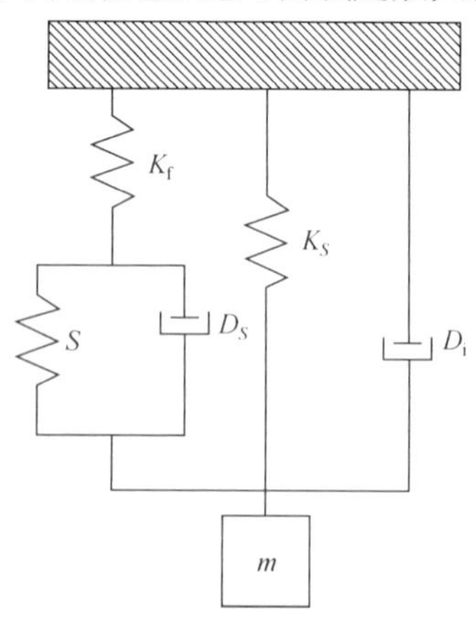

图 2-10 CSM 的动力学模型

荡器完成。压入深度由平行板电容器测量。所有的运动都被严格限制在一个自由度上。

图 2-10 中的纳米压入系统可用一维简谐振子模型进行描述，其运动方程可表示为

$$m\ddot{Z}+D\dot{Z}+KZ=P(t) \tag{2-51}$$

式中，D 和 K 分别是等效阻尼和等效刚度；$P(t)$ 为总载荷。分别表示为

$$D=D_i+D_S \tag{2-52}$$

$$K=(S^{-1}+K_f^{-1})^{-1}+K_S \tag{2-53}$$

$$P(t)=P_0 e^{i\omega t} \tag{2-54}$$

式中，D_i 和 D_S 分别是系统和试样的阻尼；K_f 是机架刚度；P_0 是激励载荷幅值。

产生的位移为

$$Z(t)=Z_0 e^{i(\omega t-\phi)} \tag{2-55}$$

式中，Z_0 为位移幅值；ϕ 为位移滞后载荷的相位角；$\omega=2\pi f$ 为角频率。由式(2-51)～式(2-55)可以得到

$$\frac{P_0}{Z_0}=\sqrt{(K-m\omega^2)+(\omega D)^2} \tag{2-56}$$

$$\tan\phi=\frac{\omega D}{K-m\omega^2} \tag{2-57}$$

由式(2-56)和式(2-57)可解出 K 和 D。最后可得到接触刚度和接触阻尼系数

$$S=\frac{1}{\dfrac{1}{\dfrac{P_0}{Z_0}\cos\phi-(K_S-m\omega^2)}-\dfrac{1}{K_f}} \tag{2-58}$$

$$D_S\omega=\frac{P_0}{Z_0}\sin\phi-D_i\omega \tag{2-59}$$

式中，K_f、K_S、m 和 D_i 为仪器本身的参数；ω 是测试设置参数；P_0、Z_0 和 ϕ 为测试量。

获得接触刚度后，由式(2-40)～式(2-45)计算出被测材料的硬度和弹性模量。通过对接触刚度的连续测量，使得硬度和弹性模量随压入深度的连续测量成为可能。

2.4　纳米压痕实验方法

2.4.1　压针类型

压针的种类较多，主要有锥形、球形、圆柱和楔形等。其中，锥形包括三棱锥形

的玻氏压针和立方角压针、四棱锥的维氏压针和努氏压针。

1. 玻氏压针

该类型压针为三棱锥形状，几何形状如图 2-11 所示。棱面与中心线的夹角为 65.3°，棱边与中心线的夹角为 77.05°。玻氏压针是纳米压痕测量中最常用的，主要用于硬度和弹性模量的测试。该压针可以磨得很尖，即端部曲率半径很小，因此几何形状在很小尺度内保持自相似，适合于小尺度的压痕测试。

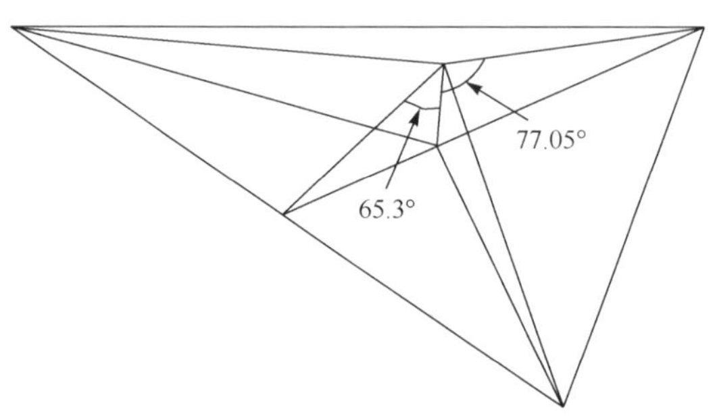

图 2-11　玻氏压针形状

2. 球形压针

球形压针一般磨制成球锥形，如图 2-12 所示。球形压针不同于玻氏压针的应力-应变场，初始接触应力较小，仅产生弹性变形，然后逐渐向塑性变形平滑过渡。球形压针特别适合测量软材料和模拟服役条件下的接触损伤，但由于在亚微米尺度下难以获得高质量的金刚石球形压针，应用受到限制。

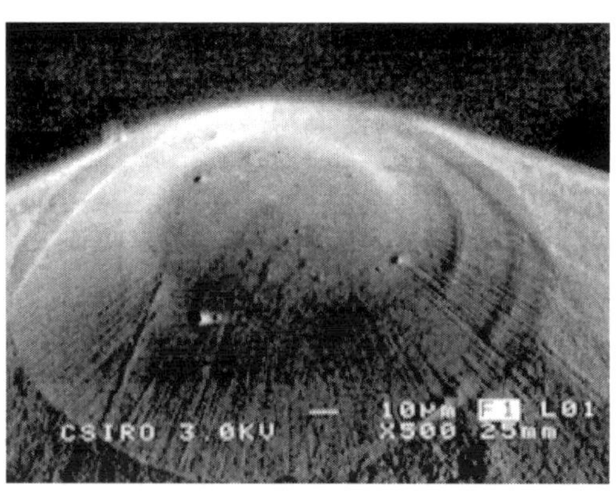

图 2-12　球形压针[13]

3. 圆锥压针

由于圆锥具有自相似几何形状，如图2-13所示，纳米压入硬度的许多有限元模拟的模型均基于圆锥形压针。由于难以加工理想的圆锥压针，它在小尺度测试中很少使用，但在大尺度下应用较多。

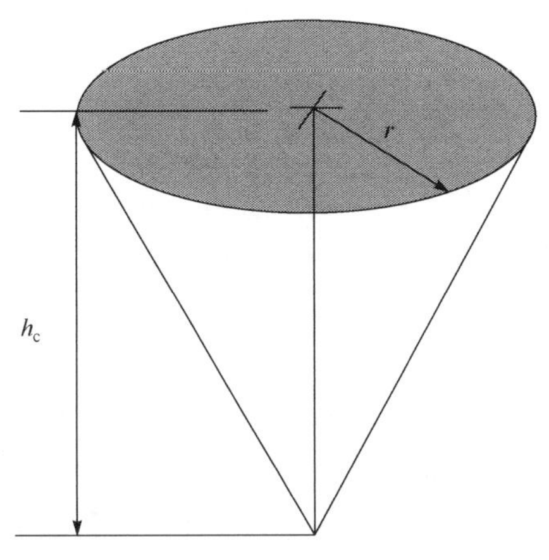

图2-13　圆锥压针的几何形状

4. 圆柱压针

圆柱压针的几何形状如图2-14所示。它具有平的接触面，初始接触刚度较大，主要用来测试软材料，如高聚物等。另外，还可以用于黏附的测试。

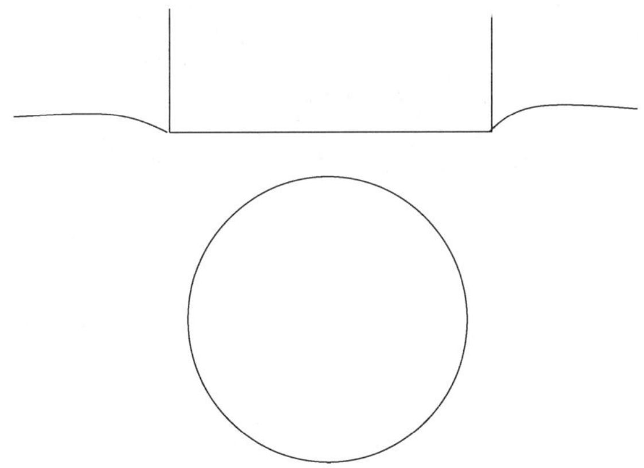

图2-14　圆柱压针的几何形状

5. 楔形压针

楔形压针能提供线载荷，几何形状如图 2-15 所示。目前主要用于 MEMS 中微结构的弯曲测量。

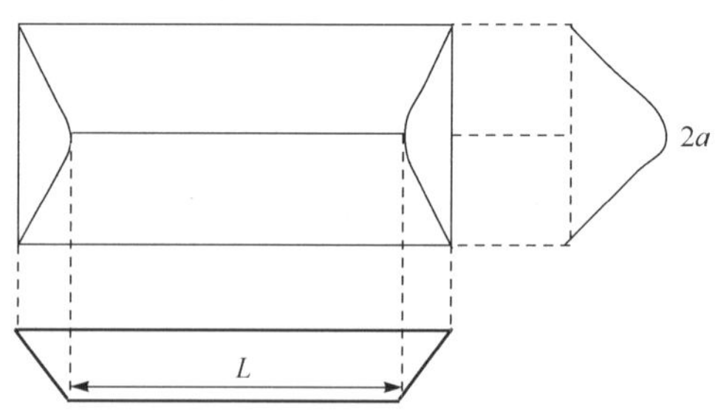

图 2-15　楔形压针的几何形状

2.4.2　纳米压痕仪

1. 美国 MTS 公司纳米压痕仪(NANO Indenter©)

NANO Indenter© 是 MTS 公司生产的一种用于纳米力学测试的仪器，目前主要有 XP、SA 和 G200 三种型号。图 2-16 为 NANO Indenter© 的基本结构，该仪器采用电磁力驱动，载荷大小通过改变电流大小来计量；压入位移测量则通过电容位移传感器来实现。

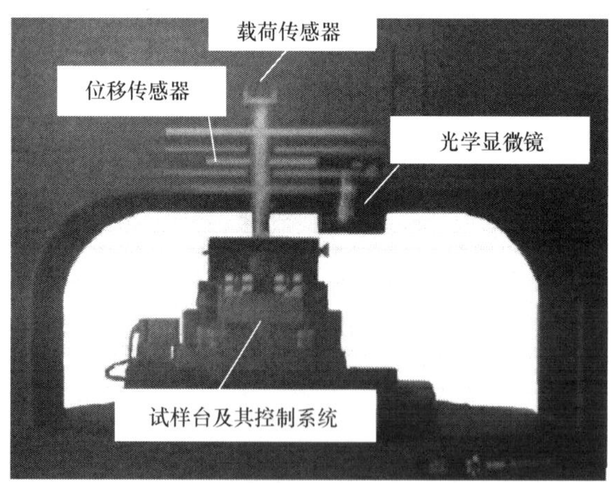

图 2-16　NANO Indenter© 的基本结构[8]

目前最先进的 NANO Indenter© G200 产品规格如表 2-1 所示，具有很高的位移载荷精度，并且有相当准确的试样定位和数据处理功能。

表 2-1　NANO Indenter© G200 产品规格[8]

位移精度	<0.01nm	DCM 最大载荷	10mN
压头总行程	1.5mm	高载附件最大载荷	3μN
最大压入深度	>500μm	载荷精度	50nN
加载方式	电磁力	接触力	<1μN
位移测量	电容传感器	机架刚度	5×10^6N/m
最大载荷	500mN	试样台定位精度	1μm

NANO Indenter© 有两种压入模式，分别为准静态加载模式和连续刚度法(CSM)。其中，CSM 是 MTS 公司的专利技术，是一种区别于准静态测试的动态测量方法，能给出硬度和模量随压入深度的连续变化，以便研究薄膜沿深度方向力学性质的梯度变化、材料的黏弹特性，实现恒应变速率控制，校准压针的面积函数等。

DCM 为该系统的可选组件，可以看成是低载荷量程高分辨力的纳米压入装置。DCM 的测试特点：超低噪声，大的工作频率范围(0.1～300Hz)，低阻尼系数(0.02N · s/m)，低有效刚度(约 100N/m)，欠阻尼结构，可动压杆质量小(约 0.1g)，易定义谐振特性(自振频率 180Hz)。适用于研究超薄膜、聚合物、软材料，能满足聚合物等测试需要的动态范围和超薄膜需要的精度，可用于原子力显微镜观察纳米尺度的压痕形貌。压入深度一般在 10～100nm，载荷和位移精度分别为 1nN 和 0.0002nm。

NANO Indenter© 的高载附件 HLI 为该系统的可选组件，可在不更换压针的情况下连续加载至 10N，主要用于裂纹扩展的研究和显微硬度的模拟，也可用于多尺度力学行为的研究。

NANO Indenter© 也可以用于划痕测试。通过移动试样台使划针沿样品表面滑动，同时提供切向力，此切向力通过水平方向的光电传感器来测量。垂直方向的加载和压痕采用同一装置。通过同时测量垂直和水平方向的载荷变化，能够表征材料的摩擦特性以及薄膜的附着力等。

NANO Indenter© 还配有纳米定位台附件，可以对测试样品表面进行原位成像，得到 AFM 三维图像。它采用 Berkovich 压针扫描，z 轴移动范围大于 500μm，分辨率是 0.01nm。x 轴、y 轴的移动由纳米定位台实现：扫描范围是 100μm×100μm，分辨率是 1～2nm，线性误差小于 0.02%。

2. 瑞士 CSM 公司微纳米力学综合测试系统

CSM 公司主要从事材料表面力学性能检测——压入、划入、摩擦、磨损等仪器的研发，包含了从微米至纳米尺度，综合了力学测量到表面观测，是综合性能比较突出的力学测试平台之一，如图 2-17 所示。

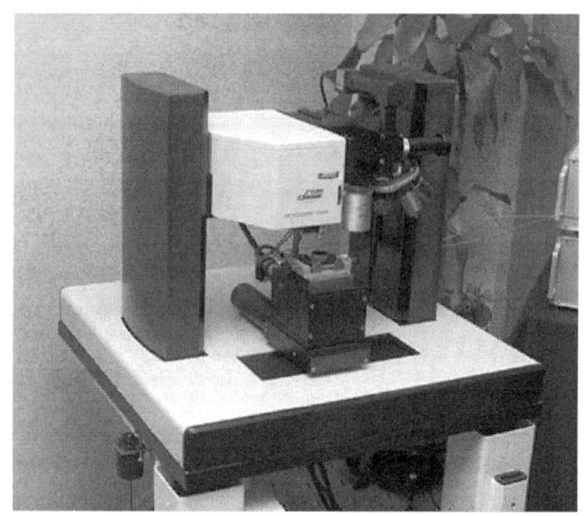

图 2-17　CSM 微纳米力学综合测试系统[8]

1）纳米压入仪

通过精密连续记录加载-卸载曲线的方法获得材料的力学信息。可测试的力学量包括压入硬度、弹性模量、接触刚度、应力-应变、蠕变。主要指标：法向加载力，0～300mN；加载分辨率，40nN；最大压入深度，20μm；位移分辨率，0.03nm。主要加载方式：恒定载荷、恒定位移、恒定加载速率、恒定应变速率、连续多循环加载、线性加载、正弦波加载以及用户自定义加载。

2）显微划痕单元

可实时记录法向力/摩擦力/穿透深度/声发射信号，从而可对实际样品准确可靠地获得膜与基体的结合力，或研究薄膜等表面的摩擦/磨损行为。该系统的主要特点包括：有源力学反馈系统可实时校正样品表面粗糙度引起的力学量变化；具有预扫描/后扫描形貌观测功能，可自动扣除样品表面形貌，准确记录位移深度；通过定位系统和光学显微镜或原子力显微镜，可对任意划痕位置进行观测；具有多种力学加载方式，恒定载荷、台阶载荷和往复式运动研究摩擦疲劳；具有声发射观测功能。主要指标：加载力，0～30N；加载分辨率，0.1mN；最大压入深度，500μm；位移分辨率，1.5nm；摩擦力范围，0～30N；最大划痕长度，2cm；划痕速度，0.1～20mm/min。

3）光学显微镜及 CCD 系统

光学显微镜放大倍数为 50～1000。CCD 系统可用于拍摄压痕、划痕的形貌，通过软件可将压痕、划痕图片附在对应的测试点的数据文件中，组成完整的测试数据。

4）原位成像原子力显微镜

用于纳米尺度观测压痕、划痕的三维形貌，观测范围为水平方向 20μm，垂直方向 2μm；分辨率优于 1nm。具有原位成像功能，采用标准的原子力显微镜硅针尖成像，可单独作为原子力显微镜使用。可在光学显微镜和原子力显微镜之间自由切换，实现从微米尺度到纳米尺度连续放大观测。

3. 美国 Hysitron 公司纳米力学测试系统

Hysitron 公司是一家致力于原位纳米力学测试系统设计、生产和销售的公司。仪器主要有 TriboIndenter、Ubi 1 和 TriboScope 三种型号。可在纳米、纳牛水平上，利用各种形状的金刚石探针对样品表面微区进行压痕、划痕，并且可以原位成像压痕或划痕后的表面形貌。通过探针压痕或划痕来获得材料表面微区的硬度、弹性模量、摩擦系数、磨损率、断裂刚度、失效、分层、黏附力、存储模量、损失模量等力学数据。下面以 TriboIndenter 为代表进行介绍。

图 2-18 为 TriboIndenter 型号低载荷原位纳米力学测试系统，可进行压入和划入测试。标准配置主要包括主机、电控部分和防振部分。主机和防振部分见图 2-18(a)，主机包括传感器、扫描器、原子力显微镜和光学显微镜，见图 2-18(b)。三板电容式传感器是集驱动、载荷和位移测量为一体的特殊传感器。它能够实现静电力激励加载，同时测量位移，工作原理示意图见图 2-18(c)。表 2-2 为 TriboIndenter 标准配置的技术指标。这种小型传感器可以直接固定在压电型三维扫描器上，实现三维高精度的压针定位和原位成像。其工作原理与接触式原子力显微镜类似，即用测针直接对样品进行扫描成像。其显著特点是：快速原位成像，无需装卸样品或更换测针，数秒钟内便可找到所需扫描的压痕或划痕区域；扫描范围大，水平扫描范围 60μm×60μm，垂直扫描范围 3μm。对复合材料，可先原位成像，

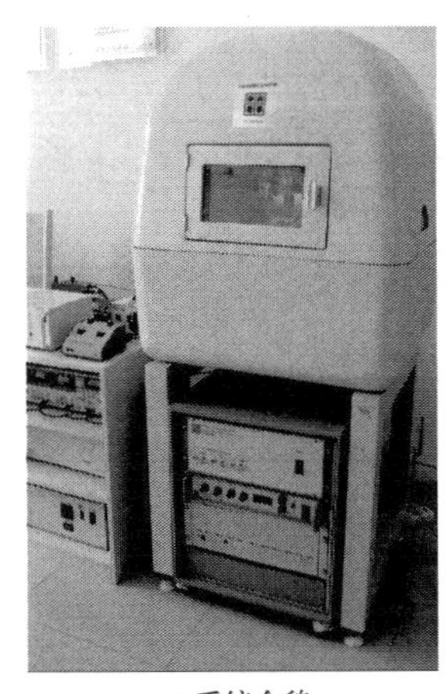

(a) 系统全貌

(b) 核心部分

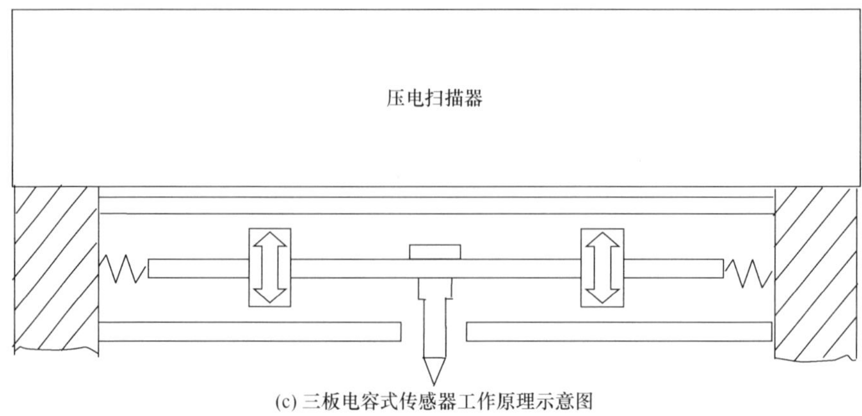

(c) 三板电容式传感器工作原理示意图

图 2-18 Triboindenter 系统[9]

再迅速准确地对某相或界面进行压痕，用于评价各相及其界面的力学特性；对脆性材料，可原位成像测量裂纹长度。

表 2-2 TriboIndenter 标准配置的技术指标[9]

压入		划入	
最大载荷	10mN/30mN	最大载荷	2mN
载荷分辨力	<1nN	载荷分辨力	3μN
载荷噪声水平	100nN	载荷噪声水平	10μN
最大压入深度	20μm	最大划入深度	5μm
位移分辨力	0.0002nm	最大划入长度	15μm
位移噪声水平	0.2nm	位移分辨力	4nm
热漂移	<0.05nm/s	位移噪声水平	10nm
		热漂移	<0.05nm/s

光学显微镜采用多级放大方式，从每步放大 20 倍到每步放大 200 倍，光学显微镜和 CCD 至显示器的总放大倍数为 500～2000 倍。平移定位台的移动范围为 150mm×150mm，定位精度为 0.5μm。

4. 英国 MML 公司微/纳米力学测试系统

MML 公司主要从事微/纳米力学测试仪器的研发。Nano Test® 纳米力学测试系统见图 2-19，工作原理见图 2-20，主要技术指标见表 2-3。该仪器将压入、划入和冲击三种模块集成在同一加载装置上。在压入模块中，利用固定在钟摆上端的电磁线圈驱动压针接触样品表面，钟摆由无摩擦的弹簧弯曲支撑，压入深度由电容式位移传感器测量。在划入模块中，样品垂直于压针移动的方向运动，钟摆的支撑弹簧在划入方向上的刚度足够大。当划入载荷增加时，减少由加载头倾斜所造成的影响。在冲击模块中，钟摆上加准静态载荷，推动样品使压针冲击样品表面，可进行单次和多次冲击。另外，该仪器还有温度台、湿度箱、原子力显微镜、声发射传感器、粉末黏附模块组件供选择。

图 2-19　Nano Test® 纳米力学测试系统[9]

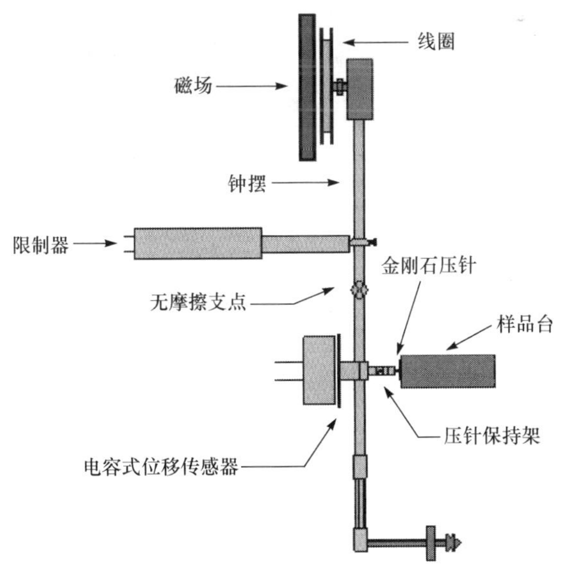

图 2-20　Nano Test® 系统的工作原理[9]

表 2-3 Nano Test® 系统的主要技术指标[9]

指标	Nano Test® 平台
最大载荷	500mN
载荷分辨力	50nN
位移分辨力	0.02nm
最大压入深度	50μm
温度控制	室温至 500℃
湿度控制	15%～90%

纳米冲击是 MML 公司发展的新技术，工作原理见图 2-20。该图的左边是金刚石压针和加载部分，右边是样品和振动部分。样品台上装有压电驱动器，输入信号发生器发出振动信号，样品振动信息经压针反馈给放大器。放大后的信号和发生器发出的信号合成，形成振动信号再输入给压电驱动器，从而驱动样品产生控频和控幅振动，由压针上的传感器监测样品的振动变化。在测试过程中，钟摆经过压针沿样品振动方向加载，输入样品的能量可由振动频率和幅值调节。如果振幅减小，可测量压针向接触点累积输入的能量，用以研究累计输入样品的能量和产生纳米塑性变形、疲劳损伤、断裂、冲蚀磨损的关系。实际上，冲击模块有钟摆振动、样品振动及其同时振动三种方式。

Nano Test® 系统的测试操作空间大。由于采用立式加载结构设计，可以将驱动测试和样品夹持从中心分为独立的两部分。样品与驱动测试环境的分离，有利于温度台和湿度箱的安放，同时便于使用者添加个性化的装置。

2.5 纳米压痕检测结果的影响因素

由于纳米压痕测试主要集中在微/纳米尺度，所以有一系列的影响因素。测试结果的不确定性由测试过程中一系列因素的不确定度共同决定[14]。

1. 样品制备

纳米压痕测量原理中假设样品表面为平面，所以样品表面的粗糙度对测量尤为重要，影响着接触深度的确定。通常，可通过观察在某区域内多次压入测试结果的分散性，决定粗糙度的影响程度。当设置的压入深度很小时，样品表面应尤其注意。机械抛光可能会造成样品表面的硬化，电解抛光的粗糙度相对较大，实际应用中通常根据样品特性和测试要求来考虑具体的抛光方式。样品的厚度至少要大于 10 倍压入深度或 10 倍压入接触半径。样品的安装过程中应注意样品表面要尽量与压头垂直，倾斜度小于 1°。

2. 环境控制

目前，大多数商用纳米压痕仪的位移分辨力优于 1nm。温度波动和地表振动通常是导致压入深度测量的不确定度和误差增加的两个环境因素。环境温度的波动会导致样品和测试系统的膨胀和收缩，从而引起压入深度测量的热漂移。为了保证热稳定性，测试仪器需放在密封柜内进行热缓冲。测试环境的温度范围为(23±5)℃，相对湿度小于 50%。对于每次测试，应严格控制引起温度变化的外部因素，样品和仪器应和环境温度相平衡。地表振动的振幅一般在微米量级，所以商用纳米压痕仪的测试部分都带有减震台。尽管如此，也要尽量保持测试环境安静，减少周围环境引起的振动。

3. 间距选择

界面、自由表面和预先残余压痕的存在对测试结果都有一定的影响，影响的程度取决于压头的几何形状和样品材料的特性。为避免界面和自由表面的影响，相邻压痕点的间距至少是最大压入直径的 5 倍。

4. 表面探测

对纳米压痕测试，被测样品表面的精确探测十分重要，尤其对于压入深度为纳米量级的测量，确定表面位置的微小误差都会使测试结果产生较大的误差。目前推荐以下两种方法：

(1) 通过拟合函数，如二次多项式外推法确定接触零点，拟合范围从零点到最大压入深度的 10%以下。

(2) 将测试载荷或者接触刚度的首次增加定义为接触零点，载荷和压入深度测量的步进尺度应足够小，以便于零点的不确定性小于需要的限度，典型的微小载荷步值在纳米范围内应小于 5μN。

参 考 文 献

[1] Oliver W C, Pharr G M. An improved technique for determining hardness and elastic modulus using load and displacement sensing indentation experiments. Journal of Materials Research, 1992, 7(6): 1564-1583.

[2] Kese K O, Li Z C. Semi-ellipse method for accounting for the pile-up contact area during nanoindentation with the Berkovich indenter. Scripta Materialia, 2006, 55: 699-702.

[3] Kese K O, Li Z C, Bergman B. Influence of residual stress on elastic modulus and hardness of soda-lime glass measured by nanoindentation. Journal of Materials Research, 2004, 19(10): 3109-3119.

[4] 周亮，姚英学，Shahjada A P. 纳米压痕硬度尺寸效应的残余面积最大压深模型. 硅酸盐学

报，2005，33(7)：817-821.

[5] Bolshakov A，Oliver W C，Pharr G M. Influences of stress on the measurement of mechanical properties using nanoindentation：Part II. Finite element simulations. Journal of Materials Research，1996，11(3)：760-768.

[6] Ling L，Long S，Ma Z，et al. Numerical study on the effects of equi-biaxial residual stress on mechanical properties of nickel film by means of nanoindentation. Journal of Materials Science and Technology，2010，26(11)：1001-1005.

[7] Taljat B，Pharr G M. Development of pile-up during spherical indentation of elastic-plastic solids. International Journal of Solids and Structures，2004，41：3891-3904.

[8] 高阳. 先进材料测试仪器基础教程. 北京：清华大学出版社，2008.

[9] 张泰华. 微/纳米力学测试技术及其应用. 北京：机械工业出版社，2005.

[10] Oliver W C，Pharr G M. Measurement of hardness and elastic modulus by instrumented indentation：Advances in understanding and refinements to methodology. J. Mater. Res.，2004，19(1)：3-20.

[11] Zong Z，Lou J，Adewoye O O，et al. Indentation size effects in the nano- and micro-hardness of FCC single crystal metals. Materials Science and Engineering A，2006，434：178-187.

[12] Tuck J R，Korsunsky A M，Bull S J，et al. On the application of the work-of-indentation approach to depth-sensing indentation experiments in coated systems. Surface and Coatings Technology，2001，137：217-224.

[13] Fischer-Cripps A C. Nanoindentation. New York：Springer-Verlag，2002.

[14] 高雪玉. 基于纳米压痕技术的碳纤维增强复合材料原位力学性能测试. 北京：北京工业大学硕士学位论文，2012.

第 3 章　纳米压痕法检测残余应力的理论模型

3.1　纳米压痕法检测残余应力的原理

基于纳米压痕实验来检测材料表面残余应力一般有两种方法。一种是基于残余应力对纳米压痕响应的影响。研究发现，残余应力对接触面积、加载和卸载曲线有显著的影响[1-4]，因此通过分析纳米压痕数据可以得出残余应力。另一种是基于断裂力学理论，在残余应力场进行压痕从而在压痕夹角处产生裂纹，而这些裂纹的长度对压痕处残余应力的大小和状态比较敏感。通过对比无应力和有应力材料表面的压痕裂纹长度可以求出残余应力的大小和状态。与无应力材料相比，存在拉应力材料的裂纹长度会增大，而压应力则会使裂纹缩短。很明显，这种方法仅适用于脆性材料，如陶瓷等。此外，用纳米压痕技术测量残余应力还常常借助于有限元模拟技术。

3.2　残余应力对纳米压痕响应的影响[5]

为研究残余应力对纳米压痕过程的影响，Zhu 等[2]设计了一种新型的等双轴残余应力施加装置，可以通过该装置随意地控制施加于无应力材料上残余应力的大小，并且可以实现同时施加大范围的等双轴压应力和拉应力。图 3-1 为等双轴残余应力施加装置的示意图。该装置由上夹具、下夹具以及扳手组成，图 3-2 和图 3-3为其实物图。上夹具和下夹具之间通过螺纹连接，试片置于上、下夹具之间，通过两个扳手将上、下夹具旋紧，通过控制旋紧力的大小，对所施加的应力进行控制，可以同时获得等双轴的压应力和拉应力。

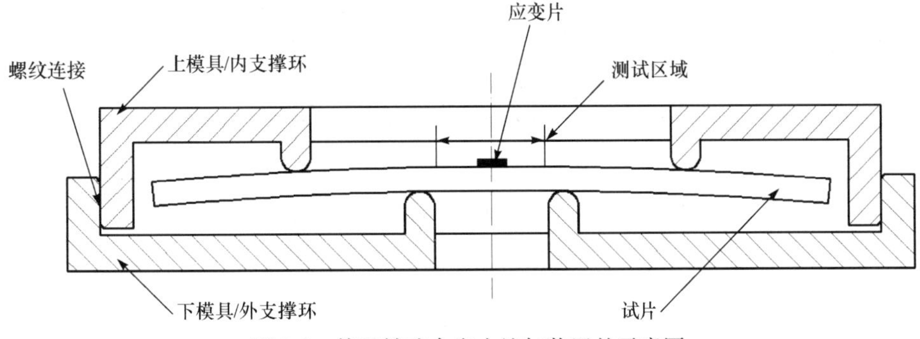

图 3-1　等双轴残余应力施加装置的示意图

(a)

(b)

图 3-2　上、下夹具及试片实物图

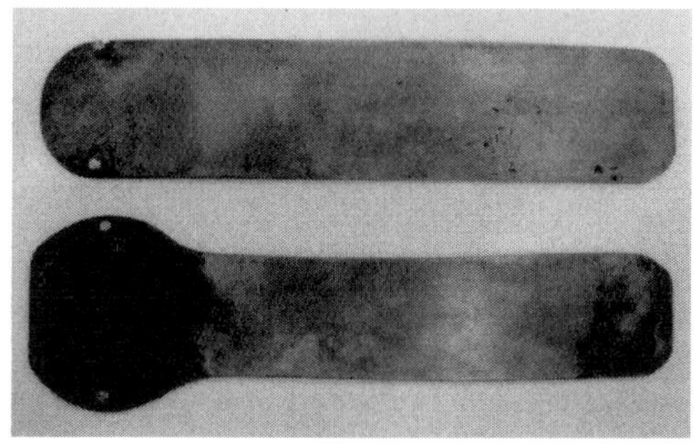

图 3-3　扳手实物图

为了减小其他因素对纳米压痕实验的影响，选择理想的材料单晶铜(100)，尺寸为 Φ20mm×0.5mm，经抛光后的表面粗糙度为(10.5±2.5)nm。用等双轴残余应力施加装置对单晶铜施加不同应力状态和大小的应力，通过在单晶铜样品的中心贴应变片，用 ASMB2-8 型静态应变采集系统精确测量出所施加应力的大小，分别为+68.4MPa、+102.5MPa 和−98.8MPa、−137.4MPa。利用原位纳米力学测试系统(图 2-17)对未施加应力和施加应力后的试样进行纳米压痕实验。对于无应力试样和有应力试样：分别固定载荷 1mN 和固定深度 700nm。每个载荷和深度下均压入 3×3 的点阵，如图 3-4 所示，各压痕点之间的间距为 10μm。

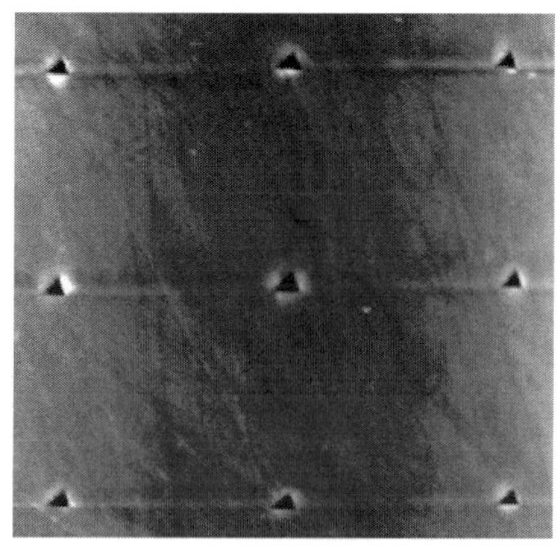

图 3-4　3×3 的压痕点阵

3.2.1　残余应力对载荷-位移曲线的影响

残余应力对加载曲线有显著的影响。图 3-5 为单晶铜在固定载荷 1mN 时不同应力状态下的加载曲线。与无应力相比，拉应力下的加载曲线发生右移，而压应力下的则发生左移，且随着残余应力的增大，加载曲线偏移的幅度增大，即存在拉应力的单晶铜试样的压入深度明显大于无应力试样，且随着拉应力的增大，压入深度也明显增大，而压应力则相反。这是因为压入过程中压头产生的应力方向与试样表面垂直，当试样中存在拉应力时，拉应力方向与压头下方的接触剪切应力方向相同，从而会使剪切应力增强。剪切应力的增大会提高压痕的塑性，因此产生较大的压入深度[6]。可见，拉应力对压痕过程起促进作用，而压应力则起阻碍作用。同理，当固定相同的压入深度时，拉应力试样所需要的最大压入载荷小于无应力状态试样，如图 3-6 所示，压应力试样则需要较大的压入载荷，且随着残余拉应力/压应力的增大，所需要的压入载荷也明显减小/增大。

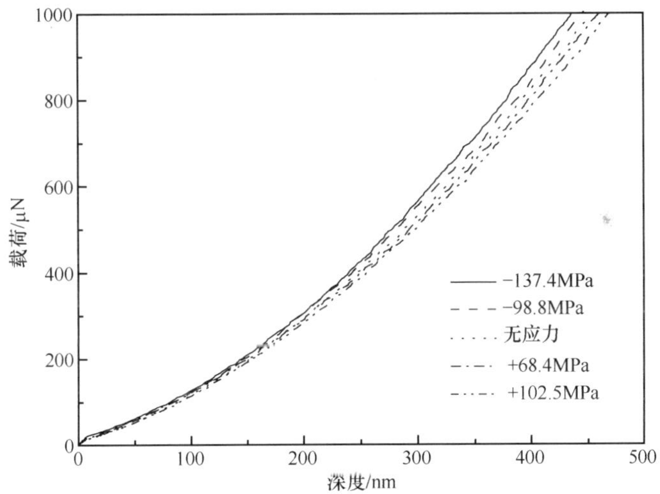

图 3-5　单晶铜在固定载荷 1mN 时不同应力状态下的加载曲线

残余应力对卸载曲线同样有显著的影响。图 3-7(a)和(b)分别为单晶铜在固定载荷 1mN 和固定深度 700nm 时不同应力状态下的卸载曲线。残余应力对卸载曲线同样产生显著的影响，在固定相同的载荷和深度时，与无应力状态相比，拉应力均使卸载曲线右移，压应力均使其左移，且随着残余应力的增大，偏移的幅度增大。即拉应力使弹性回复深度 h_e 减小，残余深度 h_r 增大，而压应力则相反。这是因为卸载过程是一个纯弹性的过程，拉应力倾向于使材料远离压头表面，从而造成较小的弹性回复；压应力则促使材料靠近压头表面，使弹性回复深度增大[4]。

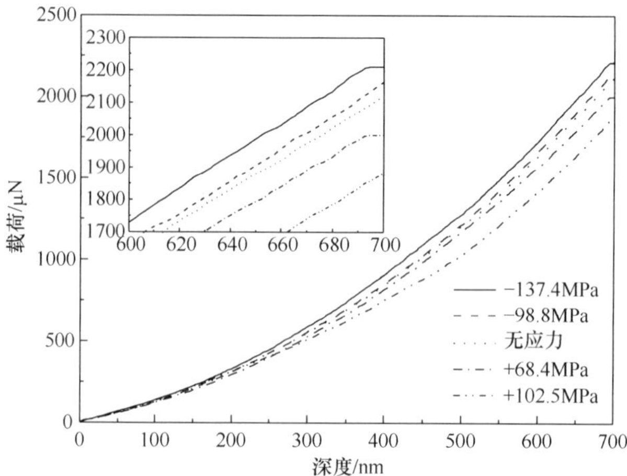

图 3-6　单晶铜在固定深度 700nm 时不同应力状态下的加载曲线

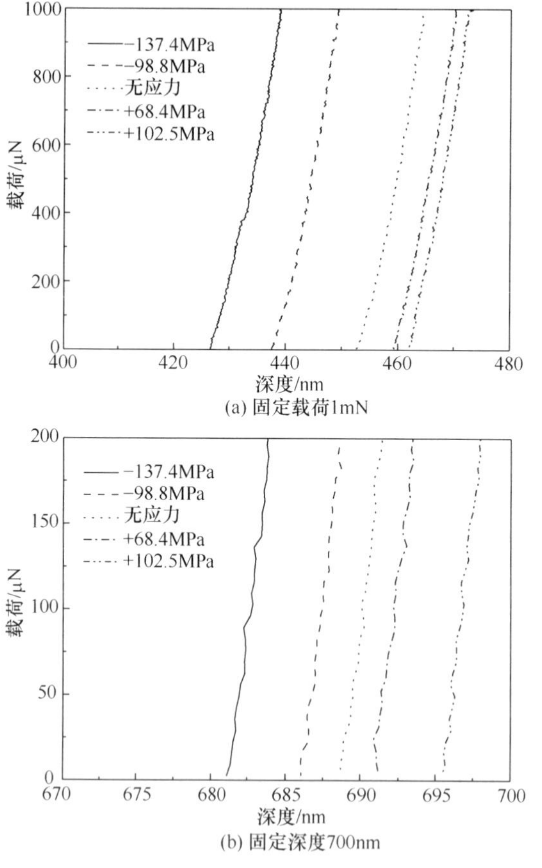

(a) 固定载荷1mN

(b) 固定深度700nm

图 3-7　单晶铜在不同应力状态下的卸载曲线

3.2.2　残余应力对压痕凸起变形的影响

在纳米压痕实验结束时，压痕周围的材料会表现出凸起（pile-up）或凹陷（sink-in）变形，如图 3-8 所示。由于塑性变形的不可压缩性，具有较低加工硬化的材料的压痕周围容易产生凸起变形[7]。Bolshakov 等[8]的有限元模拟结果表明，当 $h_r/h_{max}>0.7$ 且加工硬化程度较小时，压痕周围的材料会产生明显的凸起变形。图 3-9 为单晶铜在固定载荷 1mN 和固定深度 700nm 时不同应力状态下的 h_r/h_{max} 值。无论是固定载荷还是固定深度模式，单晶铜在不同应力状态下的 h_r/h_{max} 值均接近于 1.0。此外，从图 3-7 中可以看出，单晶铜的弹性回复较小，主要以塑性变形为主，表现为较小的加工硬化，因此压痕周围可能会有明显的凸起变形，需要结合光学显微镜或原子力显微镜等微观分析设备对压痕表面进行观察。

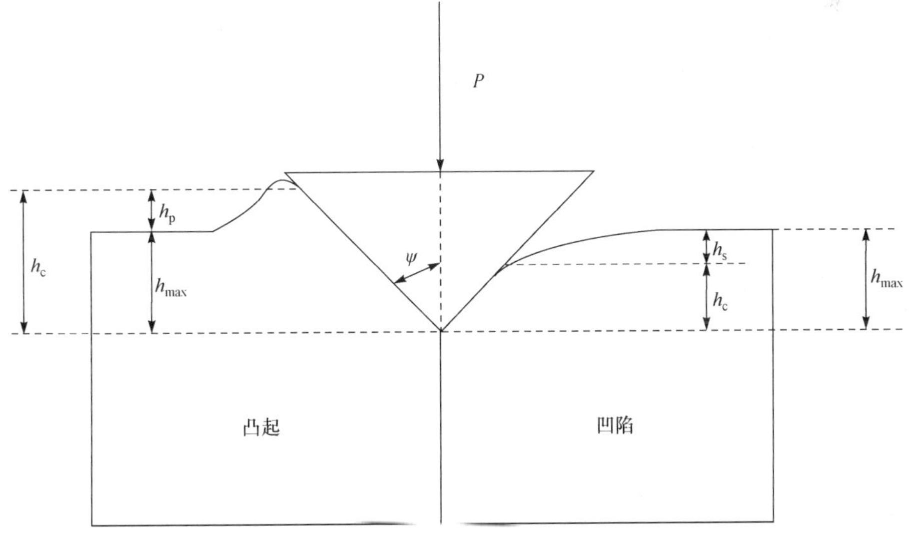

图 3-8　压痕周围材料的凸起和凹陷变形示意图

利用 TriboIndenter 原位纳米力学测试系统对单晶铜压痕位置进行原位成像。图 3-10 和图 3-11 分别为单晶铜在固定载荷 1mN 和固定深度 700nm 时，不同应力状态下的典型压痕二维和三维形貌图。不同应力状态下单晶铜的压痕周围均产生了显著的凸起变形。

凸起量可以由相对于未变形表面的高度 h_p 和宽度 x 表示。为了精确得到单晶铜的凸起变形高度 h_p 和宽度 x，采用 TriboIndenter 原位纳米力学测试系统自

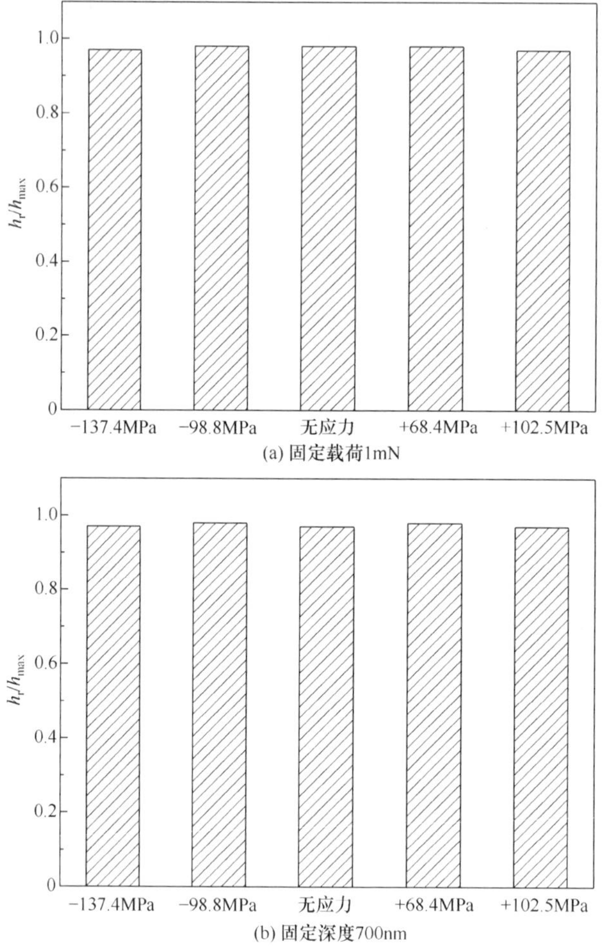

图 3-9　单晶铜在固定载荷 1mN 和固定深度 700nm 时不同应力状态下的 h_r/h_{max} 值

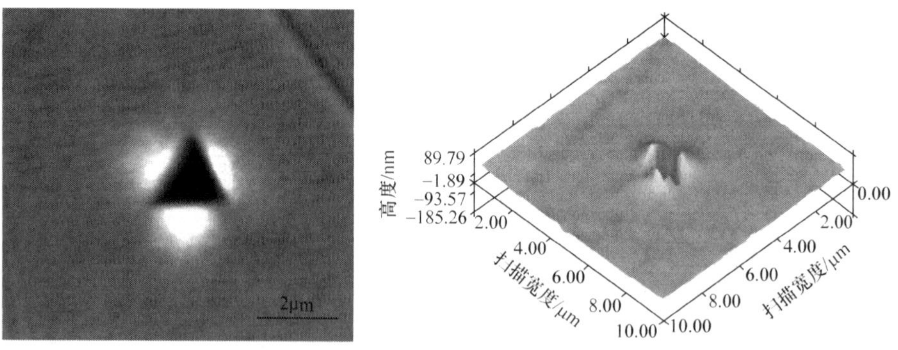

(a) −137.4MPa

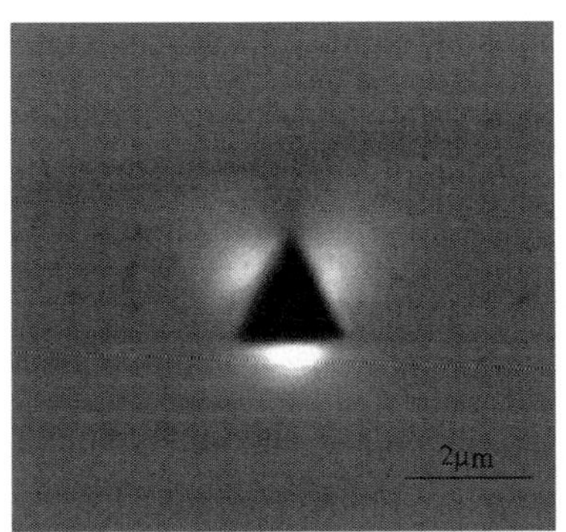

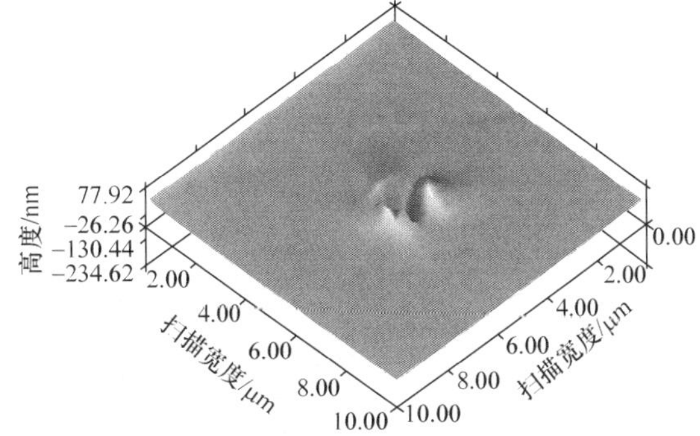

(b) −98.8MPa

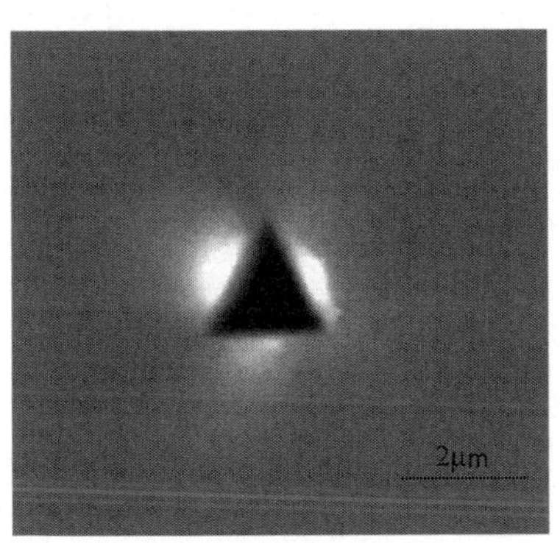

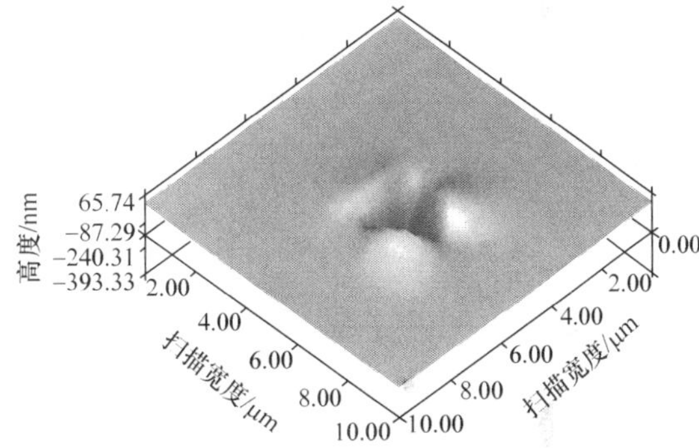

(c) 无应力

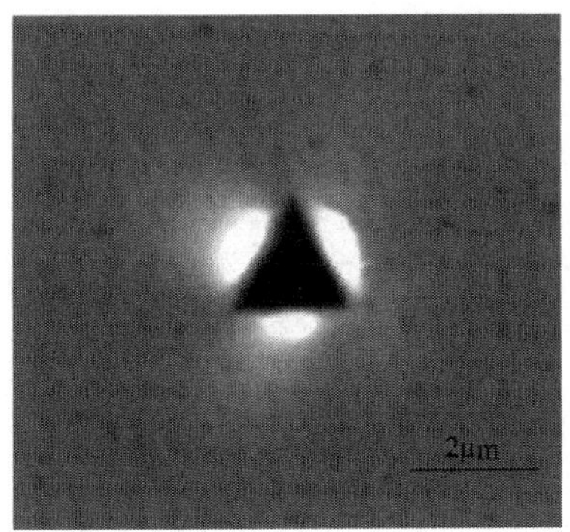

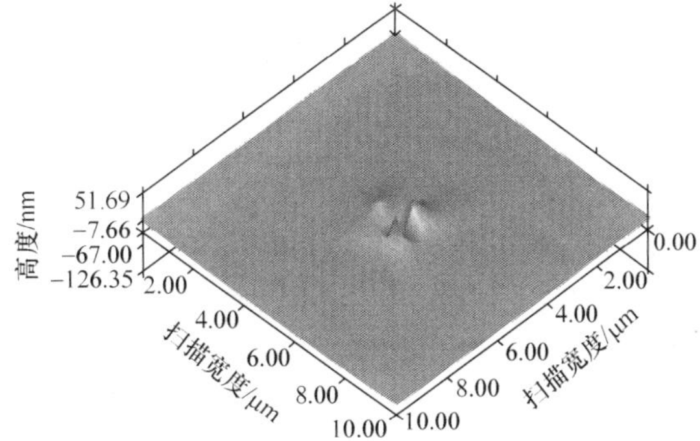

(d) +68.4MPa

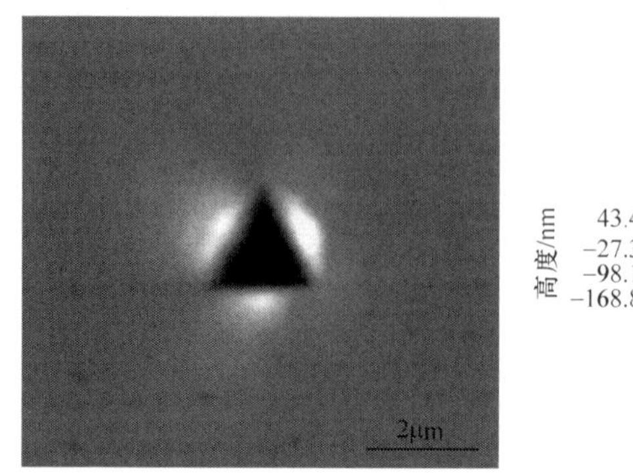

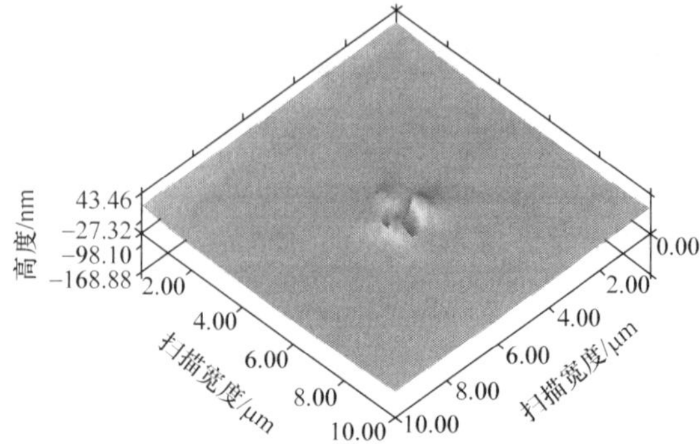

(e) +102.5MPa

图 3-10　单晶铜在固定载荷 1mN 时不同应力状态下的压痕二维和三维形貌图

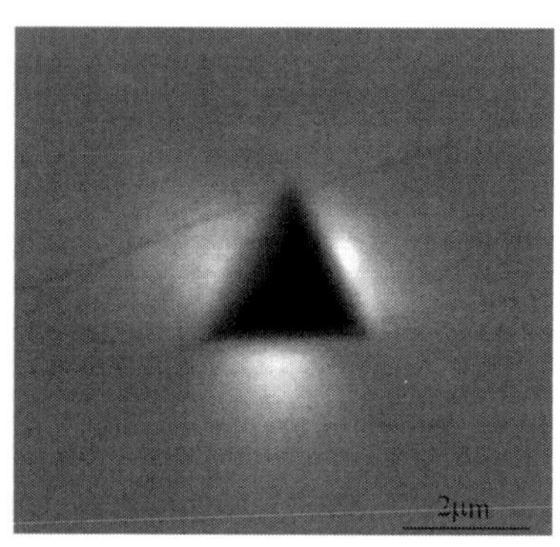

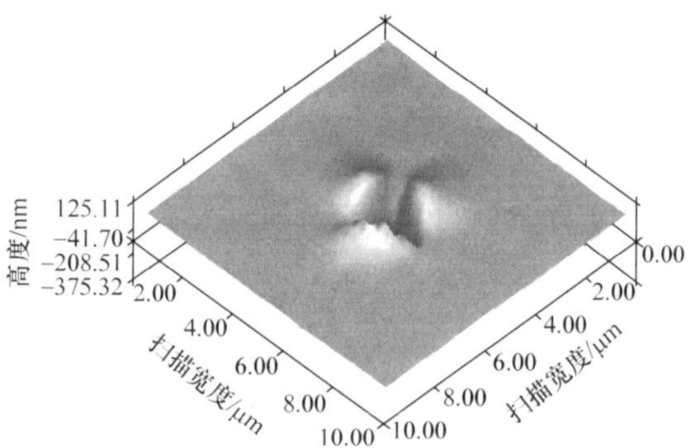

(a) -137.4MPa

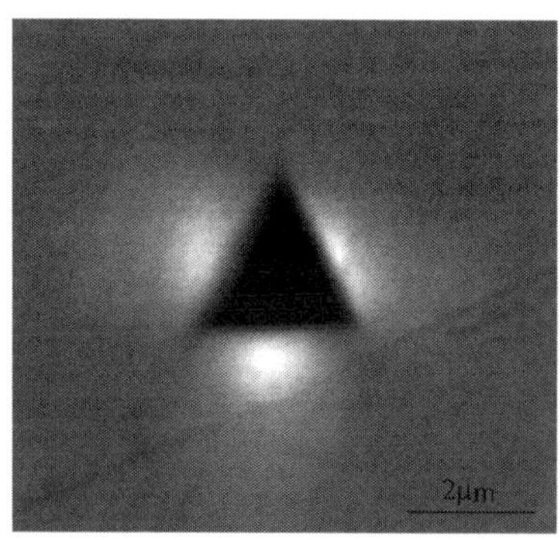

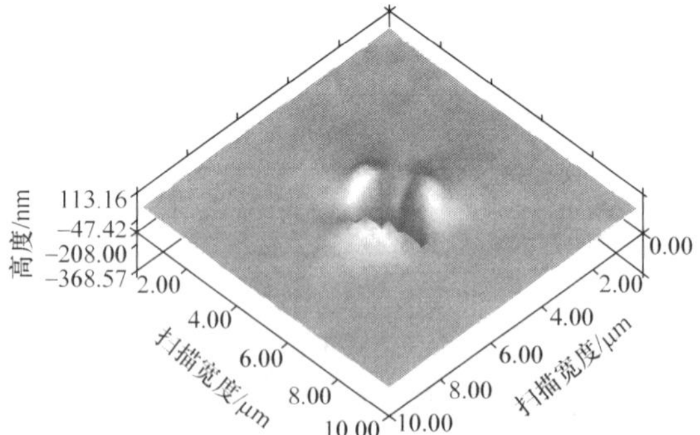

(b) -98.8MPa

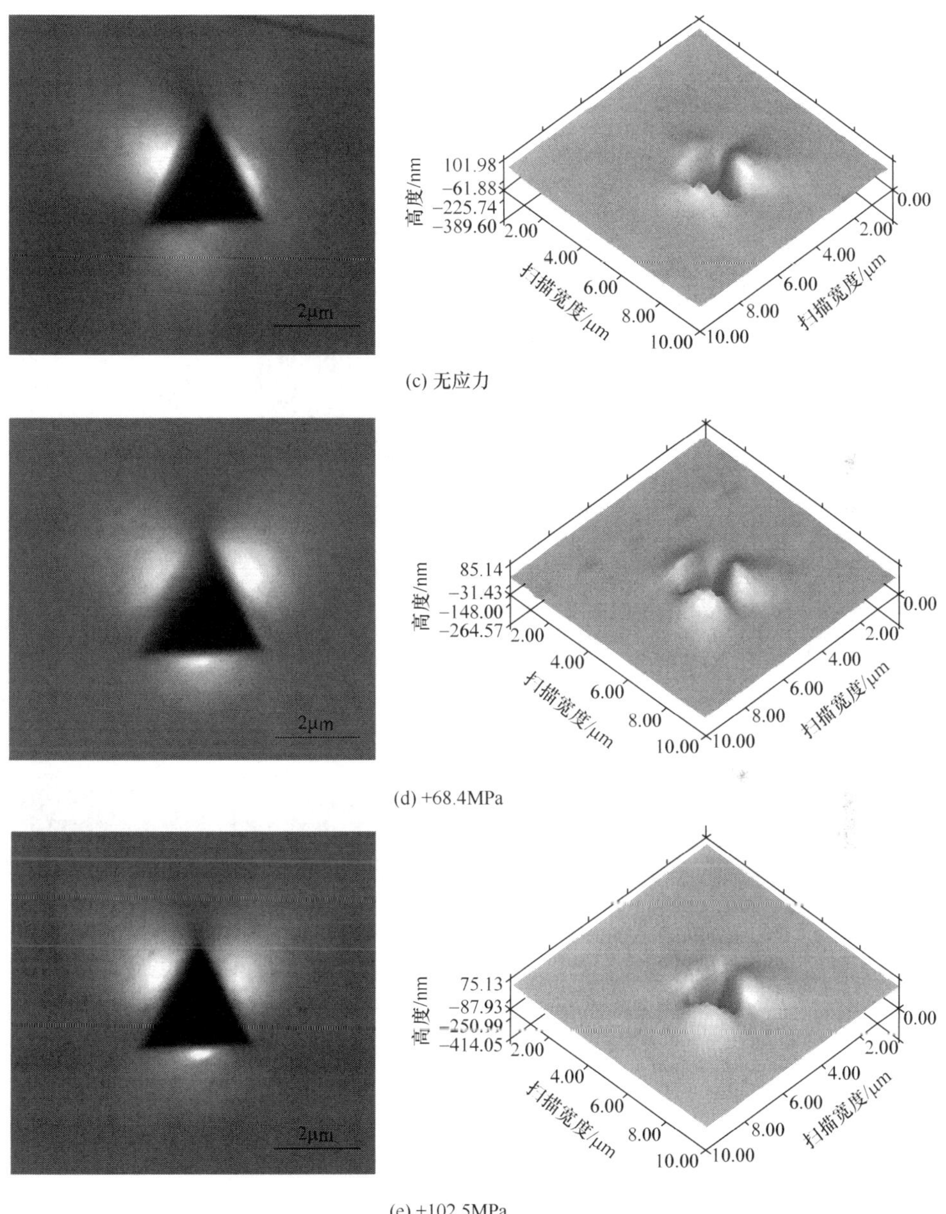

图 3-11　单晶铜在固定深度 700nm 时不同应力状态下的压痕二维和三维形貌图

带的 Hysitron TriboView 软件，沿图 3-12 所示的三条线（AA'、BB'和CC'）对压痕进行扫描，最终得到压痕的二维轮廓图。

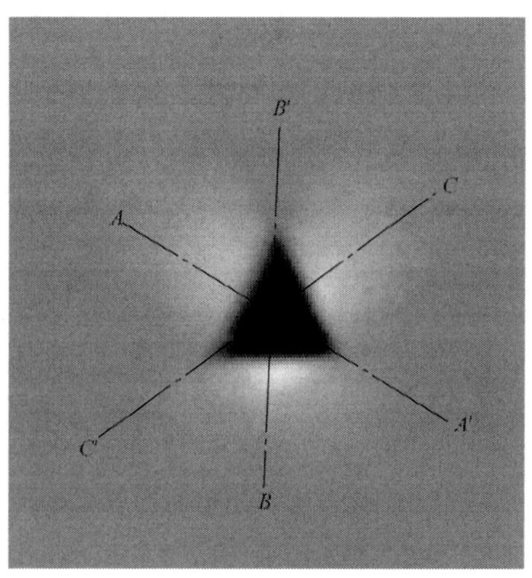

图 3-12　压痕二维轮廓的测量位置示意图

图 3-13 和图 3-14 分别为单晶铜在固定载荷 1mN 和固定深度 700nm 时，不同应力状态下的典型压痕二维轮廓。图中右半部分是穿过压痕夹角处的轮廓线，左半部分是穿过该夹角对应的压痕三角形边长中点的轮廓线。取三次测量的平均值 h_p^{avg} 和 x^{avg} 作为凸起高度值，其中压痕凸起高度 h_p 和 x 的测量方法如图 3-15 和图 3-16所示。

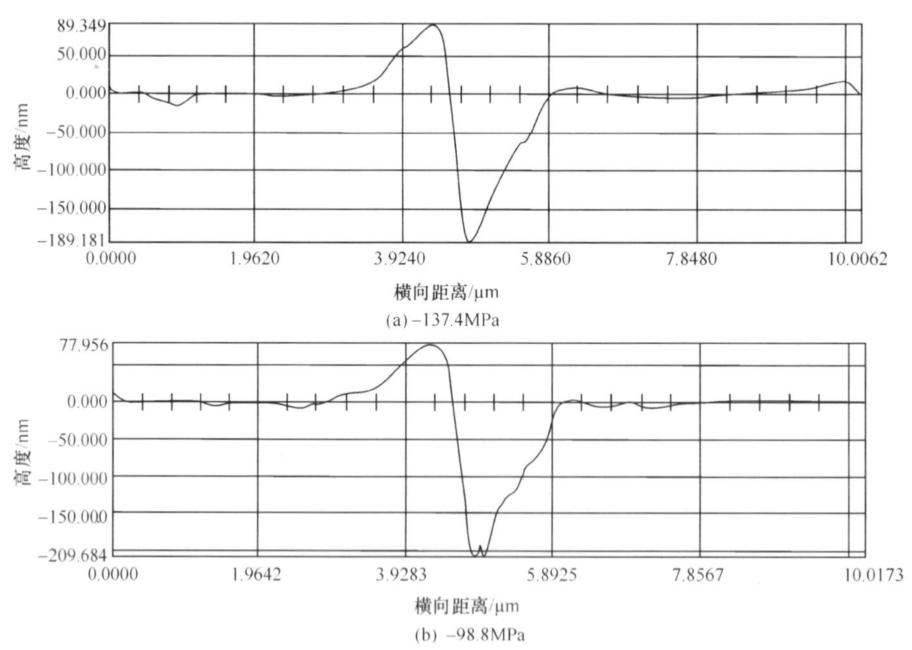

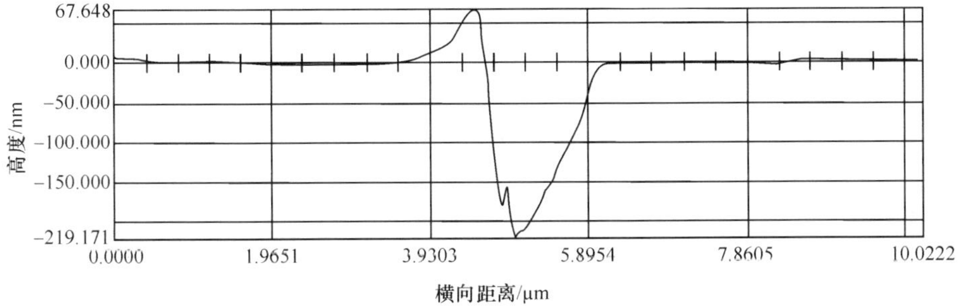

(c) 无应力

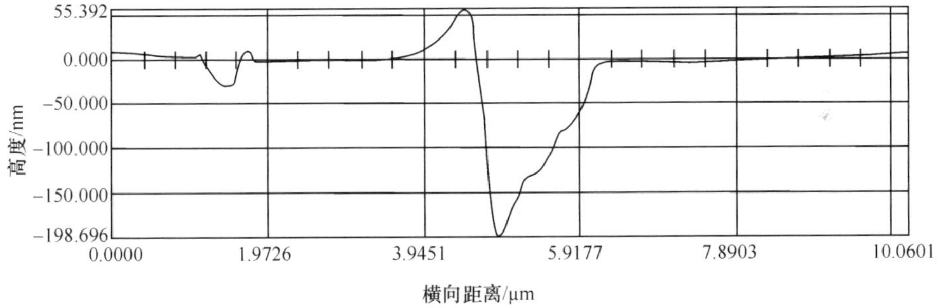

(d) +68.4MPa

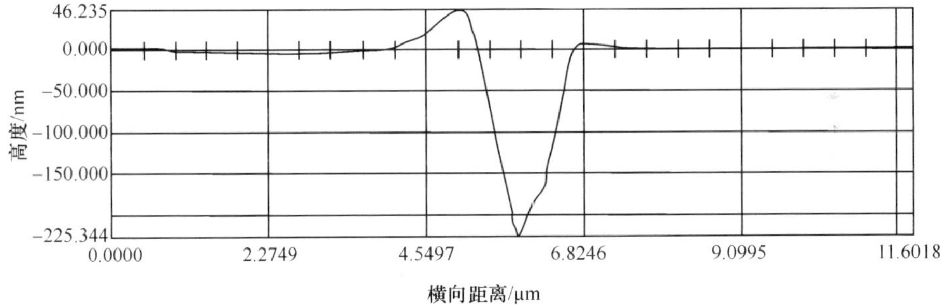

(e) +102.5MPa

图 3-13　单晶铜在固定载荷 1mN 时不同应力状态下的压痕二维轮廓

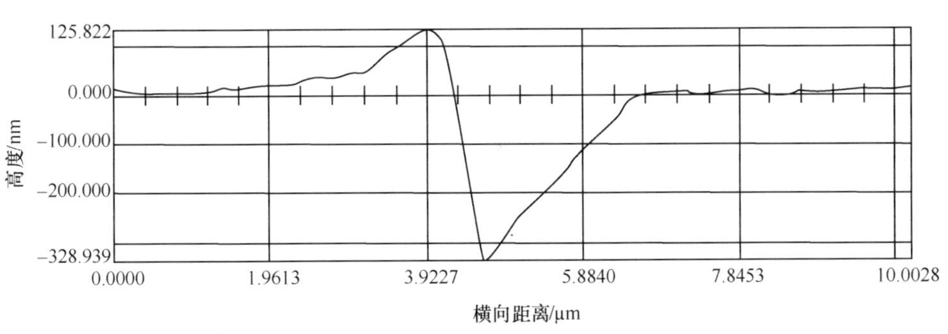

(a) -137.4MPa

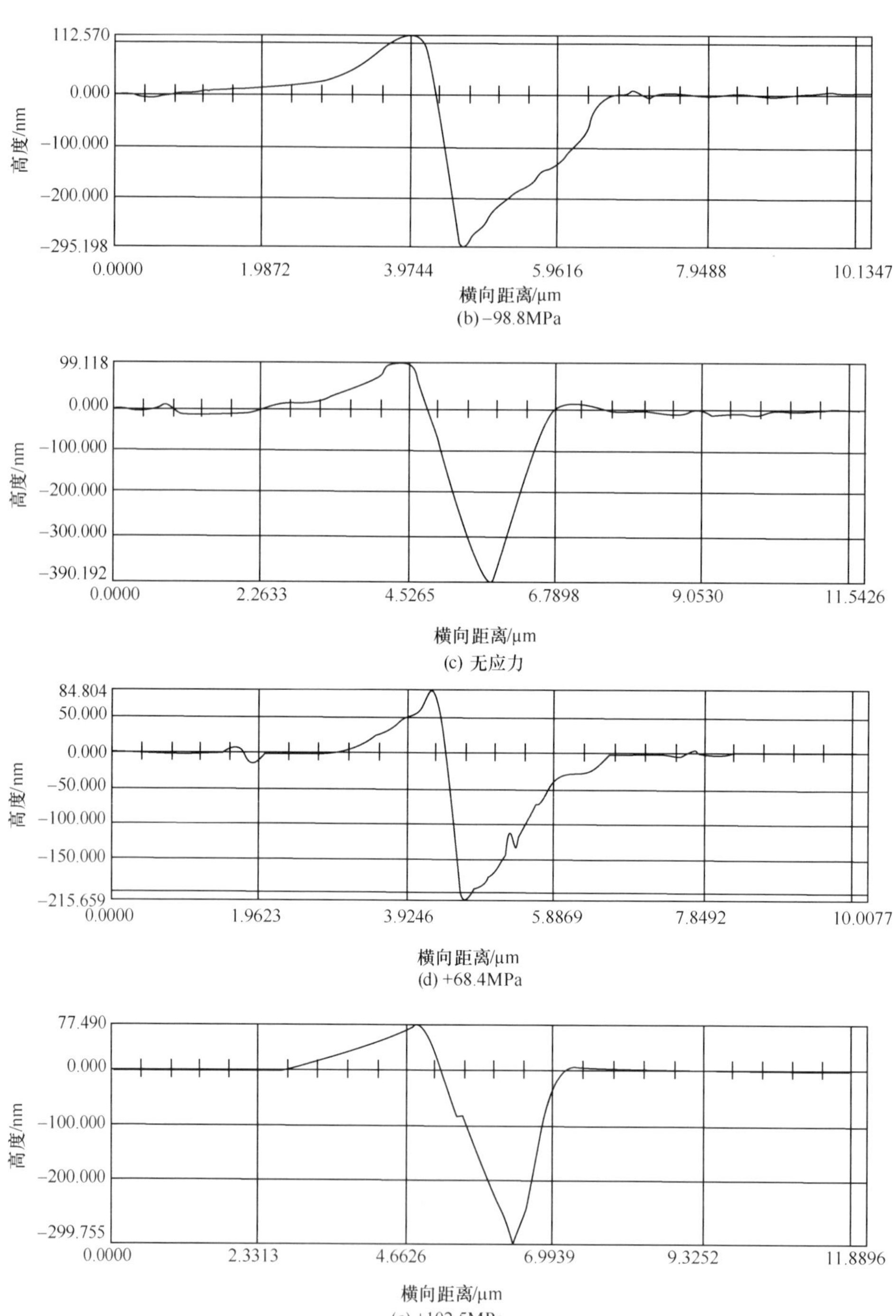

图 3-14　单晶铜在固定深度 700nm 时不同应力状态下的压痕二维轮廓

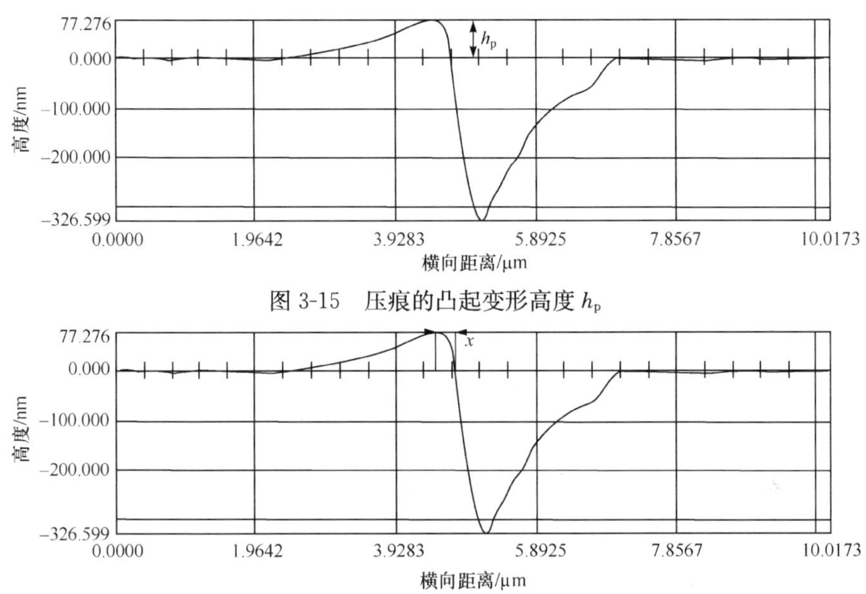

图 3-15　压痕的凸起变形高度 h_p

图 3-16　压痕的凸起变形宽度 x

图 3-17 和图 3-18 分别为单晶铜在固定载荷 1mN 和固定深度 700nm 时，不同应力状态下的凸起高度和凸起宽度值。可见，在固定载荷和固定深度的实验模式下，拉应力均使凸起变形高度明显降低，而压应力则使其显著增大，且随残余拉应力/压应力的增大，凸起高度显著降低/增大。这是因为拉应力会将压头下方的材料拉离压头的表面从而会使凸起高度减小；而压应力倾向于将压头下方的材料挤压到压头的表面上方从而使凸起高度增大。无论是固定载荷还是固定深度模式，凸起宽度值对应力并不敏感，这是因为等双轴应力在凸起宽度方向上的作用相互抵消，从而对凸起宽度值影响较小。

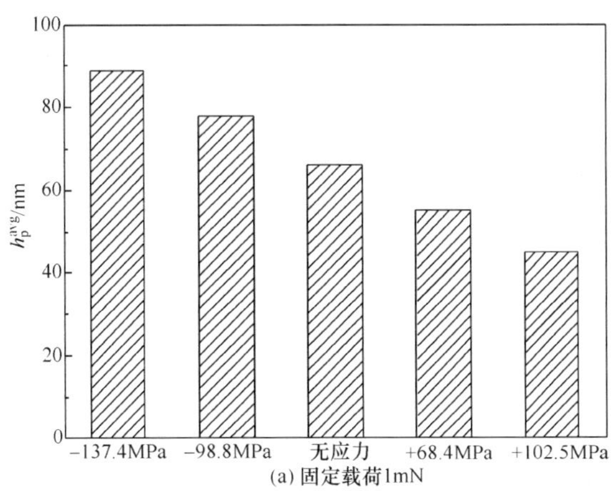

(a) 固定载荷1mN

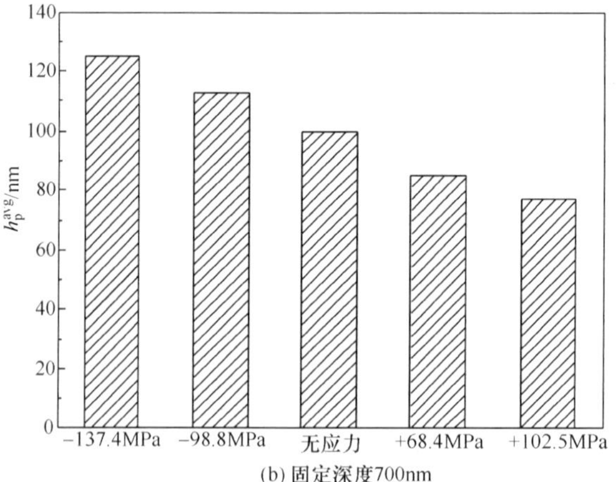

(b) 固定深度700nm

图 3-17　单晶铜在固定载荷 1mN 和固定深度 700nm 时不同应力状态下的凸起高度

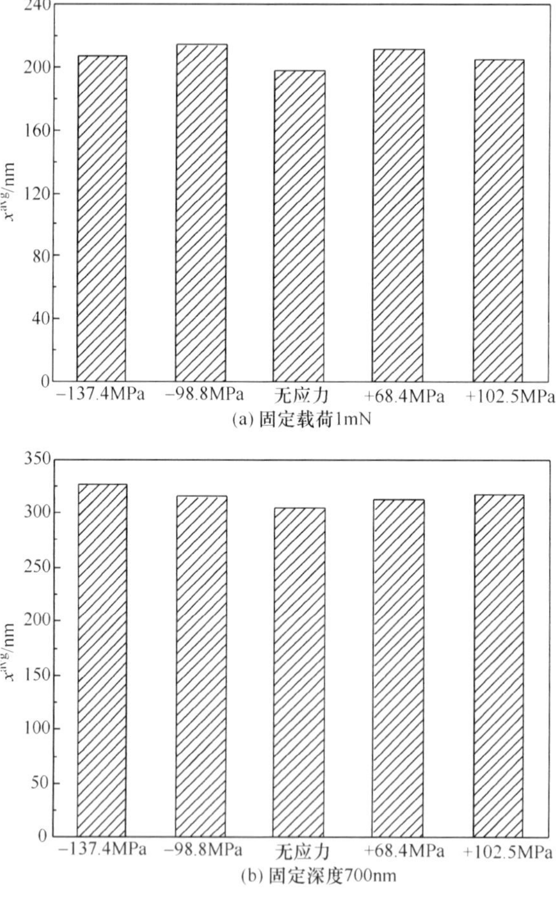

(b) 固定深度700nm

图 3-18　单晶铜在固定载荷 1mN 和固定深度 700nm 时不同应力状态下的凸起宽度

3.2.3　残余应力对接触面积的影响

图 3-19 为采用 O&P 法即式(2-43)～式(2-46)计算得到的单晶铜在固定载荷 1mN 时不同应力状态下的接触面积,该方法未考虑凸起部分的接触面积。由于固定相同的压入载荷时,拉应力产生的压入深度较大,造成接触面积比无应力状态明显增大,而压应力状态下的接触面积明显降低,且随着残余拉应力/压应力的增大,接触面积显著增大/减小。可见,固定载荷下当不考虑凸起部分面积时,接触面积对残余应力较为敏感。图 3-20 为单晶铜在固定深度 700nm 时不同应力状态下的接触面积。固定相同的深度时,不同应力状态下单晶铜的接触面积几乎一样,不受残余应力的影响。

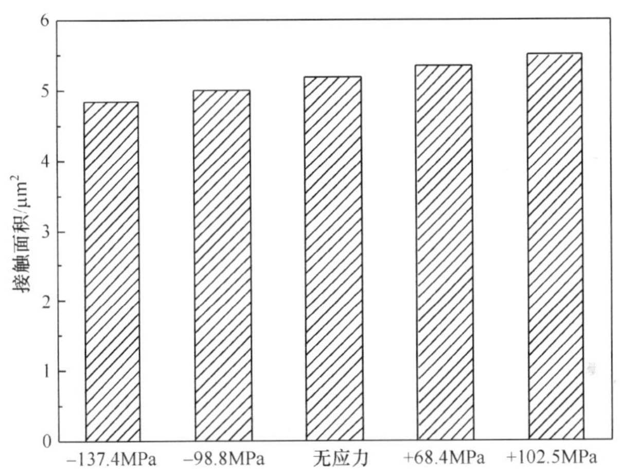

图 3-19　固定载荷 1mN 下残余应力对接触面积的影响

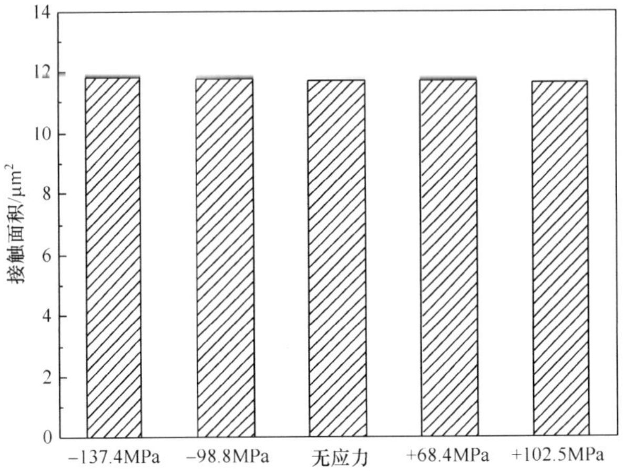

图 3-20　固定深度 700nm 下残余应力对接触面积的影响

3.2.4　残余应力对力学性能的影响

Tsui 等[9]利用纳米压痕法对存在残余应力的 8009 铝合金进行了研究，发现当用传统方法对压痕数据进行分析时，残余应力对硬度和弹性模量有显著的影响，硬度和弹性模量均随压应力的增大而增大，随拉应力的增大而减小，如图 3-21 所示。朱丽娜等[5]用传统的 Oliver 法研究了单晶铜中的应力对其硬度的影响规律，得到了相似的结果，如图 3-22 所示。无论是固定载荷还是固定深度模式，硬度值对残余应力均较为敏感，与无应力状态相比，拉应力状态下的硬度值明显降低，而压应力状态下的硬度值明显增大，且随着残余拉应力/压应力的增大，硬度值显著减小/增大。而 Bolshakov 等[10]随后进行的压痕实验和有限元模拟结果显示，传统分析

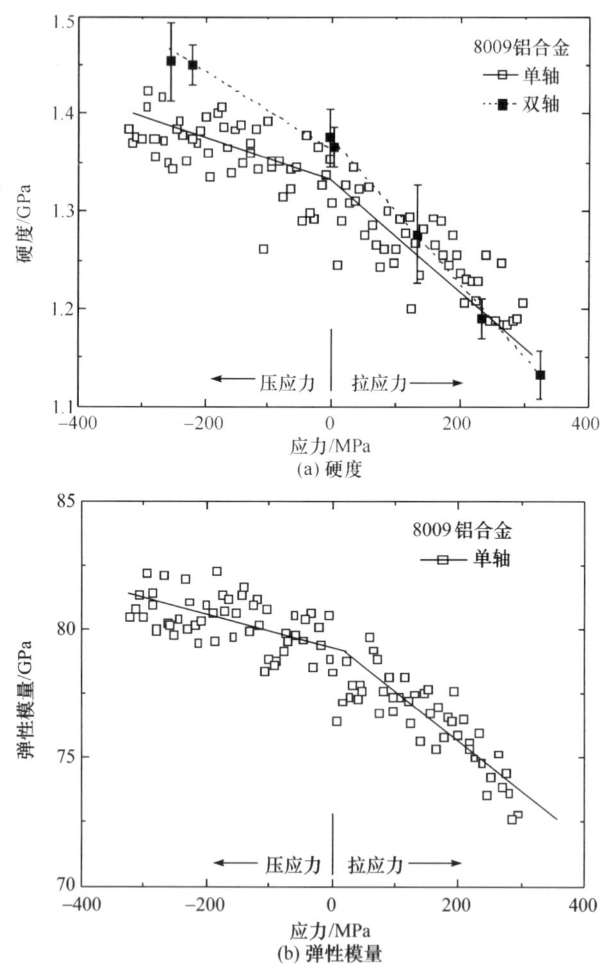

图 3-21　残余应力对硬度和弹性模量的影响[10]

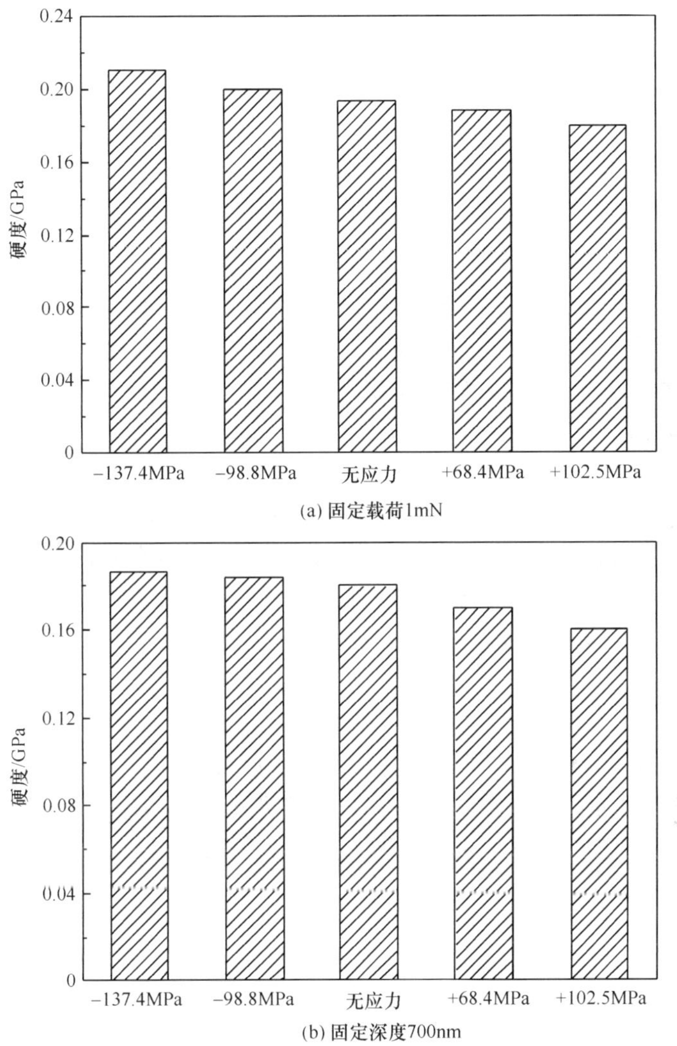

(a) 固定载荷1mN

(b) 固定深度700nm

图 3-22　残余应力对单晶铜硬度的影响

方法测量的力学性能不精确的原因是在计算 8009 铝合金压痕面积时忽略了压痕周围凸起(pile-up)部分的面积，而当代入真实的接触面积时，硬度和弹性模量并不随应力的变化而发生改变，即硬度和弹性模量几乎不受残余应力的影响[10,11]。

3.3　残余应力计算模型

基于硬度不随残余应力变化的规律，Suresh 等[11]提出了一种测量等双轴残余应力的理论模型。该方法是基于无残余应力的材料与有应力材料的压痕接触面积的差异。研究显示，存在残余压应力材料的压痕真实接触面积比无应力的大，而存在残余拉应力材料的压痕真实接触面积比无应力的小。Lee 等[6]基于 Suresh 模型又提出了新的测量等双轴残余应力的理论模型，通过将接触面积拟合为载荷的三次方程，得到残余应力仅与载荷相关的理论模型。随后，为克服以上模型仅适用于等双轴应力的缺点，Lee 等[12]又提出了新的适用于非等双轴表面应力的模型。在压入相同深度时，不同应力状态与无应力时的载荷差与从双轴应力中分离出的等双轴平均应力具有线性的关系。并且，任意状态下的双轴应力都可以通过由两个主应力分量的比值所构成的理论模型来进行计算。Xu 等[4]通过大量的有限元模拟，系统研究了残余应力对纳米压痕弹性回复的影响，发现残余应力不仅对真实接触面积有影响，还会影响弹性回复比率 h_e/h_{max}，且该参数 h_e/h_{max} 与 σ_r/σ_y 存在线性的关系，残余压应力时，h_e/h_{max} 增大，拉应力时则减小。结合标准的三点弯曲技术，Xu 等[13]用纳米压痕实验成功测量出机械抛光后的熔融石英横梁中的残余应力。Swadener 等[14]的研究表明，球形压痕对残余应力的影响比尖压痕更为敏感，并提出了两种使用球形压头测量残余应力的分析方法。第一种方法是基于 Hertz 接触理论，建立了残余应力与球形压痕接触半径之间的关系；第二种方法是基于 Tabor 的硬度与屈服应力的经验关系计算出残余应力。

3.3.1 Suresh 模型

1998 年，Suresh 等提出了一种基于纳米压痕技术测量残余应力的理论模型，该方法适用于不同尺寸的对象，从大型的结构件到薄膜，从宏观、微观到纳米级尺寸都可以使用该理论模型。该模型有以下几个前提条件：

(1) 压头和被测材料之间没有摩擦；

(2) 压痕过程视为准静态；

(3) 压头为弹性的，被测材料为各向同性的弹塑性基体；

(4) 被测材料中存在等双轴的残余应力。

由于材料的硬度 H，即平均接触应力 P_{avg} 不受残余应力的影响，因此有

$$P_{avg}=\frac{P}{A}=\frac{P_0}{A_0} \tag{3-1}$$

式中，P、A 分别为存在残余应力时的载荷和压痕接触面积；P_0、A_0 分别为无残余应力时的载荷和压痕接触面积。

根据 Kick 定律，无残余应力和有残余应力时的载荷-位移曲线的加载曲线以及接触投影面积可以表示为

$$P_0=C_0h_0^2 \tag{3-2}$$

$$P=Ch^2 \tag{3-3}$$

$$A_0=D_0h_0^2 \tag{3-4}$$

$$A = Dh^2 \tag{3-5}$$

式中，C_0 和 C 分别为无残余应力和有残余应力材料的加载-位移曲线的曲率；D_0 和 D 分别为无残余应力和有残余应力材料的接触投影面积的量度，该参数考虑了压痕周围的凸起或凹陷效应。

由式(3-1)～式(3-5)可以得到

$$H = \frac{C}{D} = \frac{C_0}{D_0} \tag{3-6}$$

$$\frac{D}{D_0} = \frac{C}{C_0}, \quad \frac{D}{C} = \frac{D_0}{C_0} \tag{3-7}$$

1. 残余拉应力

假设材料中存在等双轴的残余拉应力，即 $\sigma_x = \sigma_y$，将该应力分解为一个流体静应力 $\sigma_x = \sigma_y = \sigma_z = \sigma$ 和一个与压头载荷方向相同的单轴应力 $-\sigma_z = -\sigma$，如图 3-23 所示，即

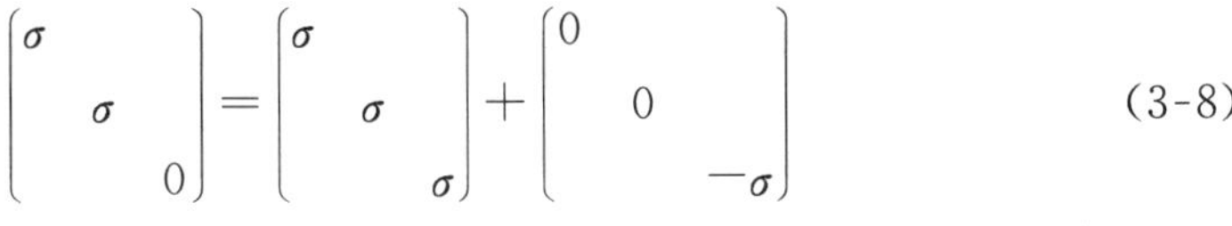

$$\begin{pmatrix} \sigma & & \\ & \sigma & \\ & & 0 \end{pmatrix} = \begin{pmatrix} \sigma & & \\ & \sigma & \\ & & \sigma \end{pmatrix} + \begin{pmatrix} 0 & & \\ & 0 & \\ & & -\sigma \end{pmatrix} \tag{3-8}$$

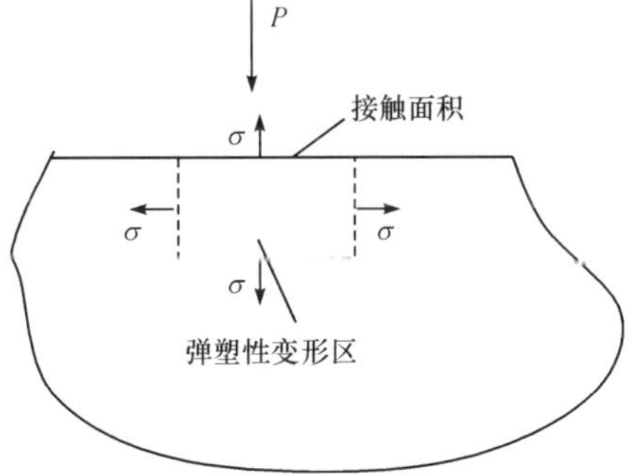

图 3-23　残余拉应力的作用示意图[11]

当固定相同的压入深度时($h_1 = h_2$)，将残余拉应力释放为无应力($X \to Y$)，则压入载荷由 P_1 增大到 P_2，如图 3-24 所示。因此，有

$$P_2 = P_1 + \sigma A \tag{3-9}$$

$$P_1 = Ch_1^2, \quad P_2 = C_0 h_2^2, \quad A_1 = Dh_1^2 \tag{3-10}$$

$$C_0 h_2^2 = Ch_1^2 + \sigma Dh_1^2 \tag{3-11}$$

$$\frac{C_0 h_2^2}{Ch_1^2} = \frac{A_2}{A_1} = \frac{A_0}{A} = 1 + \frac{\sigma D}{C} = 1 + \frac{\sigma}{H} \tag{3-12}$$

则固定深度时，拉应力 σ 可以由下式得出：

$$\sigma = H\left(\frac{A_0}{A} - 1\right) \tag{3-13}$$

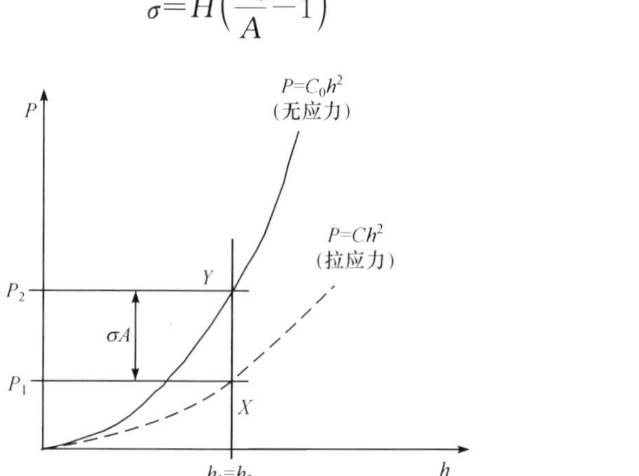

图 3-24 固定深度时残余拉应力释放为无应力的载荷变化[11]

当固定相同的载荷时，将残余拉应力释放为无应力（$X\to Y\to Z$），则压入深度由 h_1 减小为 h_2，如图 3-25 所示。因此，有

(1) $X\to Y$。

载荷由 P_1 减小为 P_2，$P_2=P_1-\sigma A_1$。

(2) $Y\to Z$。

固定载荷 P_2，压痕深度由 h_1 减小为 h_2，则有

$$P_1=Ch_1^2, \quad P_2=Ch_2^2, \quad A_1=Dh_1^2 \tag{3-14}$$

$$Ch_1^2-\sigma A_1=Ch_2^2 \tag{3-15}$$

$$\frac{h_0^2}{h^2}=\frac{h_2^2}{h_1^2}=1-\frac{\sigma D}{C}=1-\frac{\sigma}{H} \tag{3-16}$$

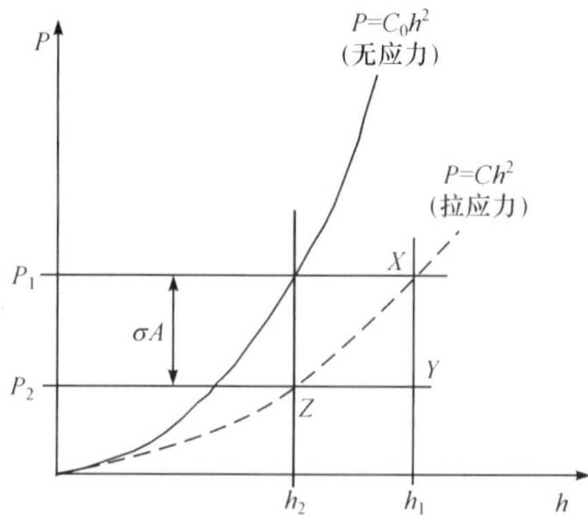

图 3-25 固定载荷时残余拉应力释放为无应力时的深度变化[11]

则固定载荷时，拉应力 σ 可以由下式得出：

$$\sigma=H\left(1-\frac{h_0^2}{h^2}\right) \tag{3-17}$$

2. 残余压应力

假设材料中存在等双轴的残余压应力，即 $-\sigma_x=-\sigma_y$，将该应力分解为一个流体静应力 $\sigma_x=\ \sigma_y=\ \sigma_z=\ \sigma$ 和一个与压头载荷方向相反的单轴应力 $\sigma_z=\sigma$，如图 3-26 所示，即

$$\begin{pmatrix} -\sigma & & \\ & -\sigma & \\ & & 0 \end{pmatrix}=\begin{pmatrix} -\sigma & & \\ & -\sigma & \\ & & -\sigma \end{pmatrix}+\begin{pmatrix} 0 & & \\ & 0 & \\ & & \sigma \end{pmatrix} \tag{3-18}$$

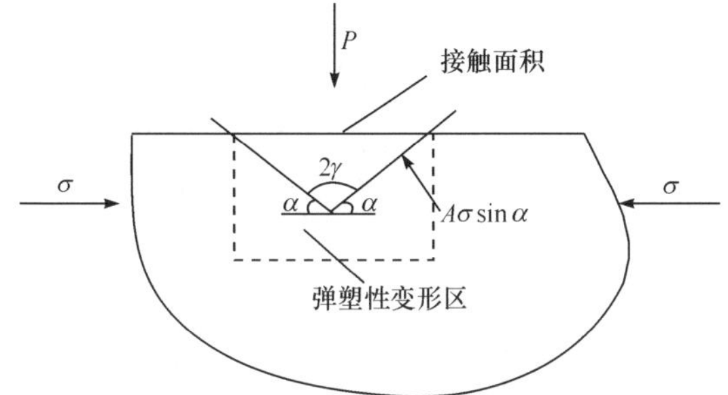

图 3-26　残余压应力的作用示意图[11]

与拉应力的情况相似，同理可得到固定压痕深度时残余应力的计算公式为

$$\sigma=\frac{H}{\sin\alpha}\left(1-\frac{A_0}{A}\right) \tag{3-19}$$

固定载荷时残余压应力的计算公式为

$$\sigma=\frac{H}{\sin\alpha}\left(\frac{h_0^2}{h^2}-1\right) \tag{3-20}$$

式中，α 为压头边界与材料表面的夹角，对于玻氏压头 $\alpha=24.7°$。引入 $\sin\alpha$ 是因为：与拉应力不同，压应力分解的单轴应力对压痕过程起阻碍作用的力为 $A\sigma\sin\alpha$，所以不能直接改变拉应力公式中残余应力的符号来得到压应力的公式。

3.3.2　Lee 模型

1. Lee 模型 Ⅰ

2003 年，Lee 等基于应力释放理论，用纳米压痕法测量了单晶钨的残余应力，通过用特殊的应力施加装置对单晶钨施加等双轴的残余应力，将应力张量分解为

球应力张量和偏应力张量，即

$$\begin{bmatrix}\sigma_r & & \\ & \sigma_r & \\ & & 0\end{bmatrix}=\begin{bmatrix}\frac{2}{3}\sigma_r & & \\ & \frac{2}{3}\sigma_r & \\ & & \frac{2}{3}\sigma_r\end{bmatrix}+\begin{bmatrix}\frac{1}{3}\sigma_r & & \\ & \frac{1}{3}\sigma_r & \\ & & -\frac{2}{3}\sigma_r\end{bmatrix} \tag{3-21}$$

则有残余应力材料的压入载荷 P_1 和无应力材料的压入载荷 P_0 的载荷差 P_R 为

$$P_R=-\frac{2}{3}\sigma_r A_c \tag{3-22}$$

固定深度不变，将残余应力从 σ_r 释放到零，则连续的应力释放可以用积分形式表示为

$$P_0 = P_1-\frac{2}{3}\int_{P_1}^{P_0}\mathrm{d}(\sigma A_c) \tag{3-23}$$

将残余应力的释放过程看作线性卸载，则有

$$\sigma=\frac{\sigma_r}{P_0-P_1}(P_0-P) \tag{3-24}$$

接触面积 A_c 可以拟合为载荷 P 的三次多项式，即

$$A_c=R_0+R_1P+R_2P^2+R_3P^3 \tag{3-25}$$

将式(3-24)和式(3-25)代入式(3-23)得到残余应力公式为

$$\sigma_r=\frac{3}{2}\frac{(P_0-P_1)^2}{R_3P_1^4+(R_2-R_3P_0)P_1^3+(R_1-R_2P_0)P_1^2+(R_0-R_1P_0)P_1-R_0P_0} \tag{3-26}$$

2. Lee 模型Ⅱ

2004 年，Lee 等建立了测量二维平面应力的方法。通过特殊的应力施加装置将 6 种不同的应力状态施加在试样上，然后将 6 种不同的应力状态分为 4 类：单轴应力($\sigma_x^r\neq0,\sigma_y^r=0$：3＃和 5＃)；等双轴应力($\sigma_x^r=\sigma_y^r\neq0$：1＃和 6＃)；双轴应力($\sigma_x^r\neq\sigma_y^r\neq0$：2＃)和纯剪切应力($\sigma_x^r=-\sigma_y^r\neq0$：4＃)。具体应力值如表 3-1 所示。两个主应力分别为 σ_x^r 和 σ_y^r，通过应力比 k 将 σ_y^r 表示为 $k\sigma_x^r$，即 $k=\sigma_y^r/\sigma_x^r$。

表 3-1　不同的应力状态[12]

应力状态	σ_x^r/MPa	σ_y^r/MPa	$k=\sigma_y^r/\sigma_x^r$
参考状态	0	0	无应力
1＃	−415	−414	1.0(等双轴)

续表

应力状态	σ_x^r/MPa	σ_y^r/MPa	$k=\sigma_y^r/\sigma_x^r$
2#	−375	−248	0.66(双轴)
3#	−408	0	0(单轴)
4#	−239	231	−1.0(纯剪切)
5#	414	0	0(单轴)
6#	428	427	1.0(等双轴)

对表 3-1 中的 6 种不同应力状态以及参考状态进行纳米压痕实验，得到如图 3-27所示的载荷-位移曲线。在固定相同的深度时，拉应力的压入载荷小于无应力的，而压应力的效果则相反。从剪切塑性的角度解释：拉应力会使最大剪切应力增大从而增强压痕的塑性，致使固定相同深度时的压入载荷小于无应力状态，而压应力的效果则相反。

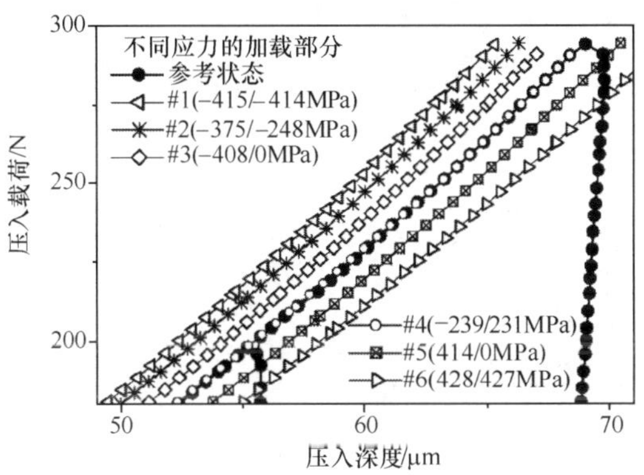

图 3-27　6 种不同应力状态的载荷-位移曲线[12]

从图 3-27 中还可以看出，等双轴应力状态与无应力状态的载荷差约为单轴应力与无应力状态的载荷差的 2 倍；而纯剪切应力状态与无应力状态的压入载荷几乎相等，即纯剪切应力状态不会产生载荷差。因此，将平面应力状态分解为等双轴应力状态和纯剪切应力状态之和：

$$
\begin{pmatrix} \sigma_x^r & 0 & 0 \\ 0 & \sigma_y^r & 0 \\ 0 & 0 & 0 \end{pmatrix} = \begin{pmatrix} \sigma_x^r & 0 & 0 \\ 0 & k\sigma_x^r & 0 \\ 0 & 0 & 0 \end{pmatrix}
$$

$$
= \begin{pmatrix} (1+k)\sigma_x^r/2 & 0 & 0 \\ 0 & (1+k)\sigma_x^r/2 & 0 \\ 0 & 0 & 0 \end{pmatrix} + \begin{pmatrix} (1-k)\sigma_x^r/2 & 0 & 0 \\ 0 & -(1-k)\sigma_x^r/2 & 0 \\ 0 & 0 & 0 \end{pmatrix} \tag{3-27}
$$

由式(3-22)和式(3-27)可以得到

$$P_0 - P_1 = \frac{(1+k)\sigma_x^r}{3} A_c^r \tag{3-28}$$

即

$$\sigma_x^r = \frac{3(P_0 - P_1)}{(1+k)A_c^r} \tag{3-29}$$

式中，P_0 和 P_1 分别为无应力和有应力状态的压入载荷；A_c^r 为有应力状态的接触面积。

3.3.3 Xu 模型

2006 年，Xu 等通过大量的有限元模拟，系统研究了残余应力对纳米压痕弹性回复的影响，发现残余应力不仅对真实接触面积有影响，还会影响弹性回复比率 h_e/h_{max}，如图 3-28 所示。弹性回复参数 h_e/h_{max} 与 σ_r/σ_y 呈线性关系，且 h_e/h_{max} 与 σ_r/σ_y 的关系曲线的斜率与材料的 E/σ_y 有关，即图中的所有曲线都可以表示为

$$\frac{h_e}{h_{max}} = -a\frac{\sigma_r}{\sigma_y} + b \tag{3-30}$$

式中，a 和 b 为曲线拟合常数，其中 a 是曲线的斜率，b 为曲线在 $\sigma_r = 0$ 时的截距 h_e/h_{max}。a 取决于 E/σ_y，它们之间符合幂律关系，如图 3-29 所示，即

$$a = 10.53\left(\frac{E}{\sigma_y}\right)^{-1.25} \tag{3-31}$$

式(3-30)和式(3-31)即为利用纳米压痕卸载曲线测量残余应力的经验模型。

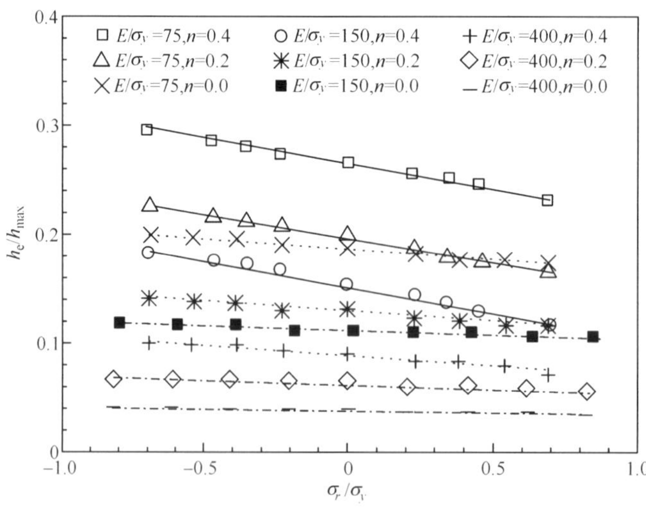

图 3-28 残余应力对弹性回复比率 h_e/h_{max} 的影响[13]

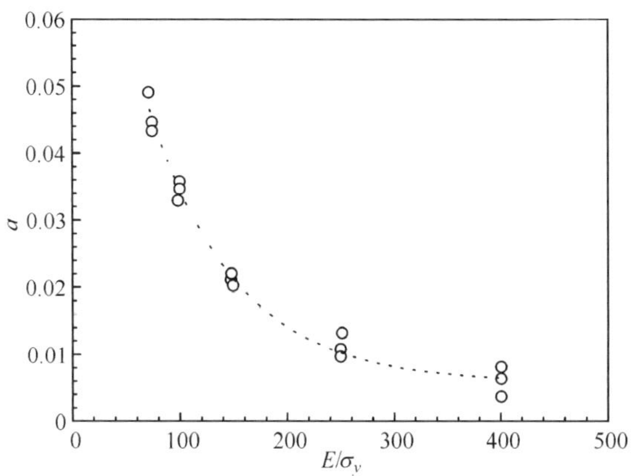

图 3-29　h_e/h_{max}与 σ_r/σ_y 的关系曲线的斜率 a 与 E/σ_y 的关系[13]

3.3.4　Swadener 模型

2001 年，Swadener 等[14]基于球形压头对铝合金的双轴残余应力进行了研究，提出了两种计算残余应力的理论模型。

1. Swadener 模型 Ⅰ

图 3-30 为球形压痕几何示意图。根据式(2-12)和式(2-13)，可得到弹性变形过程中压头下方的平均接触应力 p_m 与接触半径有关：

$$p_m=\frac{P}{\pi a^2}=\frac{4E_r a}{3\pi R} \tag{3-32}$$

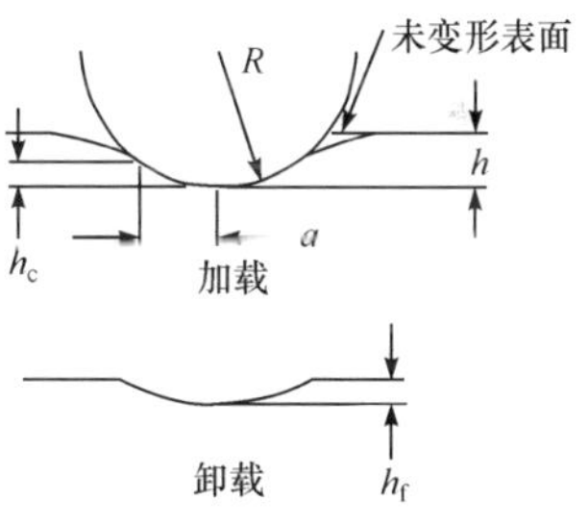

图 3-30　球形压痕几何示意图[14]

Hertz 接触是一个轴对称问题，应力状态可以看成是在 r 方向和 θ 方向上的一个流体静应力和双轴拉应力之和。当材料中没有残余应力存在时，最大剪切应力出现在沿压痕轴线(z 轴)的表面下方。随着载荷的增大，材料达到屈服，并在表面下方产生一个小的塑性区。随着载荷的进一步增大，塑性区逐渐增大直到其到达表面并超过与压头的接触区。屈服发生后，可以利用 Tabor 关系式建立平均应力与有效流动应力之间的关系：

$$p_m=\Psi\sigma_f \tag{3-33}$$

式中，Ψ 为约束因子，随着压痕相对深度(或 a/R 比)的变化而不同；σ_f 为有效应变下($\varepsilon_f=0.2a/R$)的流动应力。约束因子取决于材料的弹塑性行为，表现为流体静应力对塑性约束引起的进一步屈服的阻力。在屈服一开始，使用 Tresca 屈服准则或者 von Mises 准则，$\Psi=1.07$。

当材料中存在双轴应力 σ_r 时，Taljat 和 Pharr 的有限元分析显示，屈服开始时是由双轴应力和 Hertz 应力共同决定的。只要屈服开始于沿对称轴的表面下方，则屈服条件为

$$p_m=1.07(\sigma_y-\sigma_r) \tag{3-34}$$

式(3-34)来自于式(3-33)，表示拉应力会减小屈服时的流动应力，即 $\sigma_f=\sigma_y-\sigma_r$。

式(3-34)需要已知材料的屈服应力，屈服时的平均应力 p_m 通过 h_r/h_{max} 与 $E_r a/(\sigma_y R)$ 的关系获得的无量纲接触半径 $(E_r a/(\sigma_y R))_0$ 来确定，如图 3-31 所示。$(E_r a/(\sigma_y R))_0$ 为 $h_r/h_{max}=0$ 时的无量纲接触半径。由式(3-32)和式(3-34)可得

$$\frac{\sigma_r}{\sigma_y}=1-\frac{3.72}{3\pi}\left(\frac{E_r a}{\sigma_y R}\right)_0 \tag{3-35}$$

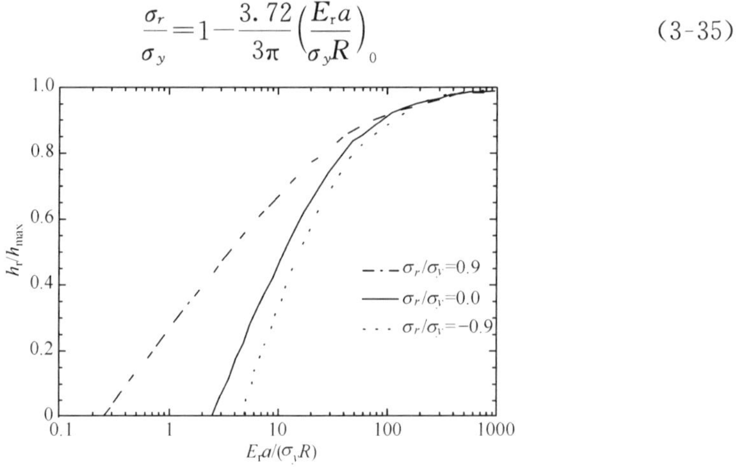

图 3-31 残余应力对弹性回复参数 h_r/h_{max} 的影响[14]

由图 3-31 可以看出，h_r/h_{max} 随着 $E_r a/(\sigma_y R)$ 的增大呈现出近似对数方式的增大。因此，通过最小二乘法回归曲线拟合 $h_r/h_{max}=A_1+A_2\log(E_r a/(\sigma_y R))$，确定出屈服时的无量纲接触半径 $(E_r a/(\sigma_y R))_0$。然后，根据式(3-35)即可求出材料中的残余应力。

2. Swadener 模型 Ⅱ

该模型基于重要的实验观察来进行双轴残余应力的测量。图 3-32 为施加不同应力下的平均接触应力 p_m 与无量纲接触半径 $E_r a/(\sigma_y R)$ 的关系。从图中可以看出，施加不同应力得到的 p_m 可以用施加的应力值进行补偿。为了进一步证实这一点，将 $p_m+\sigma_r$ 与 $E_r a/(\sigma_y R)$ 绘制于图 3-33。数据收敛为一条直线，表明 $p_m+\sigma_r$ 是 $E_r a/(\sigma_y R)$ 唯一的函数，即 $p_m+\sigma_r=f(E_r a/(\sigma_y R))$。当 $\sigma_r=0$ 时，由式(3-33)可得

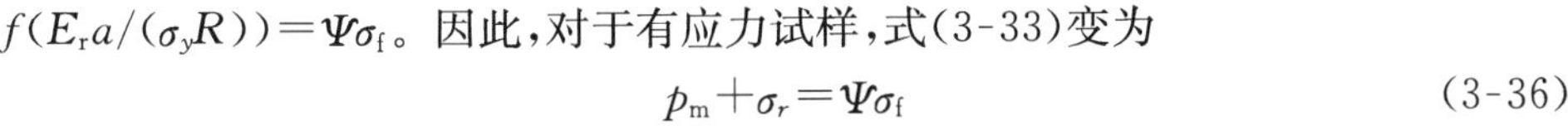

$f(E_r a/(\sigma_y R))=\Psi\sigma_f$。因此，对于有应力试样，式(3-33)变为

$$p_m+\sigma_r=\Psi\sigma_f \tag{3-36}$$

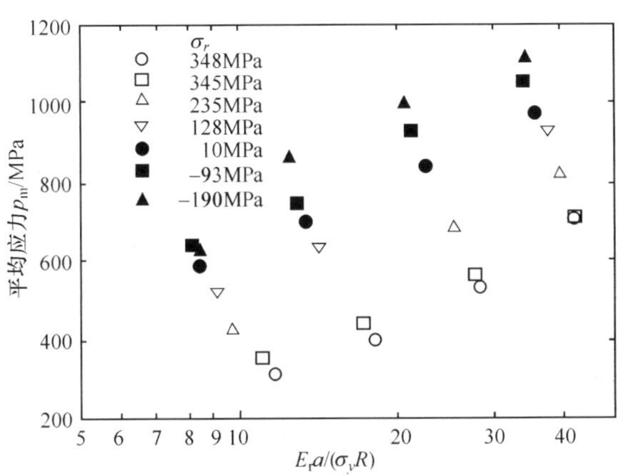

图 3-32　残余应力对平均接触应力的影响[14]

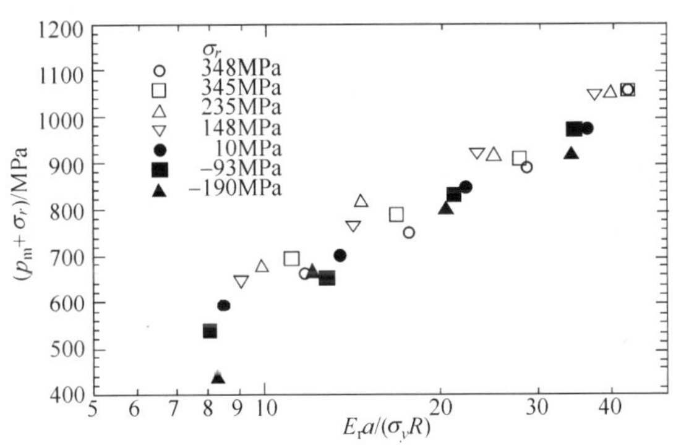

图 3-33　$p_m+\sigma_r$ 与 $E_r a/(\sigma_y R)$的关系[14]

如果通过在已知应力状态的参考试样上，如无应力试样进行实验，能够建立 $\Psi\sigma_f$ 随 $E_r a/(\sigma_y R)$的变化关系，那么通过测量压痕接触应力 p_m 即可求出残余应力 σ_r。

3.4　压痕断裂法

当使用合适的载荷对脆性材料进行纳米压痕时，在压痕的夹角处会产生径向裂纹，如图 3-34 所示。根据经典的断裂力学理论，弹塑性脆性材料的断裂韧度 K_c 与压入载荷 P 以及径向裂纹的长度 c_0 相关。对于无残余应力材料，断裂韧度为

$$K_c=\chi\frac{P}{c_0^{3/2}} \tag{3-37}$$

式中，χ为无量纲残余应力因子，与弹性模量和硬度的比值 E/H 有关，即

$$\chi=\xi_0(\cot\theta)^{2/3}(E/H)^{1/2} \tag{3-38}$$

式中，ξ_0 为无量纲常数；θ 为压头的半角。

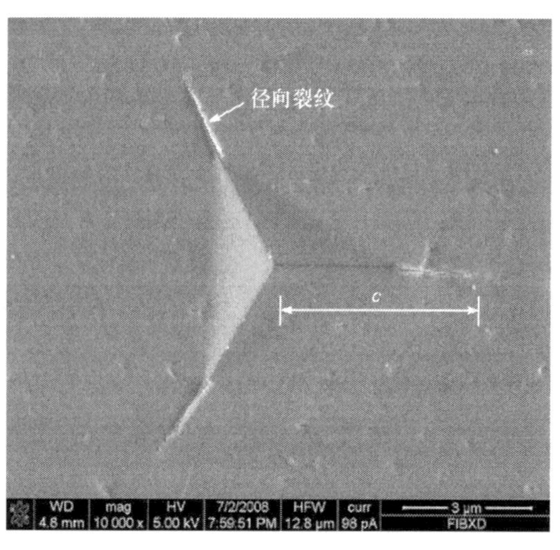

图 3-34　典型的径向裂纹形貌[15]

如果材料中存在残余应力 σ，则断裂韧度为

$$K_c=\chi\frac{P}{c^{3/2}}\pm\psi\sigma c^{1/2} \tag{3-39}$$

式中，ψ 为可通过裂纹形状获得的无量纲常数；c 为含残余应力材料的裂纹长度。式中右侧第一项为压痕载荷产生的应力强度，第二项为残余应力产生的应力强度。当材料中存在拉应力时，式中右侧为＋，压应力时则为－。

当固定相同的压入载荷 P 时，由式(3-37)和式(3-39)可得到残余应力的计算公式为

$$\sigma=K_c\left[\frac{1-(c_0/c)^{3/2}}{\psi c^{1/2}}\right] \quad (残余拉应力) \tag{3-40}$$

$$\sigma=-K_c\left[\frac{1-(c_0/c)^{3/2}}{\psi c^{1/2}}\right] \quad (残余压应力) \tag{3-41}$$

残余应力的状态可以通过比较无应力和有应力时的裂纹长度 c_0 和 c 来确定。拉应力会使无应力的裂纹变长，即 $c_0>c$；压应力则使之变短，即 $c_0<c$。

参 考 文 献

[1] Zhu L N, Xu B S, Wang H D, et al. Measurement of residual stresses using nanoindentation method. Critical Reviews in Solid State and Materials Sciences, 2015, 40: 77-89.

[2] Zhu L N, Xu B S, Wang H D, et al. Effect of residual stress on the nanoindentation response of (100) copper single crystal. Materials Chemistry and Physics, 2012, 136: 561-565.

[3] Khan M K, Fitzpatrick M E, Hainsworth S V, et al. Effect of residual stress on the nanoindentation response of aerospace aluminium alloys. Computational Materials Science, 2011, 50: 2967-2976.

[4] Xu Z H, Li X. Influence of equi-biaxial residual stress on unloading behaviour of nanoindentation. Acta Materialia, 2005, 53: 1913-1919.

[5] 朱丽娜. 基于纳米压痕技术的涂层残余应力研究. 北京：中国地质大学(北京)博士学位论文，2014.

[6] Lee Y H, Kwon D. Measurement of residual-stress effect by nanoindentation on elastically strained (100) W. Scripta Materialia, 2003, 49: 459-465.

[7] Giannakopoulos A E, Suresh S. Determination of elastoplastic properties by instrumented sharp indentation. Scripta Materialia, 1999, 40(10): 1191-1198.

[8] Bolshakov A, Pharr G M. Influences of pileup on the measurement of mechanical properties by load and depth sensing indentation techniques. Journal of Materials Research, 1998, 13: 1049-1058.

[9] Tsui T Y, Oliver W C, Pharr G M. Influences of stress on the measurement of mechanical properties using nanoindentation. J. Mater. Res., 1996, 11(3): 760-768.

[10] Bolshakov A, Oliver W C, Pharr G M. Influences of stress on the measurement of mechanical properties using nanoindentation finite element simulation. J. Mater. Res., 1996, 11(3): 752-759.

[11] Suresh S, Giannakopoulos A E. A new method for estimating residual stresses by instrumented sharp indentation. Acta Materialia, 1998, 46(16): 5755-5767.

[12] Lee Y H, Kwon D. Estimation of biaxial surface stress by instrumented indentation with sharp indenters. Acta Materialia, 2003, 52: 1553-1563.

[13] Xu Z H, Li X. Estimation of residual stresses from elastic recovery of nanoindentation. Philosophical Magazine, 2006, 86(19): 2835-2846.

[14] Swadener J G, Taljat B, Pharr G M. Measurement of residual stress by load and depth sensing indentation with spherical indenters. J. Mater. Res., 2001, 16(7): 2091-2102.

[15] Yen C Y, Jian S R, Lai Y S, et al. Mechanical properties of the hexagonal $HoMnO_3$ thin films by nanoindentation. Journal of Alloys and Compounds, 2010, 508: 523-527.

第 4 章　Suresh 模型和 Lee 模型在检测残余应力中的应用

4.1　块体材料的残余应力研究

4.1.1　单晶铜的残余应力研究

1. 单晶铜的压痕凸起变形特点

图 4-1 为单晶铜的压痕周围凸起变形高度随压入深度的变化曲线。可见，随着压入深度的不断增大（从 300nm 到 800nm），单晶铜的压痕凸起高度呈现近似抛物线的增长，且增长的幅值越来越大，凸起高度的变化范围在 45～95nm，占压入深度的比例为 12%～15%。

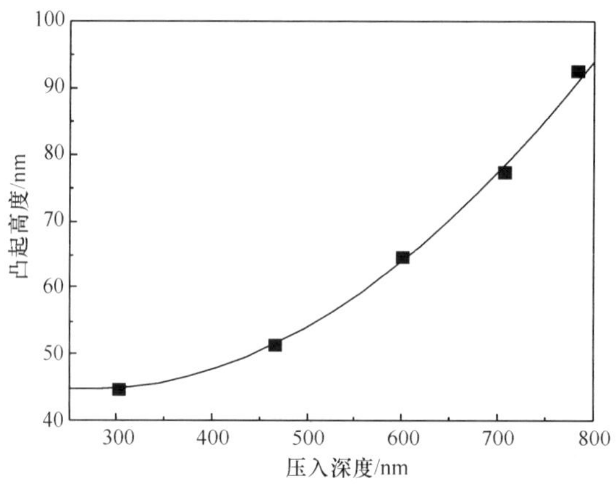

图 4-1　凸起变形高度随压入深度的变化

图 4-2 为压痕周围凸起变形的宽度随压入直径（即压痕三角形边长）的变化曲线。单晶铜的压痕凸起宽度随压入直径同样呈现近似抛物线的增长，但与凸起高度的变化趋势不同的是，凸起宽度的增长幅值逐渐减小，其变化范围在 125～500nm，占压入直径的比例为 8%～20%。可见，凸起变形材料占据了压痕很大的比例，且必然承担了一部分压入载荷，而 O&P 法却忽略了该部分产生的接触投影面积，这必然在计算残余应力等力学性能参数时引入不可忽略的误差，因此必须考虑凸起变形的面积，建立一种新的更为准确的压痕真实接触面积计算模型。

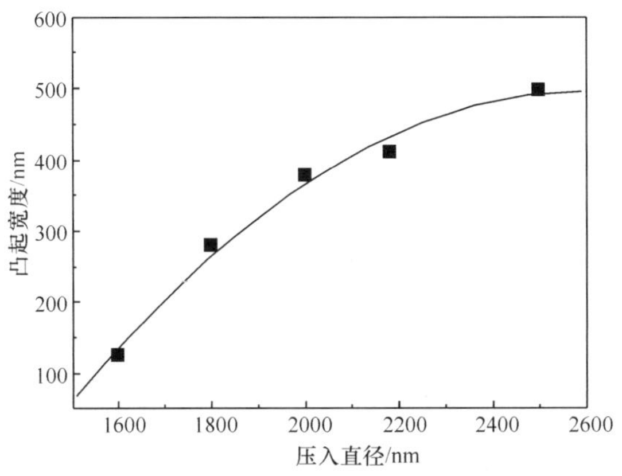

图 4-2　凸起变形宽度随压入直径的变化

2. 压痕真实接触面积模型的建立

朱丽娜[1]基于原位纳米力学测试系统，对单晶铜在实验后的压痕形貌进行原位提取，通过观察和分析压痕周围凸起变形的特征，并结合 O&P 法的面积计算公式，进行一系列的数学几何推导，建立了一种适合于凸起变形压痕的接触面积计算模型（O&P 修正法）。

图 4-3(a)和(b)分别为典型的包含凸起变形的压痕二维形貌和三维形貌，压痕周围的凸起变形主要发生在压痕的三个边缘附近，而夹角处几乎没有明显的凸起变形。并且，从图 4-3(a)和(b)所示的压痕二维和三维形貌中可以看出，凸起部分的投影面积可以近似看为三角形的三个边与其对应的圆弧所包含的面积之和[2]。因此，压痕的真实接触投影面积可以近似看成是三角形面积和凸起部分的面积之和，如图 4-3(c)所示。

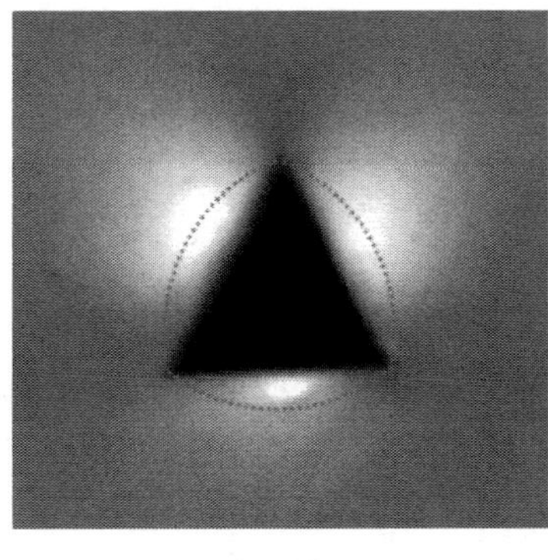
(a) 压痕二维形貌

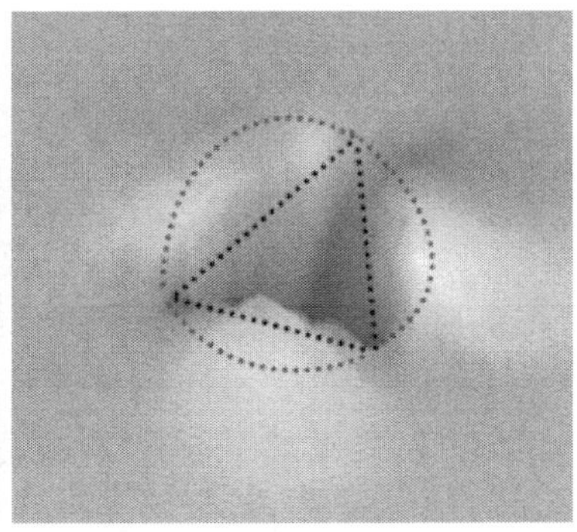
(b) 压痕三维形貌

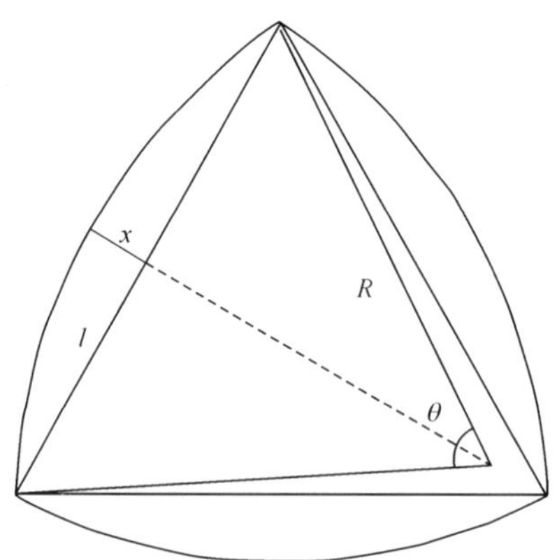

(c) 压痕真实接触面积示意图

图 4-3 包含凸起变形的压痕形貌及真实接触投影面积示意图

设凸起部分的面积为 A_1，三角形的面积为 A_2，即 O&P 法得到的压痕投影面积 $A_{O\text{-}P}$，则总的投影面积 $A=A_1+A_2$。设三角形边长为 l，凸起部分的投影宽度为 x。圆弧所对应的圆半径和夹角分别为 R 和 θ，因此根据数学几何关系有

$$A_1=3\left(\frac{\theta}{360}\pi R^2-\frac{1}{2}l\frac{\frac{l}{2}}{\tan\frac{\theta}{2}}\right)=3\left(\frac{\theta}{360}\pi\left(\frac{\frac{l}{2}}{\sin\frac{\theta}{2}}\right)^2-\frac{1}{2}l\frac{\frac{l}{2}}{\tan\frac{\theta}{2}}\right)$$

$$=\frac{l^2}{4}\left(\frac{\theta\pi}{120\sin^2\frac{\theta}{2}}-3\cot\frac{\theta}{2}\right) \tag{4-1}$$

$$A=A_1+A_2=\frac{l^2}{4}\left(\frac{\theta\pi}{120\sin^2\frac{\theta}{2}}-3\cot\frac{\theta}{2}\right)+A_{O\text{-}P} \tag{4-2}$$

根据玻氏三棱锥的几何特征可知，压痕三角形的边长 l 与接触深度 h_c 之间的关系满足：

$$l=7.53h_c \tag{4-3}$$

O&P 法是基于弹性接触的 Hertz 理论，该方法仅适用于凹陷变形情况，此时接触深度 h_c 总是小于最大压入深度 h_{max}。而对于凸起变形情况，接触深度大于最大压入深度 h_{max}，因此将真实的接触深度定义为最大压入深度和凸起高度之和[3]，即

$$h_c=h_{max}+h_p \tag{4-4}$$

由于压痕三条边附近的凸起高度和宽度不同，将其平均值 h_p^{avg}、x^{avg} 作为材料

的凸起高度和宽度值，因此

$$l=7.53(h_{max}+h_p^{avg}) \tag{4-5}$$

将式(4-5)代入式(4-2)得

$$A=14.175\left(\frac{\theta\pi}{120\sin^2\dfrac{\theta}{2}}-3\cot\frac{\theta}{2}\right)(h_{max}+h_p^{avg})^2+A_{O\text{-}P} \tag{4-6}$$

此外，根据几何关系有

$$x^{avg}=R-R\cos\frac{\theta}{2}=\frac{\dfrac{l}{2}}{\sin\dfrac{\theta}{2}}\left(1-\cos\frac{\theta}{2}\right)=3.765\frac{1-\cos\dfrac{\theta}{2}}{\sin\dfrac{\theta}{2}}(h_{max}+h_p^{avg}) \tag{4-7}$$

将压痕实验中得到的 x^{avg}、h_{max}和 h_p^{avg} 代入式(4-7)即可得到 θ 值，再将 θ、h_{max}、h_p^{avg} 以及 O&P 法计算的 $A_{O\text{-}P}$代入式(4-6)即可计算出单晶铜的真实接触面积 A。

表 4-1 和表 4-2 分别为固定载荷 1mN 和固定深度 700nm 时，单晶铜在不同应力状态下的 x^{avg}、h_{max}和 h_p^{avg} 值。将实验得到的 x^{avg}、h_{max}和 h_p^{avg} 值代入式(4-7)计算出固定载荷 1mN 和固定深度 700nm 时单晶铜在不同应力状态下的 θ 值，如表 4-3所示。可以看出，不同的载荷和深度下，θ 值的波动较小，在 23.8°～24.4°范围内变化。并且，θ 值对残余应力的变化也不敏感。因此，可以认为 θ 是取决于材料的性能而与实验参数(如压入载荷和压入深度等)及残余应力无关的常数，单晶铜的 θ 值取平均值为 24.0°。

表 4-1　单晶铜在固定载荷 1mN 时不同应力状态下的 x^{avg}、h_{max}和 h_p^{avg} 值

应力状态	x^{avg}/nm	h_{max}/nm	h_p^{avg}/nm
无应力	198	456	66
＋68.4MPa	211	462	55
＋102.5MPa	205	470	45
－98.8MPa	214	447	78
－137.4MPa	207	437	89

表 4-2　单晶铜在固定深度 700nm 时不同应力状态下的 x^{avg}、h_{max}和 h_p^{avg} 值

应力状态	x^{avg}/nm	h_{max}/nm	h_p^{avg}/nm
无应力	305	700	100
＋68.4MPa	313	700	85
＋102.5MPa	318	700	77
－98.8MPa	315	700	113
－137.4MPa	327	700	125

表 4-3　单晶铜在固定载荷 1mN 和固定深度 700nm 时不同应力状态下的 θ 值

应力状态	固定载荷 1mN	固定深度 700nm
无应力	23.8°	23.4°
+68.4MPa	24.4°	24.2°
+102.5MPa	24.0°	24.0°
−98.8MPa	24.4°	23.8°
−137.4MPa	24.0°	24.0°

3. 不同接触面积计算方法的对比

1) Giannakopoulos & Suresh(G&S)法

Giannakopoulos 等[4]通过考虑应变硬化对凸起变形和真实接触面积的影响，利用三维有限元模拟得到真实接触面积 A 与最大压入深度 h_{max} 存在以下关系：

$$\frac{A}{h_{max}^2}=9.96-12.64\left(1-\frac{H}{E_r}\right)+105.42\left(1-\frac{H}{E_r}\right)^2-229.57\left(1-\frac{H}{E_r}\right)^3+157.67\left(1-\frac{H}{E_r}\right)^4 \tag{4-8}$$

该方法认为

$$\frac{W_e}{W_t}=1-\frac{W_p}{W_t}=1-\frac{h_r}{h_{max}}=4.678\cdot\frac{H}{E_r} \tag{4-9}$$

式中，W_t、W_e 和 W_p 分别为压痕总功、弹性功和塑性功。

实际上，由实验数据所得 $\frac{W_e}{W_t}=1-\frac{W_p}{W_t}\neq1-\frac{h_r}{h_{max}}$，因此这里将 G&S 法分为两种方法来计算 H/E_r。

(1) G&S 能量法(G&S energy method)：

$$\frac{H}{E_r}=\frac{W_e}{4.678W_t} \tag{4-10}$$

W_t 和 W_e 分别通过式(2-47)和式(2-48)得到，然后代入式(4-10)即可计算出 H/E_r。

(2) G&S 位移法(G&S displacement method)：

$$\frac{H}{E_r}=\frac{1}{4.678}\left(1-\frac{h_r}{h_{max}}\right) \tag{4-11}$$

将通过 G&S 能量法和 G&S 位移法得到的 H/E_r 代入式(4-8)即可计算出压痕的真实接触面积 A。

2) Oliver & Giannakopoulos(O&G)法

联立式(2-40)和式(2-41)得

$$\frac{H}{E_r^2}=\frac{4\beta^2 P_{max}}{\pi S^2} \tag{4-12}$$

(1) O&G 能量法(O&G energy method)。

联立式(4-10)和式(4-12)可得出 H,将 H 代入式(2-40)即可计算出真实接触面积 A。

(2) O&G 位移法(O&G displacement method)。

联立式(4-11)和式(4-12)可得出 H,将 H 代入式(2-40)即可计算出真实接触面积 A。

4. 单晶铜的真实接触面积

图 4-4 分别为采用 O&P 修正法、O&P 法、G&S 能量法、G&S 位移法、O&G 能量法和 O&G 位移法计算得到的单晶铜在固定载荷 1mN 时,不同应力状态下的接触面积 A。可以看出,O&G 法计算出的接触面积最小,且低于未考虑凸起部分面积的 O&P 法,可见 O&G 法同样低估了接触面积,并不可靠。这可能是由于式(4-12)中的 S 是通过式(2-44)获得的,而式(2-44)中的 a 和 m 是通过实验获得的拟合参数,可能会受凸起变形的影响从而产生严重的误差。另一方面,式(4-12)中的 β 值是与压头形状有关的常数,对于纳米尺度下,压头的自相似性较差,同样会给实验结果带来很大的误差。G&S 能量法和 G&S 位移法计算出的接触面积差别很小,可见虽然 $W_e/W_t \neq 1-h_r/h_{max}$,但对接触面积值的影响较小。O&P 修正法计算出的接触面积与 G&S 法最为接近,且基于压痕形貌的直接观察和数学

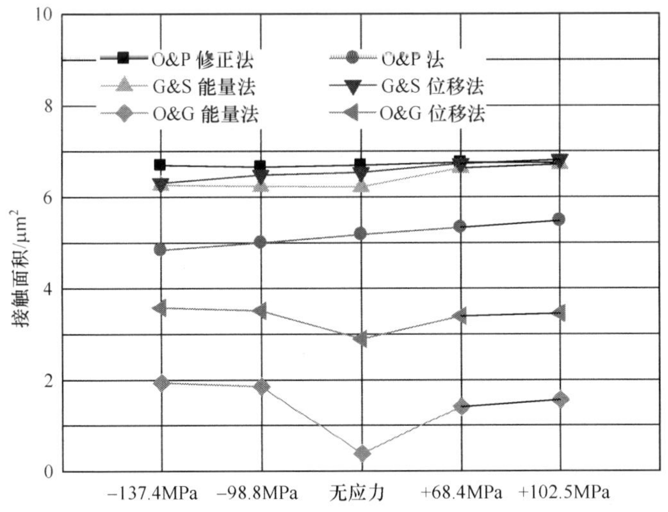

图 4-4　不同方法计算的单晶铜在固定载荷 1mN 时不同应力状态下的接触面积

几何关系推导,结果较为可靠。此外,O&P 修正法计算出的接触面积在固定载荷模式下对残余应力并不敏感。

图 4-5 为分别采用 O&P 修正法、O&P 法、G&S 能量法、G&S 位移法、O&G 能量法和 O&G 位移法计算得到的单晶铜在固定深度 700nm 时,不同应力状态下的接触面积。与固定载荷时的结果相似,新建立的面积模型与 G&S 法的计算结果较为接近。用 O&P 修正法计算得到的面积对残余应力比较敏感,残余拉应力会明显使接触面积减小,压应力则使之增大,而 3.2.3 节中用 O&P 法计算的接触面积却不受残余应力的影响。这是因为在固定相同深度时,拉应力状态下的压痕凸起高度较低从而使其真实接触面积明显低于无应力状态,而压应力则表现出相反的效应。因此,O&P 修正法比较精确可靠。

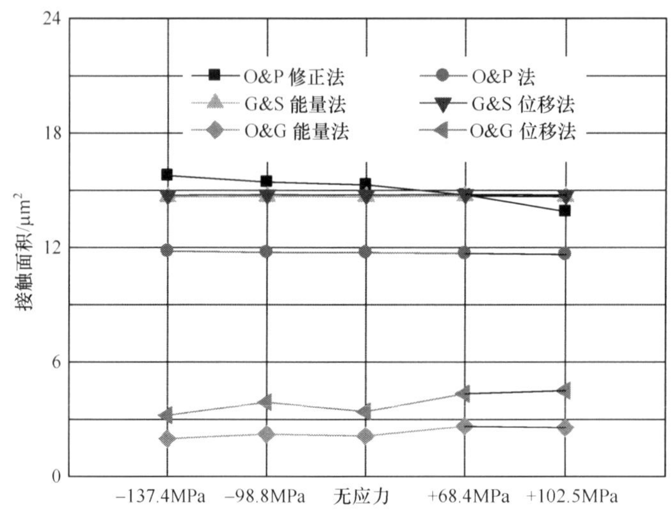

图 4-5 不同方法计算的单晶铜在固定深度 700nm 时不同应力状态下的接触面积

5. 单晶铜的真实硬度

将 O&P 修正法、G&S 能量法和 G&S 位移法计算的接触面积分别代入式(2-40)计算出硬度值 H_{OPM}、H_{GSE}、H_{GSD};利用 O&P 法和压痕功法分别计算出硬度值 H_{OP}、H_{Wt}、H_{Wp}。6 种方法得到的单晶铜在固定载荷 1mN 和固定深度 700nm 时不同应力状态下的硬度值如图 4-6 和图 4-7 所示。可以看出,无论是固定载荷还是固定深度,硬度分布都表现出相似的变化趋势,即 $H_{Wp}>H_{OP}>H_{Wt}>H_{GSE}>H_{GSD}>H_{OPM}$。$H_{Wp}>H_{OP}>H_{Wt}$说明弹性变形对硬度值同样有贡献,且尽管 H_{Wt} 小于 H_{OP},但仍远大于 H_{GSE}、H_{GSD}和 H_{OPM},这可能是因为式(2-49)中的常数 k 取决于压头的形状,而压头在较低的压入深度下的自相似性较差,从而造成一定的误差。

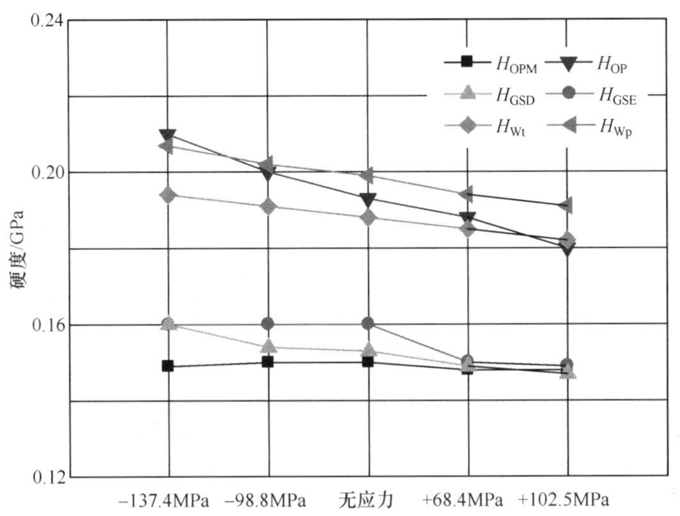

图4-6 不同方法计算的单晶铜在固定载荷1mN时不同应力状态下的硬度

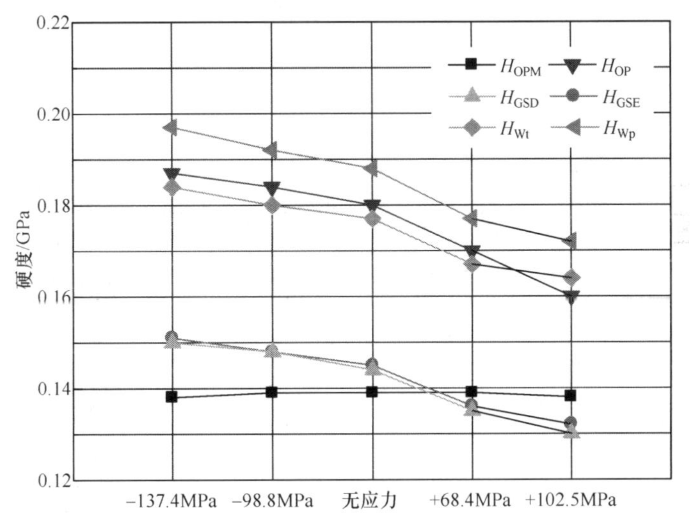

图4-7 不同方法计算的单晶铜在固定深度700nm时不同应力状态下的硬度

另一方面，压痕功法基于经验公式，这通常会受到实验条件、实验仪器、材料的不规则性以及材料表面的初始状态等的严重影响[5]。H_{GSE}、H_{GSD}与H_{OPM}比较接近，但H_{GSE}和H_{GSD}对残余应力较为敏感，呈现拉应力使硬度值减小、压应力使硬度值增大的规律，而O&P修正法得到的硬度值H_{OPM}无论是固定载荷还是固定深度模式，不同应力状态下的硬度值都几乎相同，这与Bolshakov等[6]的有限元模拟结果一致。因此，采用O&P修正法计算得到的H_{OPM}更接近真实的硬度值，固定载荷 1mN 和固定深度 700nm 时，单晶铜在不同应力状态下的硬度平均值分别为 0.15GPa 和 0.14GPa。

6. 单晶铜的残余应力计算

表 4-4 和表 4-5 列出了单晶铜在固定载荷 1mN 和固定深度 700nm 时，不同应力状态下的压痕实验参数。将表 4-4 和表 4-5 中的参数相应代入式(3-13)、式(3-17)、式(3-19)、式(3-20)和式(3-29)，分别利用 Suresh 模型和 Lee 模型计算出固定载荷和固定深度下的残余应力值，并与等双轴残余应力施加装置所施加的应力相比较，结果如表 4-6 所示。无论是固定载荷或固定深度模式的 Suresh 模型，还是 Lee 模型，计算出的应力值与所施加应力值均具有较大差别，这可能是因为对于硬度较低的单晶铜，在固定载荷或固定深度时，压入深度或接触面积对残余应力的敏感度较小。因此，Suresh 模型和 Lee 模型都不适用于计算单晶铜这种较软的材料的残余应力。

表 4-4　固定载荷 1mN 时的压痕参数

应力状态	h_{max}/nm	H/GPa
无应力	456	0.15
+68.4MPa	462	0.15
+102.5MPa	470	0.15
−98.8MPa	447	0.15
−137.4MPa	437	0.15

表 4-5　固定深度 700nm 时的压痕参数

应力状态	$A/\mu m^2$	P_{max}/mN	H/GPa
无应力	15.28	2.12	0.14
+68.4MPa	14.75	2	0.14
+102.5MPa	13.87	1.88	0.14
−98.8MPa	15.42	2.16	0.14
−137.4MPa	15.76	2.21	0.14

表 4-6　不同应力模型计算的应力与施加应力的对比

施加应力/MPa	Suresh 模型/MPa		Lee 模型/MPa
	固定载荷 1mN	固定深度 700nm	固定深度 700nm
+68.4	+3.8	+5.0	+12.2
+102.5	+5.9	+14.2	+26.0
−98.8	−14.6	−3.0	−4.0
−137.4	−31.8	−1.7	−8.6

4.1.2　45 钢的残余应力研究

1. 实验方法

为了验证 Suresh 模型和 Lee 模型对硬质材料残余应力计算的适用性和准确性，选择在工程中应用广泛的 45 钢作为纳米压痕的实验材料，试样尺寸为 Φ20mm×1mm，其化学成分和物理性能见表 4-7 和表 4-8。对 45 钢在 650℃下进行去应力退火处理（作为无应力的参考试样）。用新型等双轴残余应力施加装置对无应力 45 钢分别施加残余拉应力和压应力，应力值分别为 146MPa 和－117MPa。进行纳米压痕实验之前，在熔融石英标准样品上对面积函数进行校正。对未施加应力和施加应力后的 45 钢分别进行固定载荷 3mN、5mN、7mN、9mN 以及固定深度 125nm、185nm、220nm、250nm 的压痕实验，每个载荷和深度下压入 3×3 的点阵，各点间隔 10μm。

表 4-7　45 钢的化学成分

元素	C	Si	Mn	S	P	Cr	Ni	Fe
质量分数/%	0.42～0.50	0.17～0.37	0.50～0.80	<0.04	0.04	<0.25	<0.25	余量

表 4-8　45 钢的物理性能

密度 /(kg/m³)	熔点 /℃	线膨胀系数 /℃$^{-1}$	热传导系数 /(J/(mm·s·℃))	弹性模量 /GPa	泊松比
7.89×10^3	1433	11.7×10^{-6}	0.048	209	0.269

2. 45 钢的载荷-位移曲线特征

图 4-8 为无应力、拉应力和压应力状态的 45 钢在不同压入载荷下的载荷-位移曲线。45 钢在不同压入载荷下的加载曲线的重合度较好，且卸载曲线之间的间隔都相对比较规律，说明 45 钢的压痕实验重复性较好。

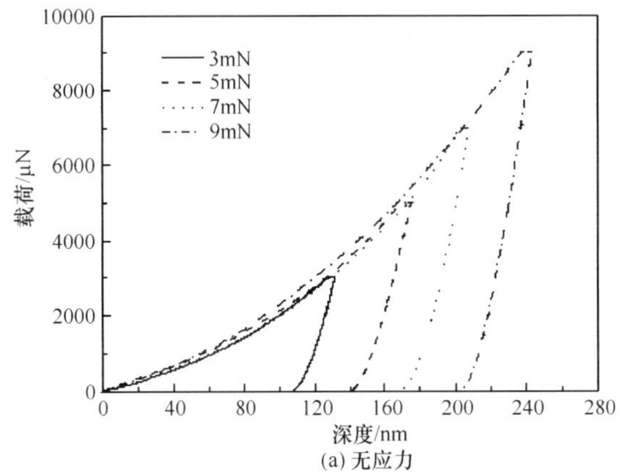

(a) 无应力

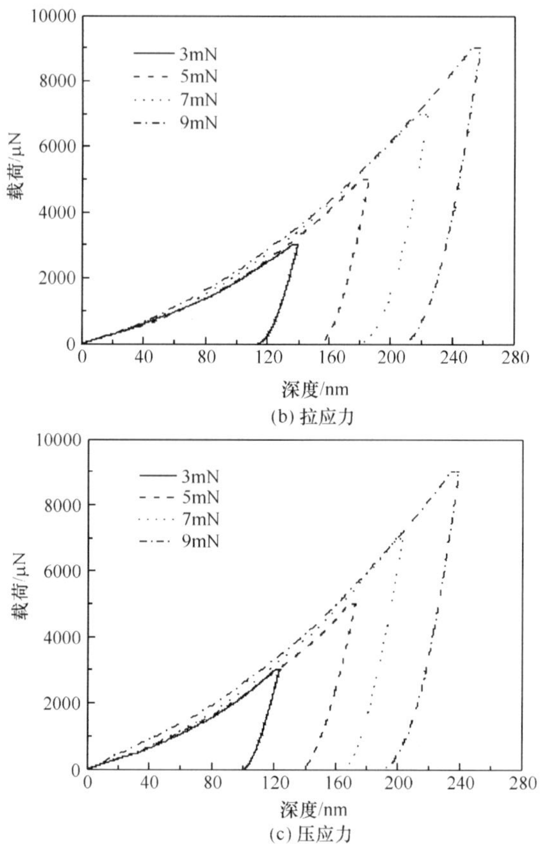

(b) 拉应力

(c) 压应力

图 4-8　45 钢在不同压入载荷下的载荷-位移曲线

图 4-9～图 4-12 分别为无应力、拉应力和压应力的 45 钢在固定载荷 3mN、5mN、7mN 和 9mN 时的加载和卸载曲线。

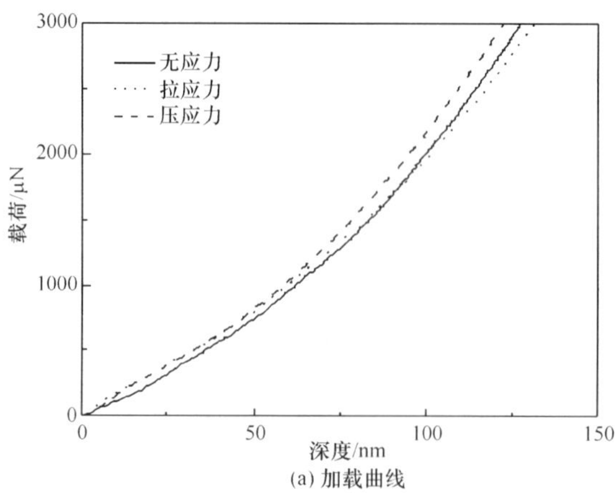

(a) 加载曲线

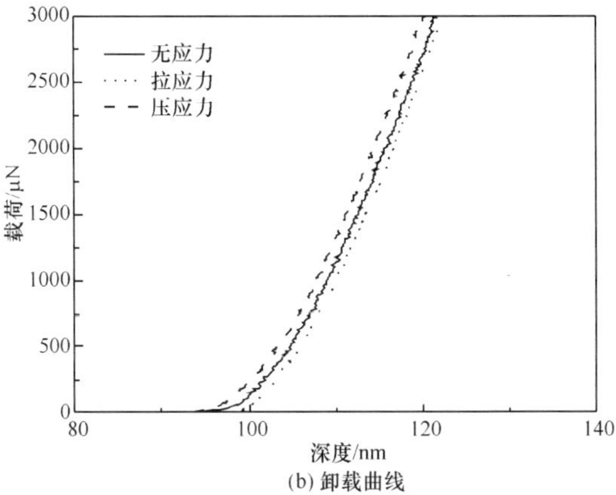

(b) 卸载曲线

图 4-9 45 钢在固定载荷 3mN 时不同应力状态下的加载和卸载曲线

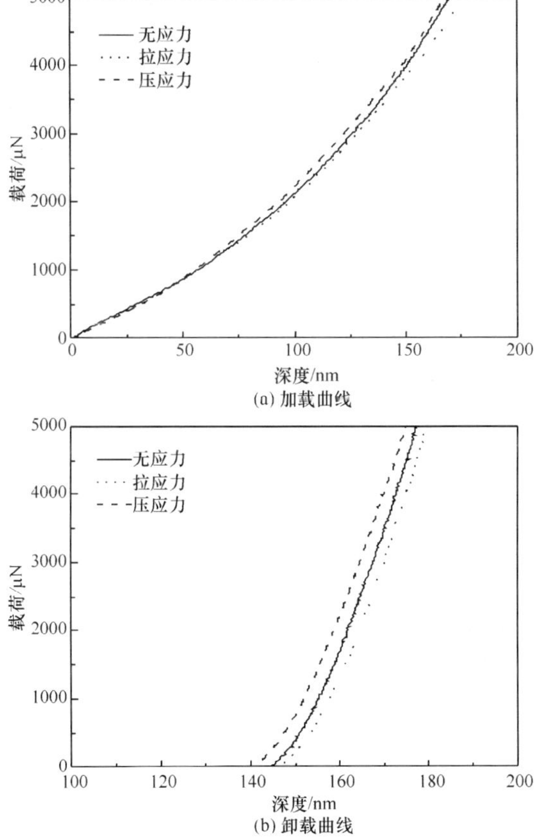

(b) 卸载曲线

图 4-10 45 钢在固定载荷 5mN 时不同应力状态下的加载和卸载曲线

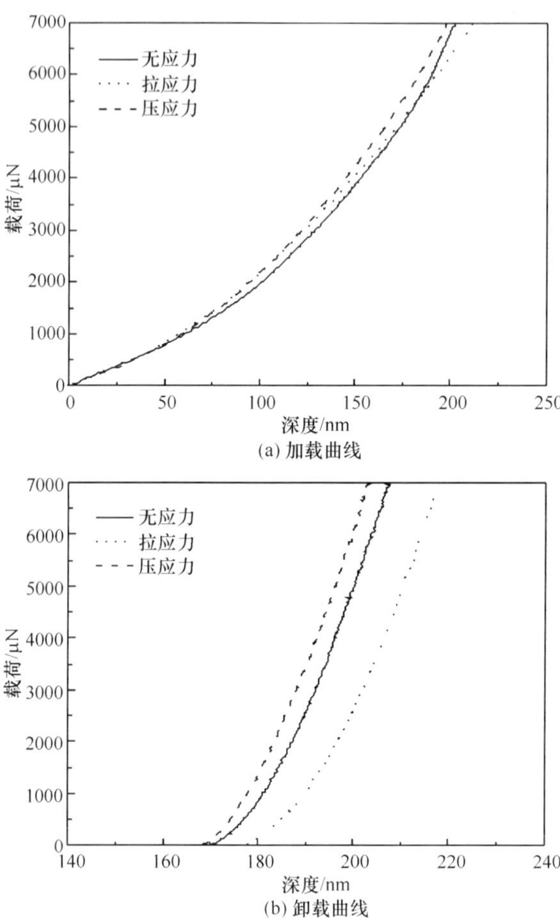

(a) 加载曲线

(b) 卸载曲线

图 4-11　45 钢在固定载荷 7mN 时不同应力状态下的加载和卸载曲线

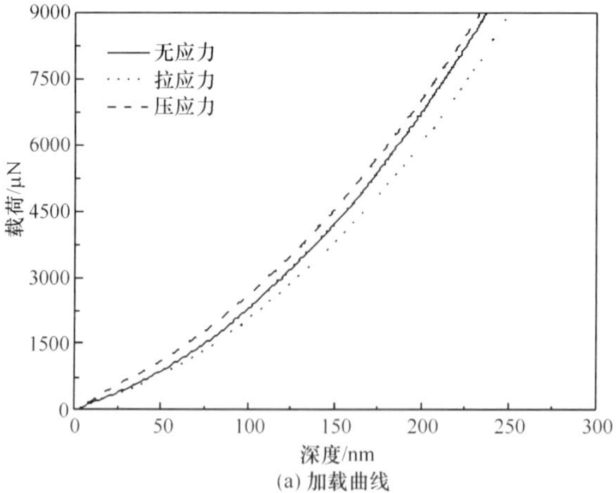

(a) 加载曲线

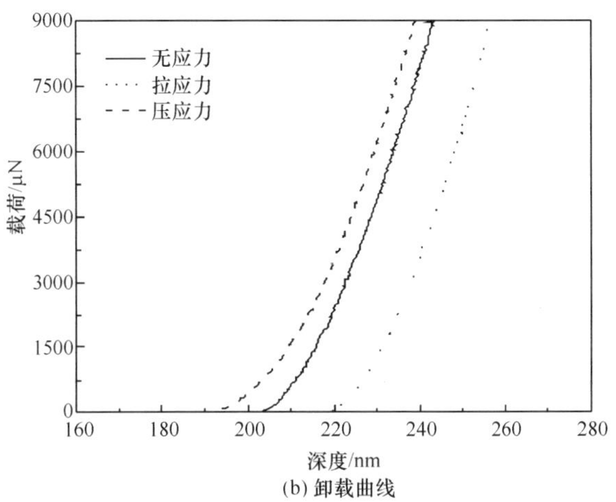

(b) 卸载曲线

图 4-12 45 钢在固定载荷 9mN 时不同应力状态下的加载和卸载曲线

由图 4-9 可知，当固定载荷 3mN 时，由于拉应力对加载和卸载过程分别起促进和阻碍作用，所以产生较大的压入深度和较小的弹性回复，而压应力则产生相反的效应。由图 4-10～图 4-12 可知，当固定载荷 5mN、7mN 和 9mN 时，加载和卸载曲线表现出相同的变化规律。

图 4-13～图 4-16 分别为无应力、拉应力和压应力的 45 钢在固定深度 125nm、185nm、225nm 和 250nm 时的加载和卸载曲线。由图 4-13 可知，当固定深度 125nm 时，与无应力状态相比，拉应力所需要的压入载荷和卸载后的弹性回复较小，而压应力则产生了相反的效应。当固定深度 185nm、225nm 和 250nm 时，加载和卸载曲线表现出相同的规律（图 4-14～图 4-16）。

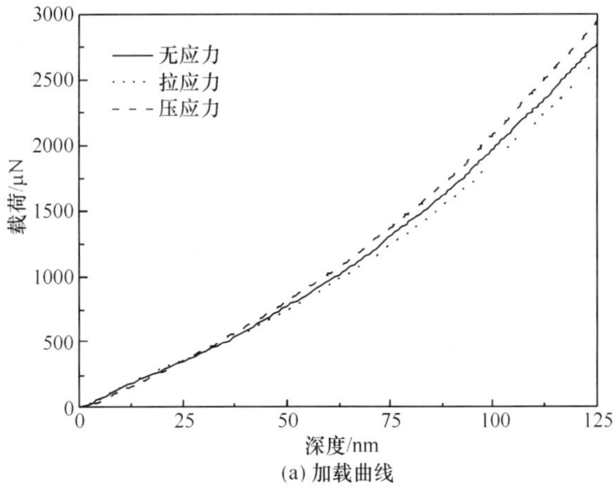

(a) 加载曲线

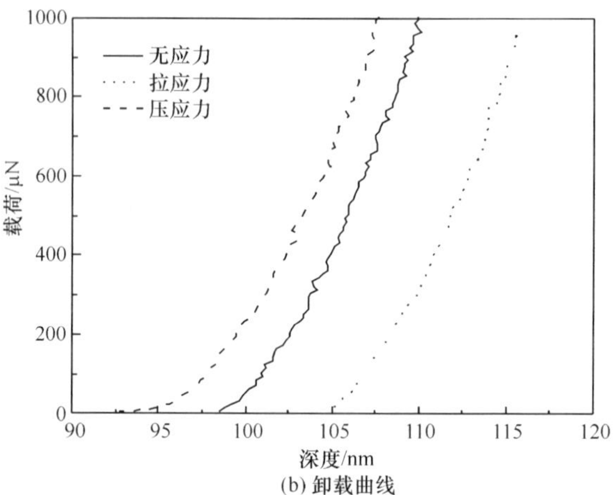

(b) 卸载曲线

图 4-13　45 钢在固定深度 125nm 时不同应力状态下的加载和卸载曲线

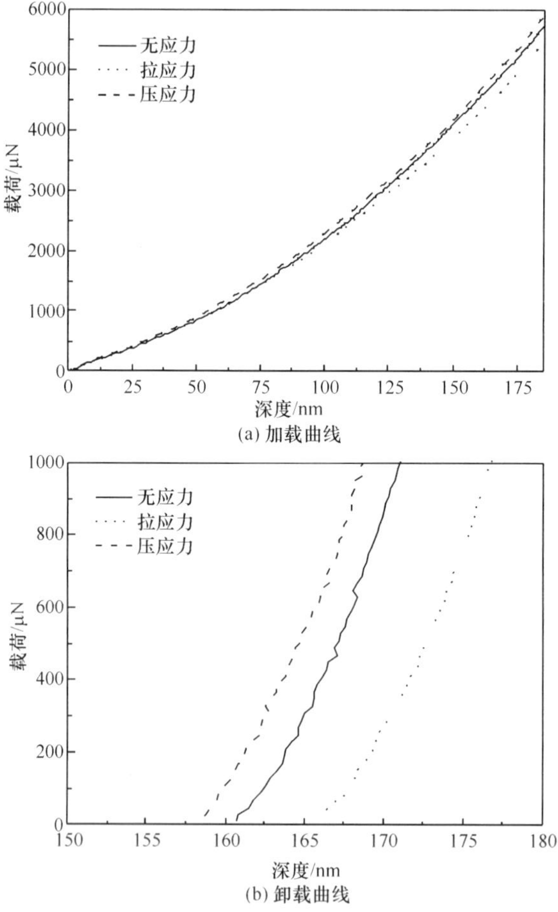

(a) 加载曲线

(b) 卸载曲线

图 4-14　45 钢在固定深度 185nm 时不同应力状态下的加载和卸载曲线

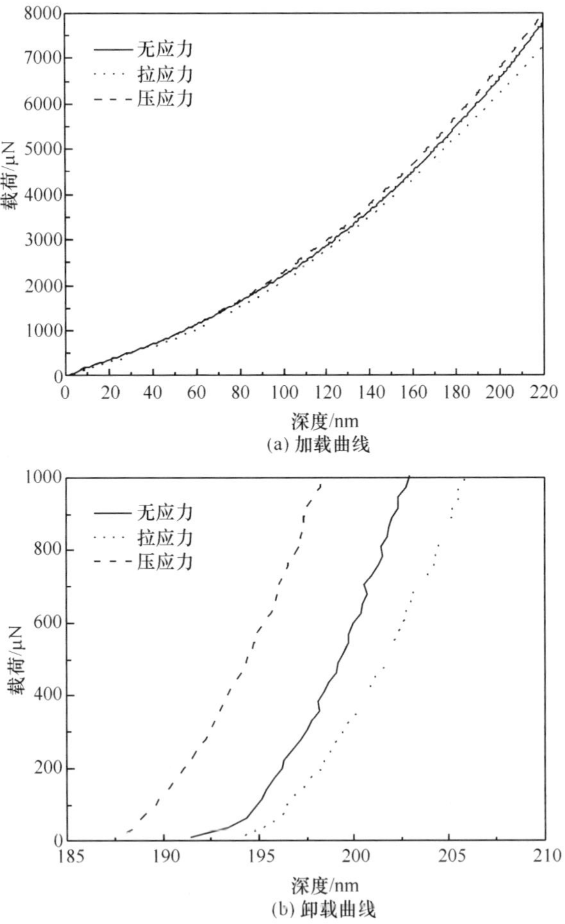

(a) 加载曲线

(b) 卸载曲线

图 4-15　45 钢在固定深度 220nm 时不同应力状态下的加载和卸载曲线

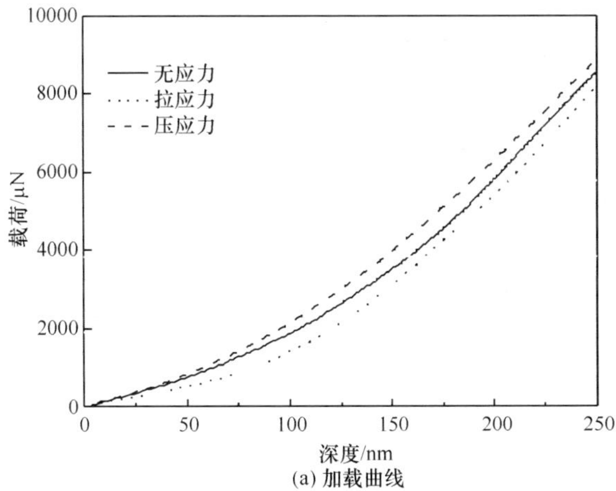

(a) 加载曲线

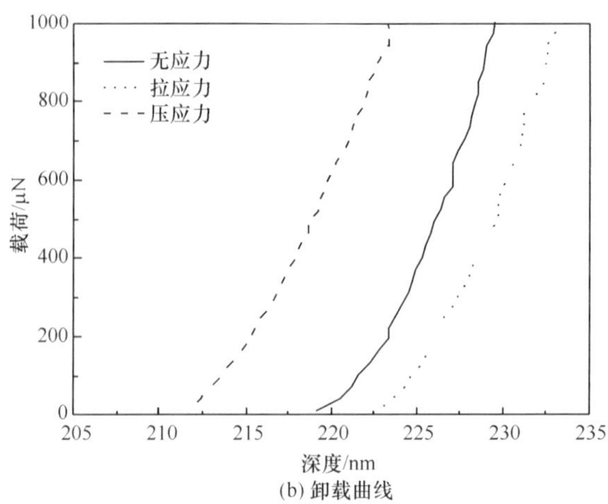

(b) 卸载曲线

图 4-16　45 钢在固定深度 250nm 时不同应力状态下的加载和卸载曲线

3. 45 钢的压痕凸起变形特点

为研究 45 钢的压痕形貌特征，利用 TriboIndenter 原位纳米力学测试系统分别对固定载荷 3mN、5mN、7mN、9mN 和固定深度 125nm、185nm、220nm、250nm 时，不同应力状态的 45 钢的表面进行原位成像。图 4-17 为无应力、拉应力和压应力的 45 钢在固定载荷 5mN 下的压痕形貌，其他载荷和深度下的形貌与此类似。三种应力状态下 45 钢的压痕周围均产生了显著的凸起变形，且凸起变形均产生于压痕三角形的边缘附近。

对不同应力状态的 45 钢在固定载荷 3mN、5mN、7mN、9mN 和固定深度 125nm、185nm、220nm、250nm 时的压痕凸起高度 h_p^{avg} 和凸起宽度 x^{avg} 的变化规律进行了分析，如图 4-18 和图 4-19 所示。可见，随着压入载荷/深度的增大，不同应

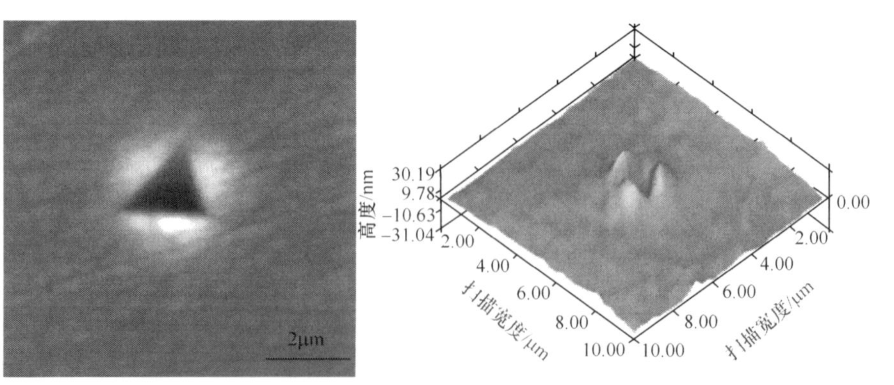

(a) 无应力

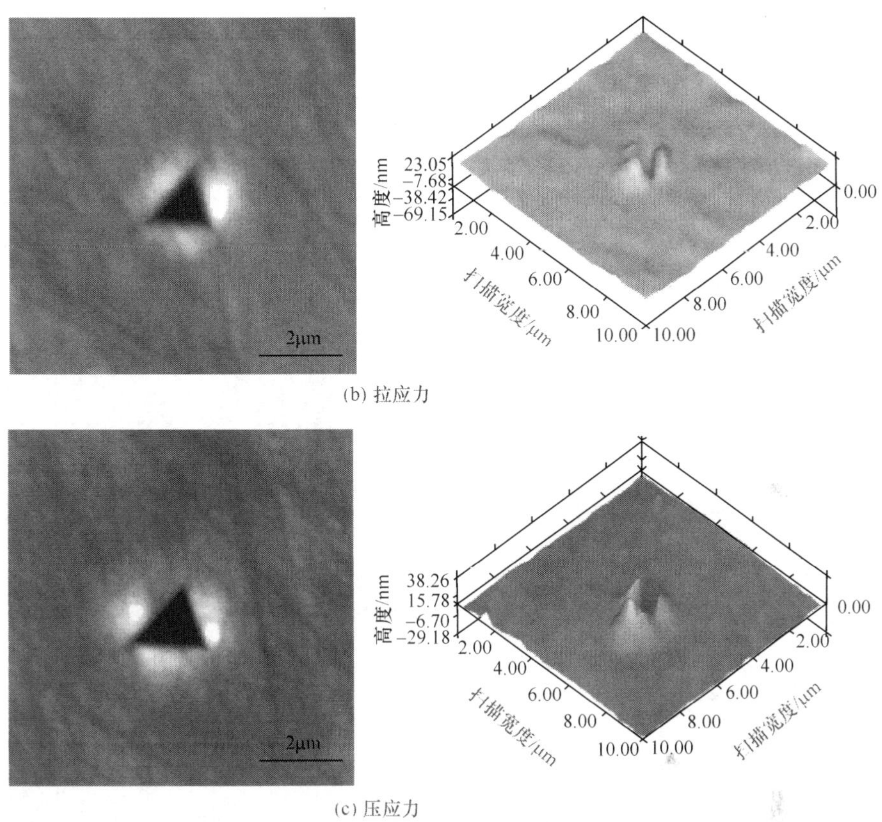

(b) 拉应力

(c) 压应力

图 4-17　不同应力的 45 钢在固定载荷 5mN 下的二维和三维压痕形貌

力状态下 45 钢的凸起高度和凸起宽度都呈现出近似线性增长的趋势。与无应力状态相比，拉应力明显使凸起高度降低，而压应力则明显使之增大，但凸起宽度受残余应力的影响很小。

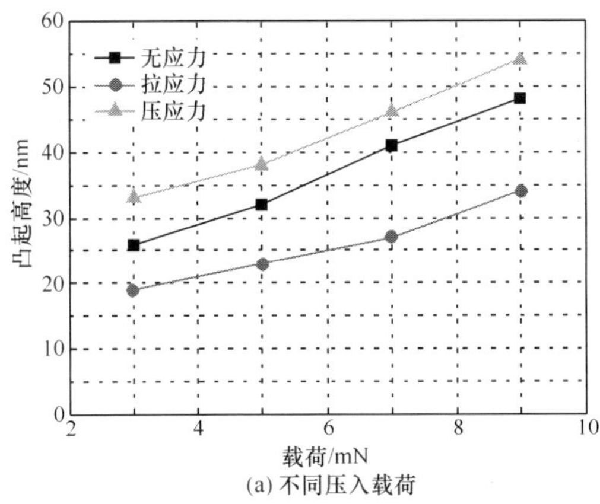

(a) 不同压入载荷

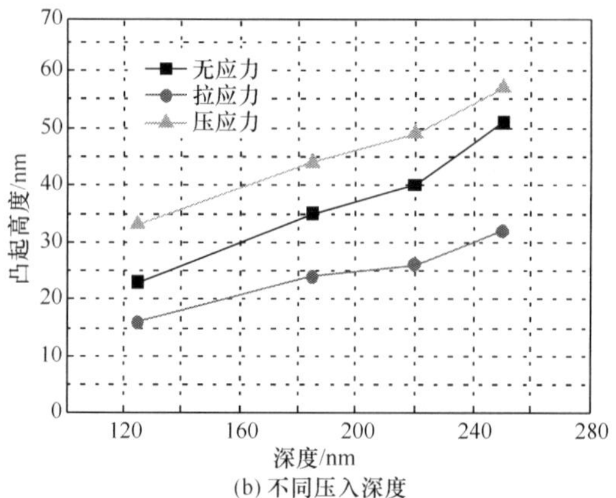

(b) 不同压入深度

图 4-18　不同应力状态下 45 钢在不同压入载荷和压入深度时的压痕凸起高度

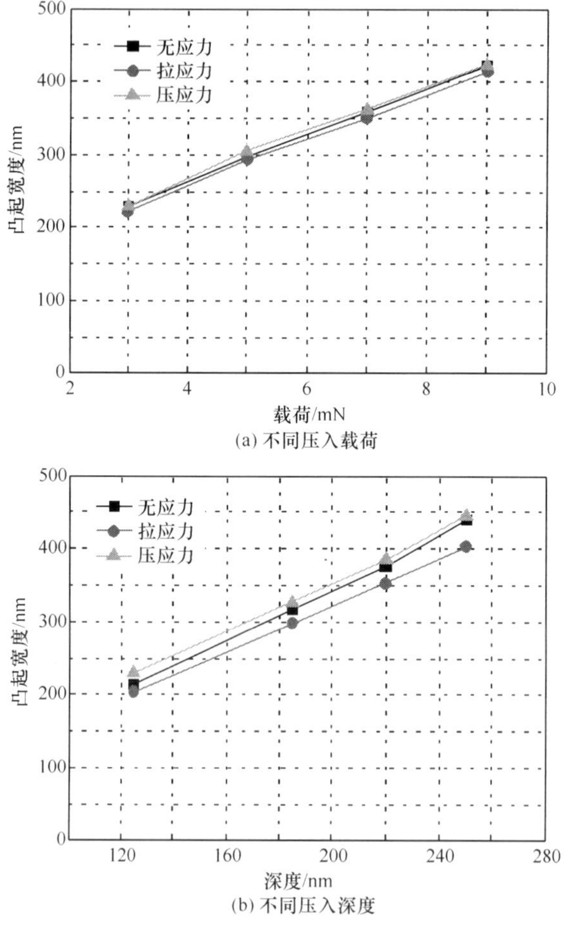

(a) 不同压入载荷

(b) 不同压入深度

图 4-19　不同应力状态下 45 钢在不同压入载荷和压入深度时的压痕凸起宽度

4. 45 钢的真实硬度

表 4-9～表 4-11 分别为无应力、拉应力和压应力状态的 45 钢在不同压入载荷(3mN、5mN、7mN 和 9mN)下的 x^{avg}、h_{max}和 h_p^{avg} 值。由于 θ 值与压入载荷/深度以及残余应力的大小无关，在此只计算了无应力 45 钢的 θ 值。将无应力 45 钢试样在不同载荷下的 x^{avg}、h_{max}和 h_p^{avg} 值代入式(4-7)计算出 45 钢的 θ 值，如图 4-20 所示。可见，45 钢的 θ 值随载荷的变化波动很小，在 83.0°和 84.4°之间，取其平均值得到 45 钢的 θ 值为 83.8°。

表 4-9 无应力 45 钢在不同压入载荷下的 x^{avg}、h_{max}和 h_p^{avg} 值

压入载荷/mN	x^{avg}/nm	h_{max}/nm	h_p^{avg}/nm
3	228	131	26
5	297	176	32
7	358	208	41
9	422	244	48

表 4-10 拉应力 45 钢在不同压入载荷下的 x^{avg}、h_{max}和 h_p^{avg} 值

压入载荷/mN	x^{avg}/nm	h_{max}/nm	h_p^{avg}/nm
3	222	135	19
5	293	182	23
7	350	218	27
9	414	256	34

表 4-11 压应力 45 钢在不同压入载荷下的 x^{avg}、h_{max}和 h_p^{avg} 值

压入载荷/mN	x^{avg}/nm	h_{max}/nm	h_p^{avg}/nm
3	230	125	33
5	305	172	38
7	362	203	46
9	424	239	54

表 4-12～表 4-14 分别为无应力、拉应力和压应力状态的 45 钢试样在不同压入深度(125nm、185nm、220nm 和 250nm)下的 x^{avg}、h_{max}和 h_p^{avg} 值。将 θ 值和表 4-9～表 4-14中的压痕参数代入式(4-6)计算出 45 钢在不同压入载荷和深度下的真实接触面积，如表 4-15 和表 4-16 所示。

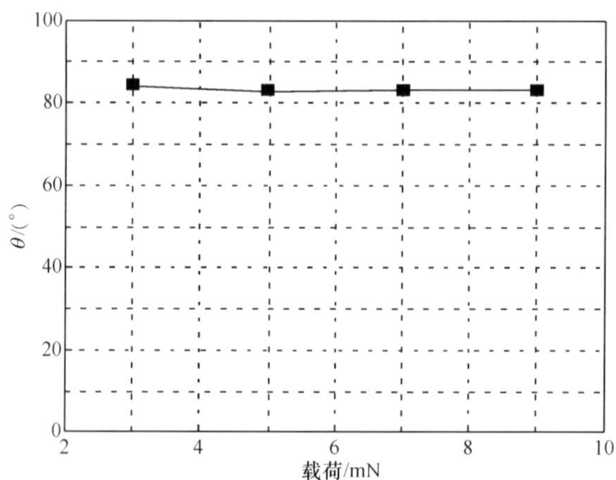

图 4-20　45 钢在不同载荷下的 θ 值

表 4-12　无应力 45 钢在不同压入深度下的 x^{avg}、h_{max} 和 h_p^{avg} 值

压入载荷/mN	x^{avg}/nm	h_{max}/nm	h_p^{avg}/nm
2.8	214	125	23
5.7	318	185	35
7.8	377	220	40
9.2	439	250	51

表 4-13　拉应力 45 钢在不同压入深度下的 x^{avg}、h_{max} 和 h_p^{avg} 值

压入载荷/mN	x^{avg}/nm	h_{max}/nm	h_p^{avg}/nm
2.6	203	125	16
5.4	298	185	24
7.3	354	220	26
8.7	403	250	32

表 4-14　压应力 45 钢在不同压入深度下的 x^{avg}、h_{max} 和 h_p^{avg} 值

压入载荷/mN	x^{avg}/nm	h_{max}/nm	h_p^{avg}/nm
3	230	125	33
5.9	327	185	44
8.0	385	220	49
9.5	446	250	57

表 4-15 不同应力状态的 45 钢在不同压入载荷下的真实接触面积

压入载荷/mN	真实接触面积/μm^2		
	无应力 45 钢	拉应力 45 钢	压应力 45 钢
3	1.06	1.08	1.03
5	1.89	1.96	1.88
7	2.73	2.86	2.67
9	3.81	4.06	3.76

表 4-16 不同应力状态的 45 钢在不同压入深度下的真实接触面积

压入深度/nm	真实接触面积/μm^2		
	无应力 45 钢	拉应力 45 钢	压应力 45 钢
125	0.95	0.90	1.03
185	2.16	2.06	2.25
220	3.06	2.90	3.17
250	4.07	3.83	4.15

将表 4-15 和表 4-16 中的真实接触面积 A 代入式(2-40)，计算出 45 钢的真实硬度值。图 4-21 和图 4-22 分别为不同应力状态的 45 钢在不同压入载荷和深度下的硬度分布。45 钢的硬度表现出明显的尺寸效应，硬度值随残余应力状态的变化波动较小，特别是固定深度时，不同应力状态的 45 钢的硬度几乎一样。

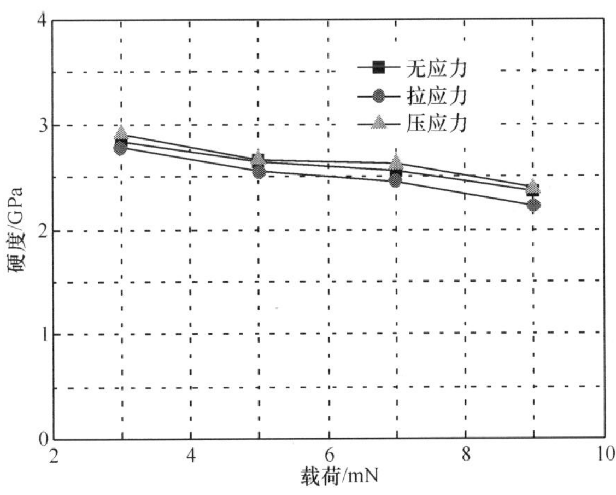

图 4-21 不同应力状态的 45 钢在不同压入载荷下的硬度分布

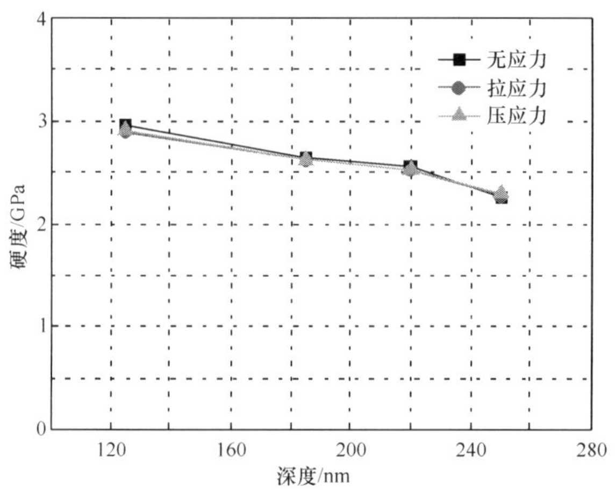

图4-22　不同应力状态的 45 钢在不同压入深度下的硬度分布

5. 45 钢的残余应力计算

表 4-17 和表 4-18 分别为不同应力状态的 45 钢在固定不同压入载荷(3mN、5mN、7mN 和 9mN)下的压痕参数 h_{max} 和 H，以及不同压入深度(125nm、185nm、220nm 和 250nm)下的压痕参数 A 和 H。其中，硬度值 H 取不同应力状态的 45 钢在同一载荷和深度下硬度的平均值。

表 4-17　固定不同压入载荷下的压痕参数

载荷/mN	h_{max}/nm			H/GPa
	无应力	拉应力	压应力	
3	131	135	125	2.84
5	176	182	172	2.62
7	208	218	203	2.54
9	244	256	239	2.32

表 4-18　固定不同深度下的压痕参数

深度/nm	$A/\mu m^2$			H/GPa
	无应力	拉应力	压应力	
125	0.95	0.90	1.03	2.92
185	2.16	2.06	2.25	2.63
220	3.06	2.90	3.17	2.53
250	4.07	3.83	4.15	2.27

将表 4-17 和表 4-18 中的压痕参数分别代入 Suresh 模型和 Lee 模型，即式(3-13)、式(3-17)、式(3-19)、式(3-20)和式(3-29)，计算出 45 钢表面的残余应力，其分布规律如图 4-23 和图 4-24 所示。可见，与应力装置所施加的真实应力 146MPa 和 −117MPa相比，Suresh 模型的固定载荷模式计算出的拉应力和压应力值均偏大，这可能是因为固定载荷模型的特征参量为压入深度，没有包含凸起变形的影响，从而造成严重的误差。而 Suresh 模型的固定深度模式是以真实接触面积为特征参量，在压入深度为 250nm 时计算的拉应力和压应力值均与应力装置所施加的应力较为吻合，而压入深度较浅时，结果差别较大，这是因为压头都有一定的圆周曲率，在小的压入深度下，得到的压入深度值并不精确，导致接触面积的计算结果也会有很大偏差，最终使应力值产生严重的误差。

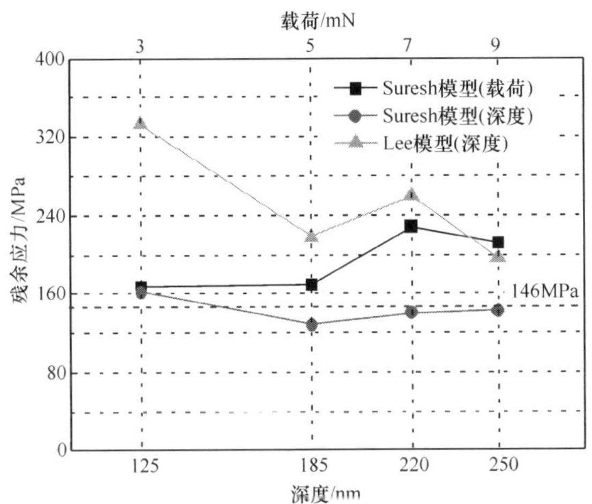

图 4-23　不同模型计算拉应力 45 钢表面的残余应力

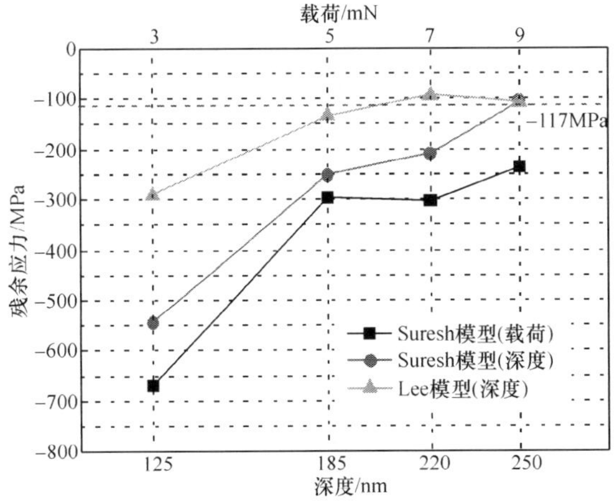

图 4-24　不同模型计算压应力 45 钢表面的残余应力

Lee 模型计算出的拉应力值偏大，而在压入深度为 250nm 时计算出的压应力值与应力装置所施加的真实应力较为接近。对比 Suresh 模型和 Lee 模型可以发现，Suresh 的拉应力和压应力模型的区别在于压应力模型多除以了系数 $\sin\alpha$，这是因为压入过程中拉应力和压应力对压头与试样之间的接触分别起到促进和阻碍的作用，从而使拉应力与压应力对压头的实际作用应力存在差别。而 Lee 模型中拉应力与压应力的作用原理是相同的，忽略了拉应力和压应力对压头不同的影响作用，从而使计算出的拉应力值偏大。

综上所述，在测量压痕周围会发生凸起变形的硬质材料（如 45 钢）的残余应力时，采用 Suresh 模型的固定深度模式更为可靠，且选择较大的压入深度时会得到较为准确的残余应力值。

4.1.3 喷丸铝锂合金板的残余应力研究

喷丸残余应力是由弹丸撞击金属表面导致的不均匀塑性变形所产生的，它能够显著提高零件的抗疲劳强度、抗应力腐蚀及抗蠕变开裂能力，进而延长机器设备的服役寿命。因此，精确、高效地测量喷丸所形成的残余应力对于合理制定喷丸工艺以及对喷丸强化零部件进行寿命预测等具有重要的意义。张硕[7]利用 Lee 模型计算得到了两种喷丸强度下铝锂合金板表面的残余应力分布。

1. 实验方法

实验材料为 Al-Li-S4 铝合金薄板，对该板材进行传统机械式喷丸强化处理，弹丸材料为铸钢，硬度为 45～50HRC，弹丸的平均直径约为 0.3mm，喷丸强度分别为 0.1mmA、0.2mmA，表面覆盖率为 100%。两块试样长和宽均为 40mm，厚度均为 3mm。

为获得喷丸试样沿喷丸深度方向的残余应力分布，采用电解抛光逐层减薄试样进行压痕测试。对于喷丸 0.1mmA 强度的试样：依次电解 19 次，靠近表面每次电解厚度 0.01mm，随着远离表面逐渐增加电解厚度，最终电解厚度为 0.69mm。对于喷丸 0.2mmA 强度的试样：依次电解 27 次，靠近表面每次电解厚度为 0.01mm，最终电解厚度为 0.97mm。对于每个试样，两次压痕实验间试样表面最小减薄 0.01mm。为避免材料硬度出现压痕尺寸效应，所选取的压痕最大压入深度为 4.5μm，因此两次压痕测试在试样厚度上最小间隔为 0.01mm，使得测试结果可以区分不同试样不同厚度上的残余应力。

2. 实验结果与分析

图4-25为不同喷丸强度下试样的表面形貌。随着喷丸强度的提高，弹丸蕴含的能量越来越大，弹丸撞击形成的凹坑越来越明显，经高强度喷丸处理的试样表面形貌的起伏增大，即粗糙度会随着喷丸强度的上升而增大。

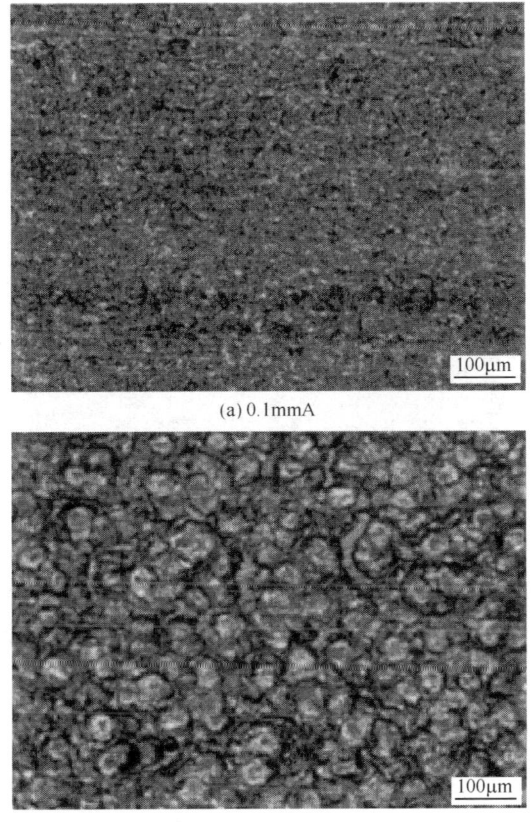

(a) 0.1mmA

(b) 0.2mmA

图4-25 不同喷丸强度下试样的表面形貌[7]

图4-26为0.1mmA喷丸强化样品在不同电解减薄厚度下测试得到的载荷-位移曲线。在相同的压入深度下，由于残余应力的存在，压痕曲线出现了不同程度的偏移。其中，0.1mm和0.3mm深度下的压痕曲线高于原始压痕曲线，而0.6mm深度下的压痕曲线加载段低于原始压痕曲线加载段。这种厚度方向上最大压入载荷的变化对应了不同部位的残余应力值变化。图4-27是0.2mmA喷丸强化样品在不同减薄厚度下测试得到的载荷-位移曲线，0.2mmA样品呈现出相同的变化规律。

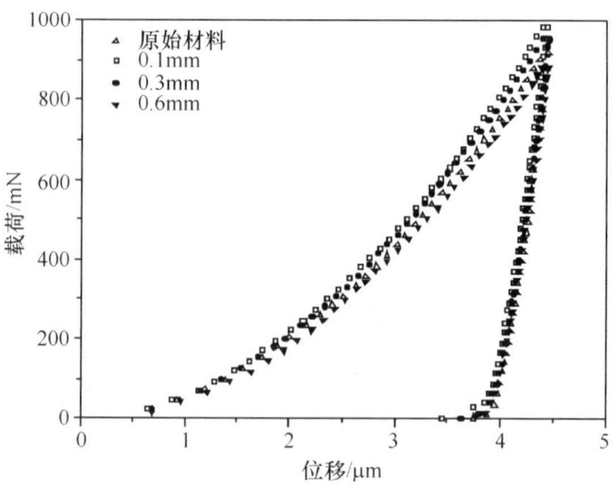

图 4-26　0.1mmA 喷丸强化样品在不同电解减薄厚度下的载荷-位移曲线[7]

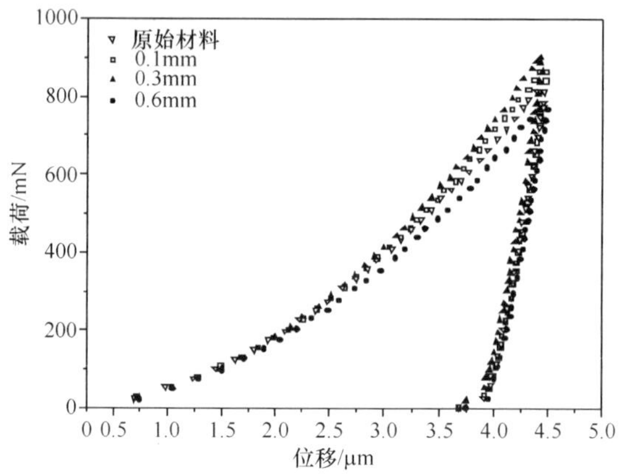

图 4-27　0.2mmA 喷丸强化样品在不同电解减薄厚度下的载荷-位移曲线[7]

利用 Lee 模型，即式(3-29)计算出不同强度喷丸试样表面的残余应力沿深度方向的分布，如图 4-28 所示。归纳出 4 个喷丸残余压应力场的特征量：表面残余压应力 σ_{srs}、最大残余压应力 σ_{msrs}、最大残余压应力与表面距离 Z_m 和残余压应力场深度 Z_0，分别提取不同喷丸强度下的特征值，如表 4-19 所示。当喷丸强度从 0.1mmA 增大到 0.2mmA 时，表面残余压应力值和最大残余压应力值都随之增大，并且增大的幅度非常显著。最大残余压应力与表面距离 Z_m 以及残余压应力场深度 Z_0 随着喷丸强度的增大都呈现不同幅度的增大，Z_m 增大的效果并没有 Z_0 增大的效果显著。这对改善试件的疲劳性能非常有利，如对于一些表面粗糙度较高的工件表面，表面存在裂纹(机械划伤、锻造发纹和焊接裂纹等)或者类裂纹(非金属夹杂和缩孔等)，可以通过提高喷丸强度使最大残余压应力深度大于裂纹深度，以达到更好的抑制或减慢裂纹扩展的效果。

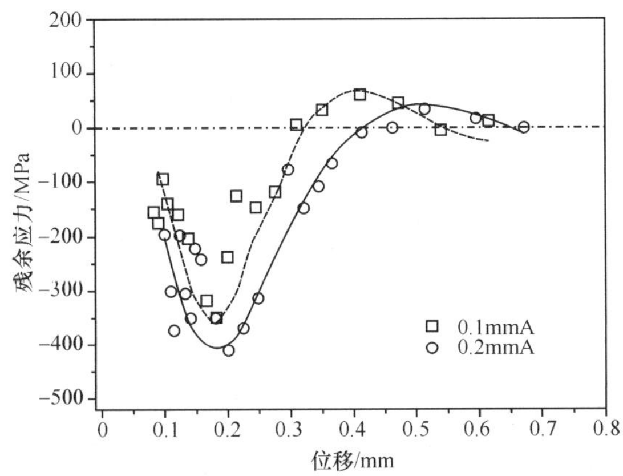

图 4-28　不同强度喷丸试样表面的残余应力沿深度方向的分布[7]

表 4-19　喷丸残余应力场特征参量[7]

强度	σ_{srs}/MPa	σ_{msrs}/MPa	Z_m/mm	Z_0/mm
0.1mmA	−96	−396	0.15	0.3
0.2mmA	−204	−475	0.17	0.4

4.2　涂层的残余应力研究

4.2.1　铁基激光熔覆层的残余应力研究

激光熔覆是一种绿色的、非常有发展潜力的表面强化技术，能够制备出高结合强度、高硬度和高韧性的优质涂层，从而显著提高基体零件的抗磨、耐蚀以及抗疲劳性能。铁基自熔性合金粉末具有成本低、焊道硬度高、韧性好、抗氧化性高以及抗裂性好等优点，被广泛应用于金属零件的表面强化[8,9]。但熔覆过程中，在高能激光束的作用下，熔覆层的快速凝固收缩会受到基体金属的阻碍，导致残余拉应力的产生。当拉应力过大时，容易导致基体变形和熔覆层表面裂纹的形成和扩展，最终造成熔覆层开裂。因此，精确测量熔覆层中的残余应力，对控制和调整其分布状态，避免熔覆层开裂具有重要的意义。

1. 铁基激光熔覆层的制备

实验采用的基体材料为 Q235 钢，尺寸为 105mm×150mm×8mm，其化学成分和物理性能如表 4-20 和表 4-21 所示。熔覆材料选择成本较低且与基体成分相近的 Fe90 自熔性合金粉末，有利于提高熔覆层与基体的结合强度，Fe90 合金粉末的表面形貌如图 4-29 所示，其具体化学成分见表 4-22。Fe90 合金粉末中的 Cr 元素是碳化物形成元素，同时也是固溶强化元素，可以有效提高铁基合金涂层的耐磨性和抗高温氧化性能。此外，在进行激光熔覆时，合金中的 B、Si 元素被氧化，生成 B_2O_2、SiO_2，在熔覆层表面形成氧化膜从而起到防止熔覆层氧化、提高熔覆层表面质量的作用。

表 4-20　Q235 钢的化学成分

元素	C	Mn	Si	P	S	Fe
质量分数/%	0.16	0.45	0.19	0.011	0.010	余量

表 4-21　Q235 钢的物理性能

密度/(kg/m^3)	熔点/℃	弹性模量/GPa	泊松比	热扩散率/($10^{-6}mm^2/s$)
7.86×10^3	1468	212	0.288	12.1

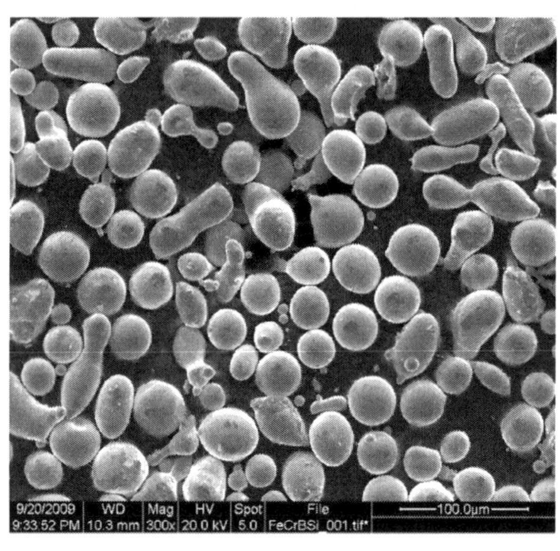

图 4-29　Fe90 自熔性合金粉末的表面形貌

表 4-22　Fe90 自熔性合金粉末的化学成分

元素	C	Cr	B	Si	Fe
质量分数/%	0.15	15	1.5	1.2	余量

Q235 钢基体待熔覆表面经磨削加工至 $R_a=0.64\mu m$，熔覆前用丙酮进行清洗，熔覆工艺参数见表 4-23。在进行大面积的激光熔覆时，裂纹对涂层的厚度是较为敏感的，厚度越大裂纹数量则会越多，本研究在厚度 1mm 左右可以获得基本无裂纹的激光熔覆层。采用着色渗透探伤剂对熔覆层表面的气孔和裂纹等缺陷进行无损探伤：首先用清洗剂对熔覆层表面进行清洗；然后在表面喷涂渗透剂，

15min 后用棉花擦去多余的渗透剂，并用清洗剂除去残余渗透剂；最后将显像剂摇匀后喷涂于熔覆层表面即可显示缺陷。图 4-30 为熔覆层的宏观形貌和探伤后的照片，可见熔覆层表面无裂纹和气孔。采用线切割将熔覆层切割成块状试样，尺寸为 15mm×10mm×8mm，试样经研磨抛光后用王水溶液（HNO_3 ∶ HCl=1 ∶ 3）腐蚀进行形貌观察。

表 4-23　激光熔覆 Fe90 合金粉末的工艺参数

扫描速度/(mm/s)	光斑直径/mm	激光功率/W	送粉速率/(g/min)	单层宽度/mm	单层厚度/mm	搭接率/%
3	3	3500	12.8	2.4	1	30

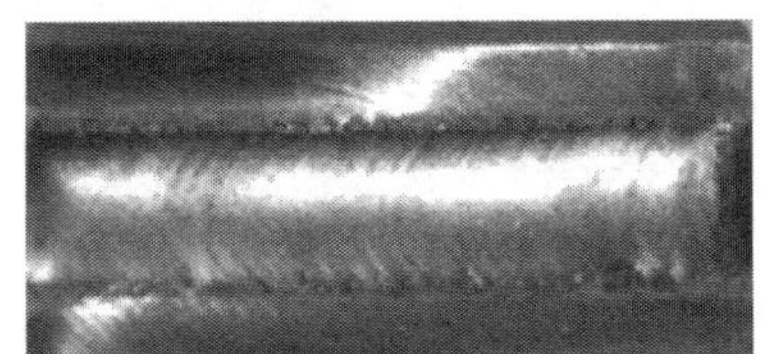

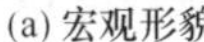
(a) 宏观形貌

(b) 探伤后的照片

图 4-30　Fe90 熔覆层的宏观形貌和探伤后的照片

2. 铁基激光熔覆层的微观结构

利用扫描电子显微镜（SEM）和 X 射线能谱仪（EDS）观察和分析了熔覆层的截面微观形貌以及元素分布；利用 X 射线衍射仪（XRD）分析了熔覆层的相结构；利用透射电子显微镜（TEM）观察了熔覆层的微观组织形貌。

图 4-31 为 Fe90 熔覆层的截面形貌。熔覆层的厚度约为 1mm，熔覆层的组织细小致密、均匀，无明显的裂纹、气孔和夹杂等缺陷。图 4-31(b) 显示熔覆层和基体之间存在一条明显的亮白带，说明熔覆层和基体之间形成了明显且良好的冶金结合。

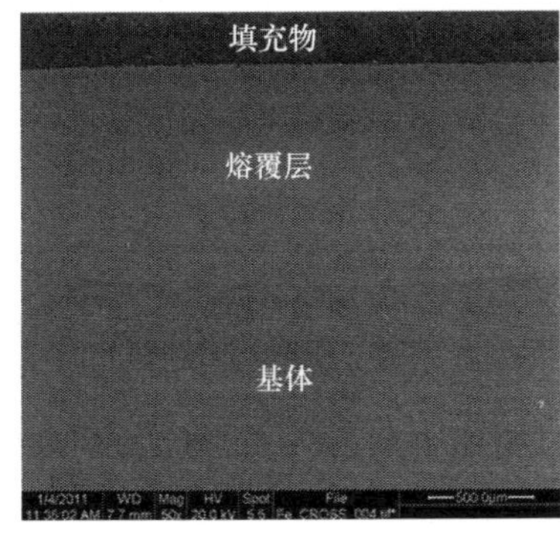

(a) 整体形貌

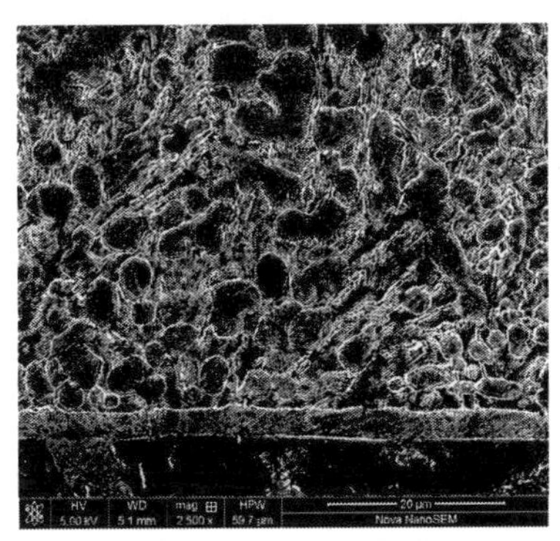
(b) 结合区域微观形貌

图 4-31　Fe90 熔覆层的截面形貌

图 4-32 和图 4-33 分别为靠近结合区域和远离结合区域的熔覆层微观形貌。可以发现，靠近结合区的熔覆层为柱状晶组织，沿基体方向呈外延式生长；而远离结合区的熔覆层主要由交叉树枝晶组成。由于激光熔覆具有较高的功率密度和极大的熔池冷却速度，使激光熔覆层显现出良好的定向凝固组织特征和优异的成形质量。

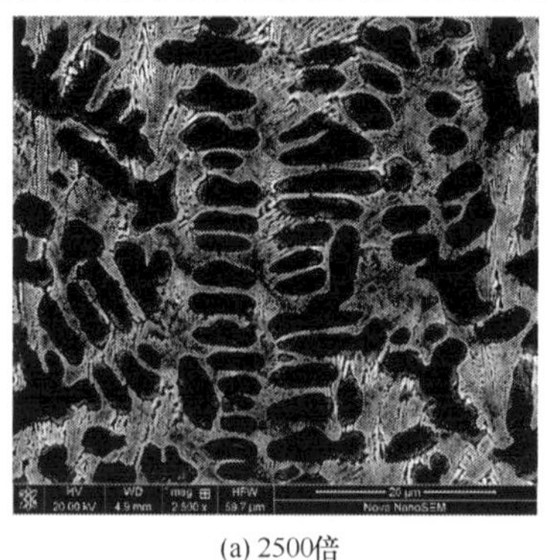

(a) 2500倍　　(b) 5000倍

图 4-32　靠近结合区熔覆层的微观组织

(a) 2500倍

(b) 5000倍

图 4-33　远离结合区熔覆层的微观组织

图 4-34 为 Fe90 熔覆层的 XRD 图谱。对衍射峰进行分析和标定，证实熔覆层主要由 α(Fe,Cr)固溶体、硬质相 Cr_7C_3 和稳定相 Fe_2B 等组成。由于 Fe90 粉末中含有 Cr，Cr 比 Fe 更容易与 C 结合形成碳化物，所以熔覆层中没有 Fe_3C 的出现。硬质相 Cr_7C_3 具有弥散强化作用，可以显著提高熔覆层的硬度。

图 4-35 为利用 X 射线能谱仪测试得到的 Fe90 熔覆层截面 Fe、Si、Cr、C 和 B 等不同元素的分布图。由图可见，Fe 和 Cr 均匀地分布于涂层截面，而 C、B 和 Si 元素则呈现不同程度的网状分布[10]。这是由于熔覆过程中的内部对流对熔池起搅拌的作用，从而有助于合金元素 Fe 和 Cr 的均匀分布[11]。而 Cr_7C_3 和 Fe_2B 的熔点较高，在熔覆过程中这些相处于未熔状态，容易被推挤到晶界处，从而形成网状分布。

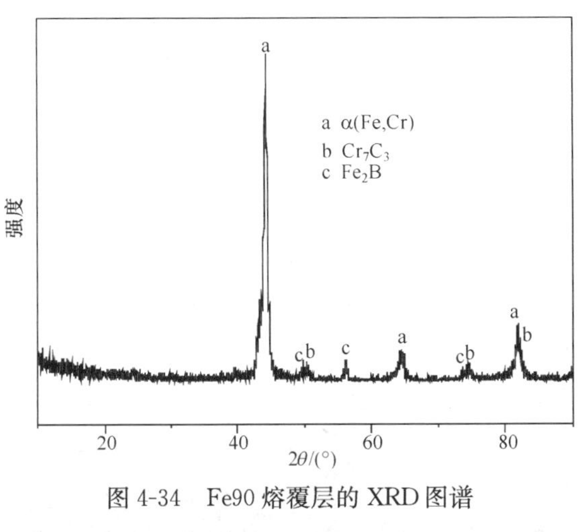

图 4-34　Fe90 熔覆层的 XRD 图谱

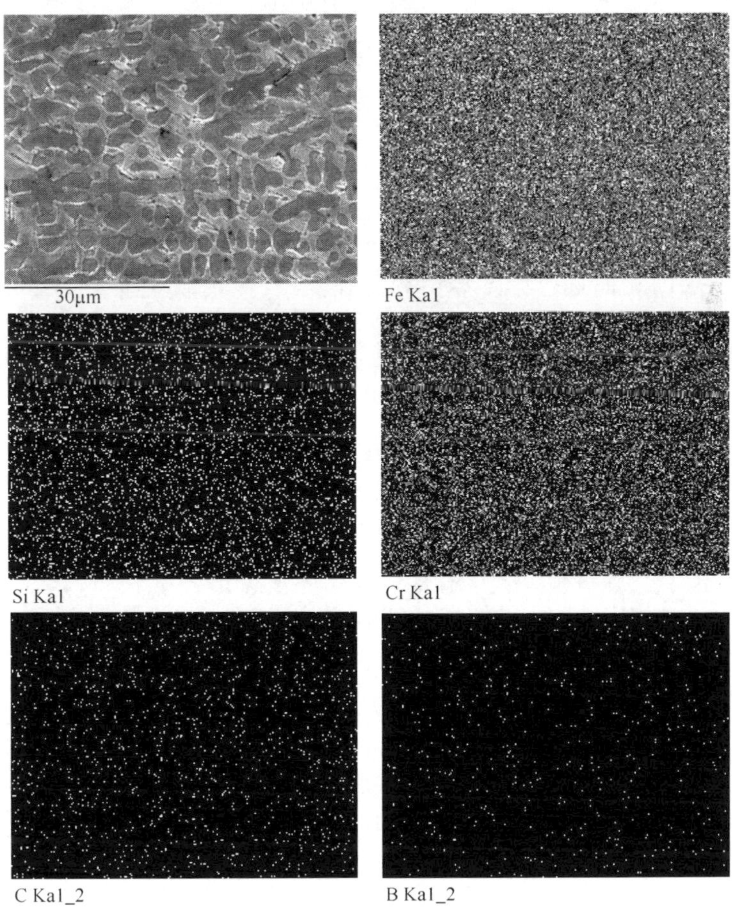

图 4-35　Fe90 熔覆层表面元素的面分布

为进一步了解熔覆层的微观组织特征,利用透射电镜对熔覆层进行了观察和分析。激光熔覆层在快速冷却过程中,大部分的奥氏体转变成为马氏体,如图 4-36(a)所示。马氏体为片状马氏体,呈透镜状,其宽度不超过 500nm,长度不超过 1μm。由图 4-36(b)可知,马氏体的亚结构为孪晶,呈高密度的条纹状。马氏体的形成会使熔覆层的硬度和强度大大提高,但马氏体的形成速度极快,在其相互碰撞或与奥氏体晶界相撞时会产生很大的应力场[12]。

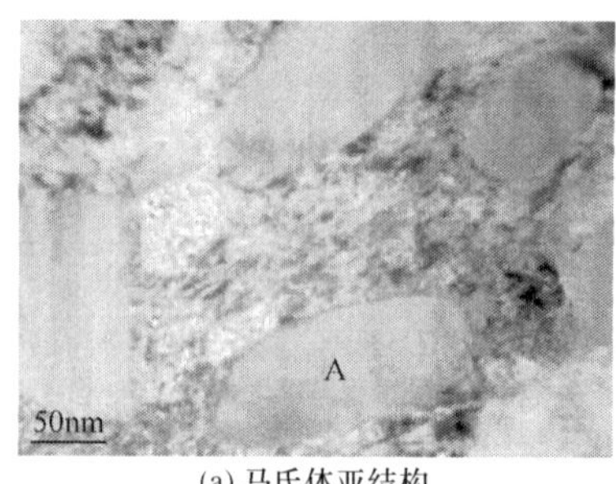

(a) 马氏体亚结构

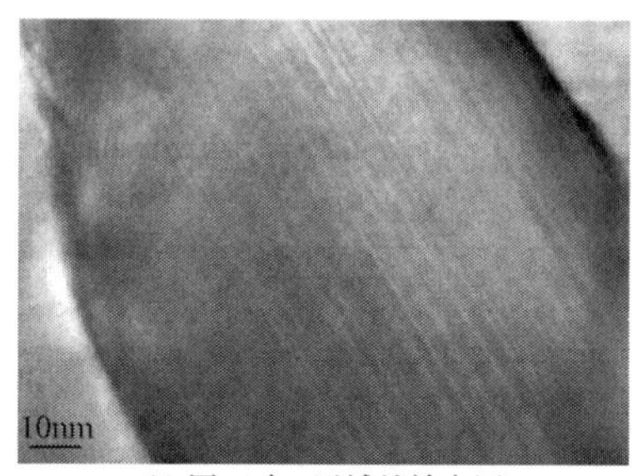

(b) 图(a)中A区域的放大图

图 4-36 熔覆层的 TEM 微观形貌

3. 铁基激光熔覆层的残余应力分析

1) 实验方法

对熔覆层的表面进行固定载荷的压痕实验:固定载荷 3mN、4.5mN、6mN、7.5mN、9mN,每个载荷下至少压 20 个点,各点间隔 10μm。用线切割从熔覆层的表面切下约 0.5mm 厚的薄层,使应力得到充分释放,将该薄层作为无应力的参考试样。对无应力试样、有应力熔覆层的表面以及截面上沿深度方向的 6 个不同位置(位置 1~6,各位置之间间隔 0.16mm)进行固定深度的压痕实验:固定深度 150nm,重复实验 10 次,各点间隔 10μm。

利用 X 射线应力仪对熔覆层表面 5 个不同位置的应力进行测量,得到熔覆层表面的应力分布。利用剥层法对熔覆层进行剥层分析,以获得熔覆层沿深度方向的应力分布。利用腐蚀液将熔覆层试样逐层剥离,依次测量各新暴露表面的应力值。腐蚀剥层 10 层,单次剥层深度约 0.09mm,累计剥层深度 0.9mm。每层进行应力测量 3 次,计算出平均值作为该层的应力值。

2) 铁基激光熔覆层的表面残余应力

图 4-37 为无应力 Fe90 熔覆层在不同载荷下的载荷-位移曲线。由图可见,不同压入载荷下的加载曲线重合度较好,这与熔覆层组织结构致密、内部缺陷(微孔洞、微裂纹等)较少以及元素分布均匀密切相关。

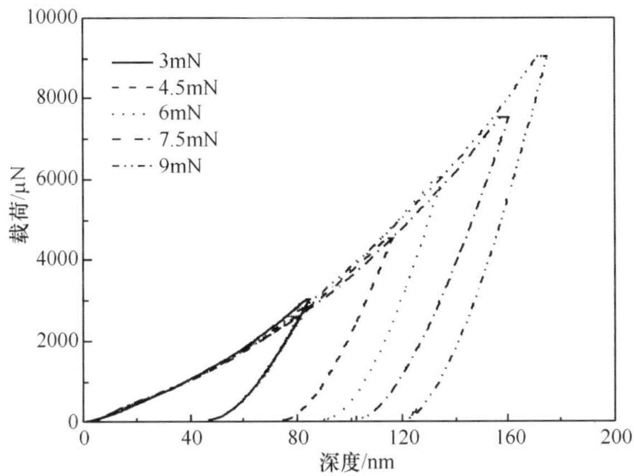

图 4-37 无应力 Fe90 熔覆层在不同载荷下的载荷-位移曲线

对有应力和无应力的熔覆层试样表面进行了固定深度 150nm 的纳米压痕实验，其加载曲线如图 4-38 所示。可以看出，在固定深度 150nm 时，有应力的熔覆层所需要的压入载荷明显小于无应力的熔覆层，即熔覆层中的应力会促进压头的压入过程，说明熔覆层的表面存在残余拉应力。由图 4-39 所示的有应力和无应力的熔覆层卸载曲线可见，与无应力熔覆层相比，有应力熔覆层的弹性回复较小，即熔覆层中的应力对卸载弹性回复过程起阻碍作用，这也证实熔覆层的表面存在残余拉应力。

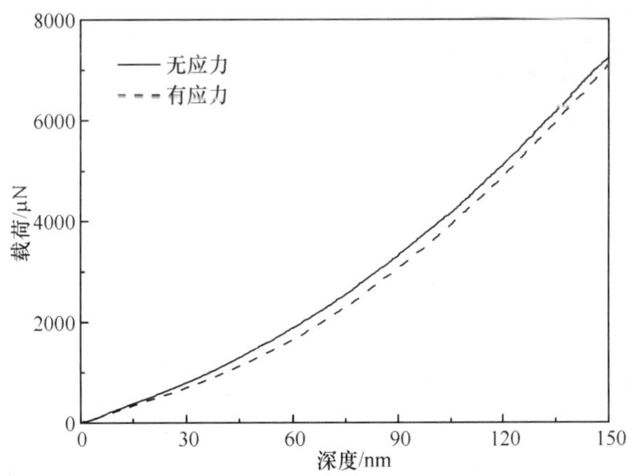

图 4-38 有应力和无应力熔覆层表面在固定深度 150nm 时的加载曲线

图 4-40 为有应力和无应力的 Fe90 熔覆层在固定深度 150nm 下的压痕二维与三维形貌。两种熔覆层的压痕周围均出现了显著的凸起变形。表 4-24 为无应力 Fe90 熔覆层在不同载荷下的 x^{avg}、h_{max}和 h_p^{avg} 值。将得到的 x^{avg}、h_{max}和 h_p^{avg} 值代入式(4-7)计算出无应力 Fe90 熔覆层在不同载荷下的 θ 值，如图 4-41 所示。θ 值

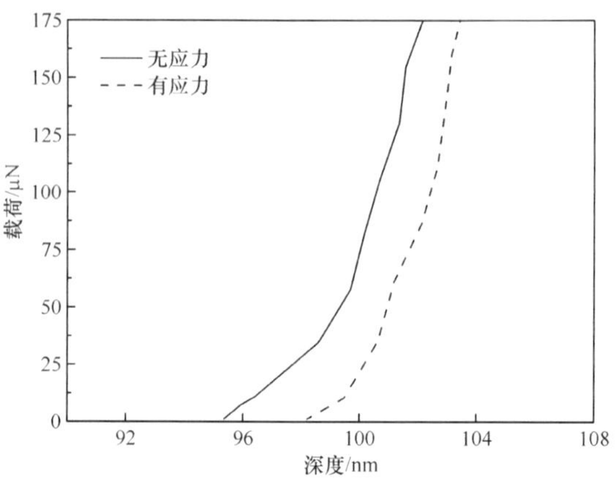

图 4-39　有应力和无应力熔覆层表面在固定深度 150nm 时的卸载曲线

随载荷的变化波动较小，在 78.6°～81.2°范围内变化，取不同载荷下的平均值得到无应力 Fe90 熔覆层的 θ 值为 80.2°。

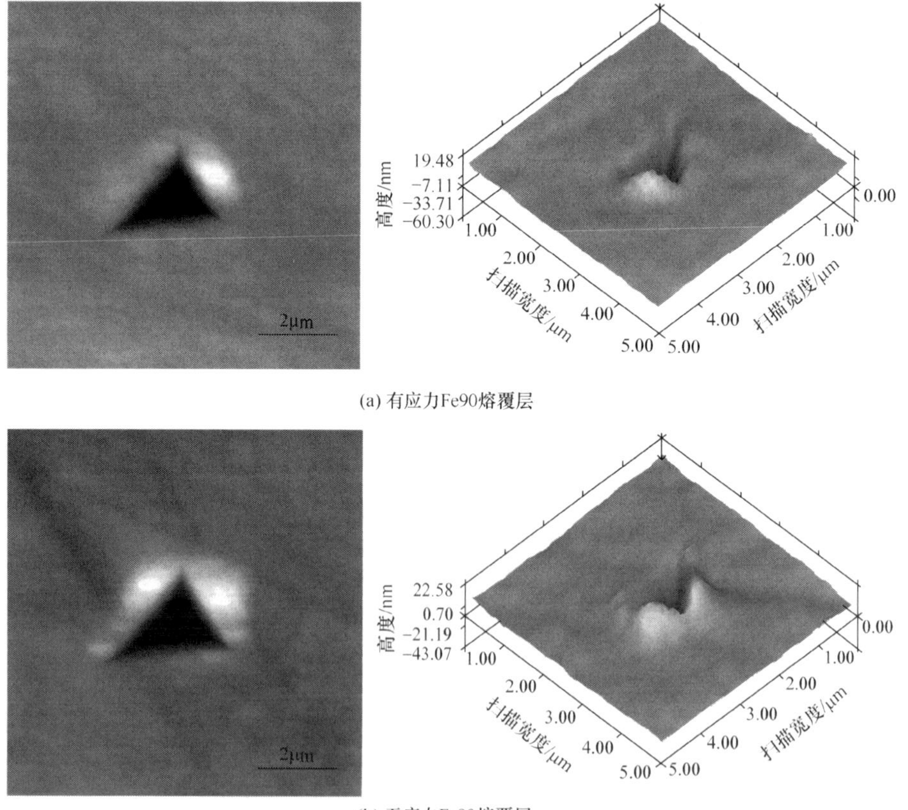

(a) 有应力Fe90熔覆层

(b) 无应力Fe90熔覆层

图 4-40　有应力和无应力的 Fe90 熔覆层在固定深度 150nm 下的压痕形貌

表 4-24　无应力 Fe90 熔覆层在不同压入载荷下的 x^{avg}、h_{max} 和 h_p^{avg} 值

压入载荷/mN	x^{avg}/nm	h_{max}/nm	h_p^{avg}/nm
3	120	81	7
4.5	168	115	10
6	204	133	14
7.5	249	150	22
9	274	172	25

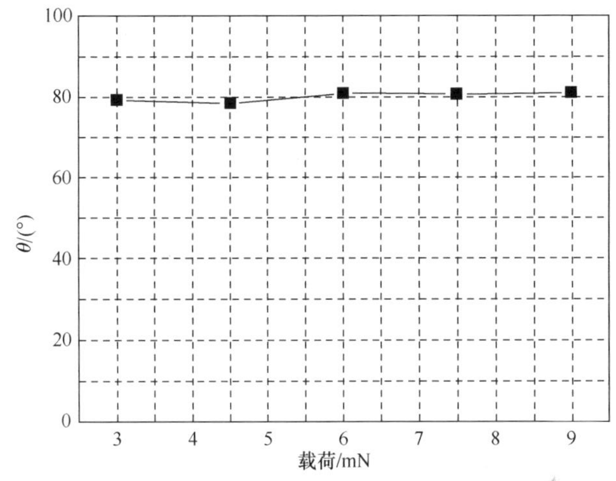

图 4-41　无应力 Fe90 熔覆层在不同压入载荷下的 θ 值

表 4-25 为有应力和无应力的 Fe90 熔覆层在固定深度 150nm 下的压痕参数。将 θ 值和表 4-25 中的压痕参数代入式(4-6)计算出有应力和无应力熔覆层在固定深度 150nm 下的真实接触面积分别为 $A_{stressed}=1.32\mu m^2$ 和 $A_{stress\text{-}free}=1.36\mu m^2$。将真实接触面积代入式(2-40)分别计算出有应力和无应力熔覆层的硬度分别为 5.45GPa 和 5.51GPa，两者的硬度差别很小，取平均值得到熔覆层的硬度为 5.48GPa。

表 4-25　有应力和无应力的 Fe90 熔覆层在固定深度 150nm 下的 x^{avg}、h_{max} 和 h_p^{avg} 值

熔覆层	压入载荷/mN	x^{avg}/nm	h_{max}/nm	h_p^{avg}/nm
有应力	7.2	233	150	18
无应力	7.5	240	150	22

由于熔覆层表面存在残余拉应力，将有应力和无应力熔覆层在固定深度 150nm 下的真实接触面积 $A_{stressed}=1.32\mu m^2$、$A_{stress\text{-}free}=1.36\mu m^2$ 和硬度值 $H=5.48$GPa 代入 Suresh 残余应力计算模型(式(3-13))，计算出熔覆层的表面残余应

力为 166MPa。图 4-42 为利用 X 射线衍射法测量熔覆层表面 5 个不同位置的残余应力结果。熔覆层表面 5 个不同位置均存在残余拉应力，应力分布相对比较均匀，平均值为 187MPa。经对比可以发现，纳米压痕法与 X 射线衍射法的测量结果较为接近，但仍存在一定的偏差，具体原因在后文进行详细讨论。

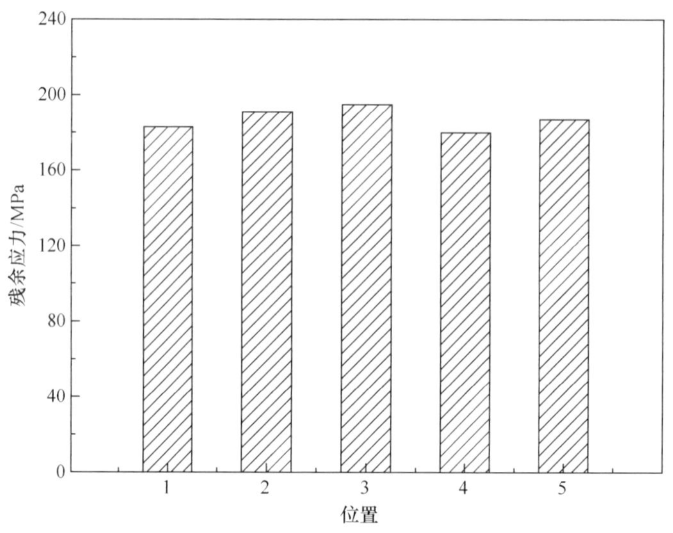

图 4-42　X 射线衍射法测量熔覆层表面的残余应力结果

3）铁基激光熔覆层沿深度方向的残余应力

对 Fe90 熔覆层沿深度方向的 6 个不同位置进行了固定深度(150nm)模式的纳米压痕实验，图 4-43 为实验得到的加载曲线。由图可见，在固定深度模式的压

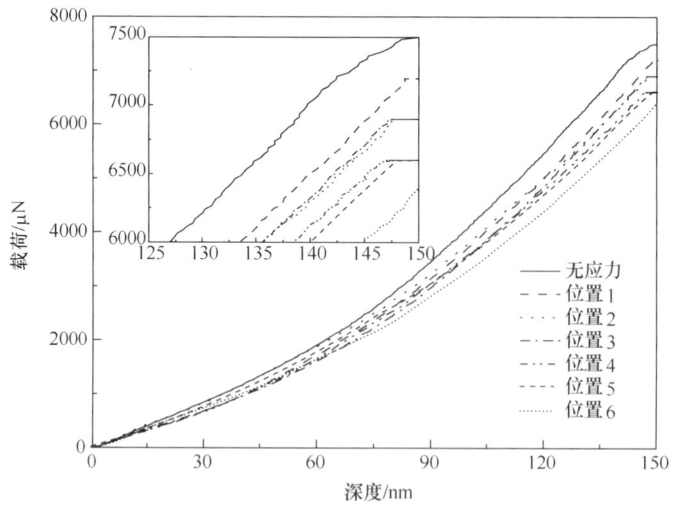

图 4-43　固定深度(150nm)模式下 Fe90 熔覆层沿深度方向 6 个不同位置的加载曲线

痕实验中，Fe90 熔覆层沿深度方向的 6 个不同位置所需压入载荷均小于无应力熔覆层，可见熔覆层沿深度方向的残余应力均对压头的压入过程起促进作用，说明熔覆层沿深度方向均存在残余拉应力。

图 4-44 为固定深度(150nm)模式下 Fe90 熔覆层沿深度方向 6 个不同位置的卸载曲线。与无应力熔覆层试样相比，有应力熔覆层沿深度方向 6 个不同位置的卸载曲线均发生右移，即有应力熔覆层的弹性回复较小，说明在深度方向上熔覆层的残余应力均对弹性回复起阻碍作用，这进一步证明熔覆层沿深度方向存在残余拉应力。

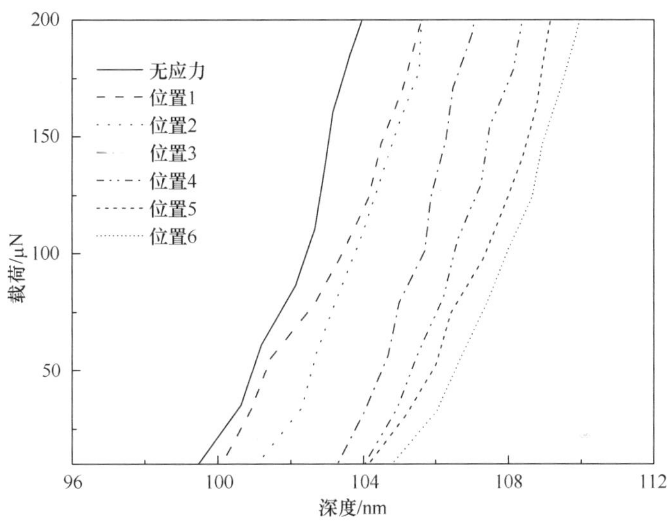

图 4-44　固定深度(150nm)模式下 Fe90 熔覆层沿深度方向 6 个不同位置的卸载曲线

表 4-26 为固定深度(150nm)模式下 Fe90 熔覆层沿深度方向 6 个不同位置的压痕参数。通过对比可以发现，熔覆层沿深度方向 6 个不同位置的凸起变形高度 h_p^{avg} 均小于无应力的熔覆层。将表 4-26 中的压痕参数和 θ 值代入式(4-6)，得到固定深度模式下 Fe90 熔覆层沿深度方向 6 个不同位置的真实接触面积，如表 4-27 所示。将 6 个不同位置的压入载荷和真实接触面积代入式(2-40)计算出 Fe90 熔覆层的硬度沿深度方向的分布，如图 4-45 所示。与无应力熔覆层相比，沿深度方向 6 个不同位置的硬度相差不大，分布较为均匀，硬度值在 5.20～5.51GPa 范围内变化，取平均值得到熔覆层的硬度为 5.30GPa。

表 4-26　固定深度 150nm 下 Fe90 熔覆层沿深度方向 6 个不同位置的压痕参数

熔覆层	压入载荷/mN	x^{avg}/nm	h_p^{avg}/nm
无应力	7.5	240	22
位置 1	7.2	235	19

续表

熔覆层	压入载荷/mN	x^{avg}/nm	h_p^{avg}/nm
位置 2	6.9	230	17
位置 3	6.9	228	16
位置 4	6.6	228	15
位置 5	6.6	225	12
位置 6	6.4	221	9

表 4-27 固定深度 150nm 下 Fe90 熔覆层沿深度方向 6 个不同位置的真实接触面积

熔覆层	真实接触面积/μm^2
无应力	1.36
位置 1	1.33
位置 2	1.32
位置 3	1.32
位置 4	1.31
位置 5	1.30
位置 6	1.27

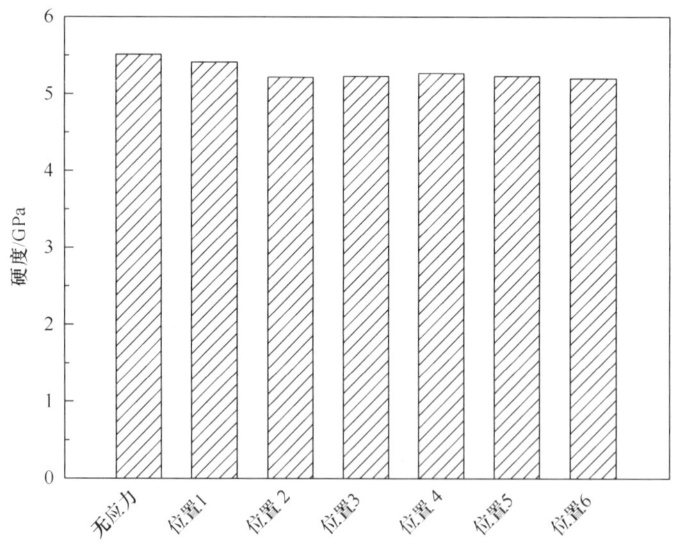

图 4-45 Fe90 熔覆层沿深度方向的硬度分布

由于熔覆层沿深度方向均存在残余拉应力，将表 4-26 中得到的真实接触面积以及硬度平均值代入式(3-13)计算出熔覆层沿深度方向的残余应力分布，并与 X

射线射线法的测量结果进行对比，如图 4-46 所示。比较两种测量方法的结果，发现 Fe90 熔覆层沿深度方向上均存在残余拉应力。激光熔覆是一个急速加热和冷却的过程，熔覆材料和基体材料在快速加热的过程中会伴随体积和组织的变化，从而使熔覆层中产生内应力；在随后的快速冷却过程中，熔覆层的收缩过程会受到周围基体的束缚，最终会在熔覆层中产生残余拉应力。

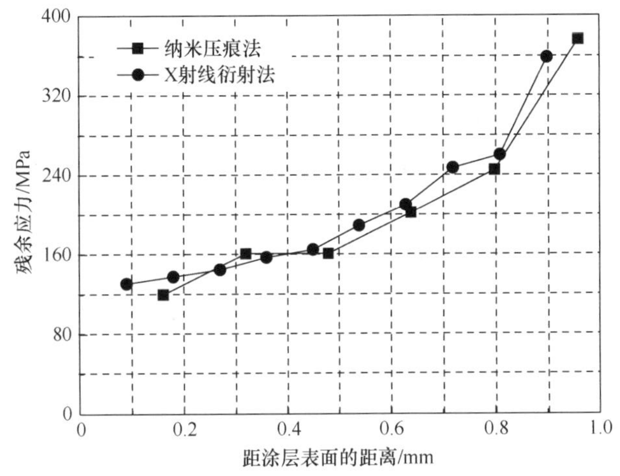

图 4-46 Fe90 熔覆层沿深度方向的残余应力分布

此外，对于熔覆层从表面到内部残余应力的测量结果表明，随着测量深度的增大，纳米压痕法和 X 射线衍射法测定的应力值均呈现增长的趋势。熔覆层近表面的应力值最小，测量值分别为 120MPa 和 131MPa；在熔覆层和基体的结合处附近，应力值达到最大，测量值分别为 376MPa 和 358MPa。两种方法测量得到的熔覆层中的应力变化趋势是相同的，但应力值存在一定的偏差，这主要因为：

(1) 进行纳米压痕实验的熔覆层截面试样在制备过程中会有一定程度的应力释放，而在 X 射线衍射法应力测量的过程中，也会有部分应力会随剥层过程被释放，熔覆层在两种测量方法中应力释放的程度不同，从而导致两种实验样品中的残余应力本身就存在一定的差异。

(2) 采用 X 射线衍射法测量 Fe90 熔覆层中残余应力时，需要选择材料的应力常数进行计算，但是 Fe90 熔覆层成分中除了 Fe 之外，还含有较高的 Cr，应力常数无法准确获得，计算时通常采用 Fe 的应力常数，因此应力常数选取造成的误差必然会使熔覆层残余应力的测量结果产生一定的误差。

经过上述分析和讨论，认为纳米压痕法可以很好地克服 X 射线衍射法对于复杂成分材料应力常数难以准确获得的缺点，能够较准确地测量出具有致密组织结构的激光熔覆层的残余应力。

4.2.2　等离子喷涂铁基合金涂层的残余应力研究

超声速等离子喷涂技术由于具有高的焰流温度和熔融粒子飞行速度，能够制备出组织结构较为致密、结合强度较高的优质涂层。但与其他表面强化技术一样，等离子喷涂层中也不可避免地产生残余应力。残余应力是导致涂层失效从而影响涂层使用寿命的关键因素，因此掌握涂层中的残余应力分布规律是研究其失效机制和服役寿命演变规律的重要途径。

1. 等离子喷涂铁基合金涂层的制备

基体选择 45 钢，经调质处理后的 45 钢拥有优良的综合力学性能(较高的硬度和较好的韧性)。喷涂前在丙酮中对 45 钢进行超声波清洗，以去除其表面的污染物。喷涂材料选用 FeCrBSi 自熔剂合金粉末，其化学成分如表 4-28 所示。

表 4-28　FeCrBSi 粉末合金的化学成分

元素	Cr	B	Si	C	Fe
质量分数/%	13.6	1.6	1.1	0.16	余量

图 4-47 为 FeCrBSi 喷涂粉末的微观形貌。FeCrBSi 粉末几乎都为球形或椭球形，直径为 40～80μm。先对 45 钢基体进行喷砂预处理，砂料为棕刚玉，粒度为 16 目，以毛化表面，增强结合力。喷涂前，将 45 钢基体预热至 150℃，为了提高喷涂层与基体之间的结合强度，喷一层厚度约为 50μm 的 Ni/Al 过渡层。为获得较致密的喷涂层，在喷涂时，等离子焰流轴线与 45 钢表面之间的角度为 90°。

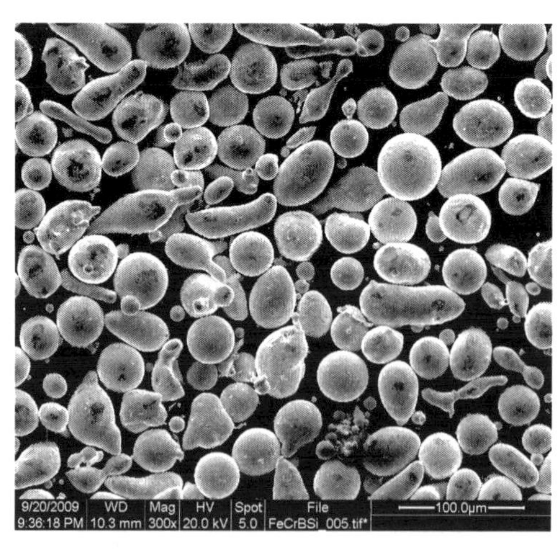

图 4-47　FeCrBSi 喷涂粉末的微观形貌

等离子喷涂 Ni/Al 过渡层和 FeCrBSi 涂层的具体工艺参数如表 4-29 所示，最终制备出的 FeCrBSi 涂层厚度约为 400μm。

表 4-29　等离子喷涂 Ni/Al 过渡层和 FeCrBSi 涂层的工艺参数

参数	Ni/Al	FeCrBSi
主气，Ar/(m^3/h)	3.6	3.6
次气，H_2/(m^3/h)	0.22	0.25
送粉率/(g/min)	35	40
喷涂电流/A	340	380
喷涂电压/V	140	135
喷涂距离/mm	140	120

2. 等离子喷涂铁基合金涂层的微观结构

利用扫描电子显微镜(SEM)观察了涂层的表面和截面的微观形貌；利用 X 射线衍射仪(XRD)分析了涂层的相结构；利用透射电子显微镜(TEM)观察了涂层的微观组织形貌。采用图像处理软件分别对涂层表面和截面的孔隙率进行了计算。涂层的孔隙大小和微裂纹的长度采用它们在二维平面上的面积分布表示。具体的步骤为：采集 SEM 图像并输入软件、转化图像、处理图像、记录孔隙率。由于采用图像处理测定的涂层孔隙率具有一定的随机性，所以对涂层表面和截面分别采集 10 张微观照片，然后基于每张微观照片进行孔隙率计算，最后取平均值来表征涂层的孔隙率。

图 4-48 为 FeCrBSi 喷涂层的表面和截面的微观形貌。可见，涂层的铺展效果较好，结构相对致密，微孔洞较少，几乎没有未熔颗粒出现，涂层的厚度约为 400μm。

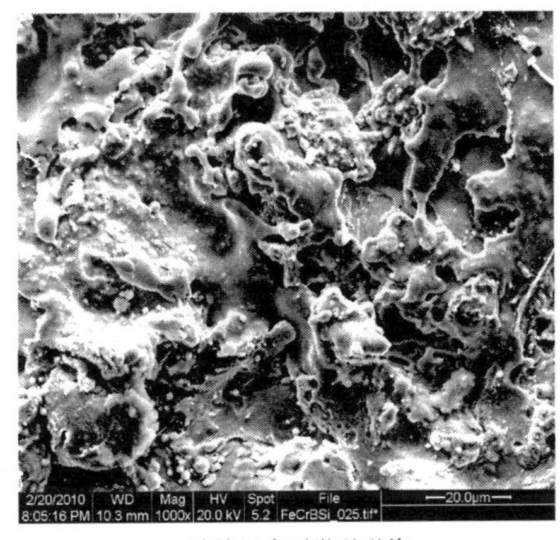

(a) 喷涂层表面微观形貌

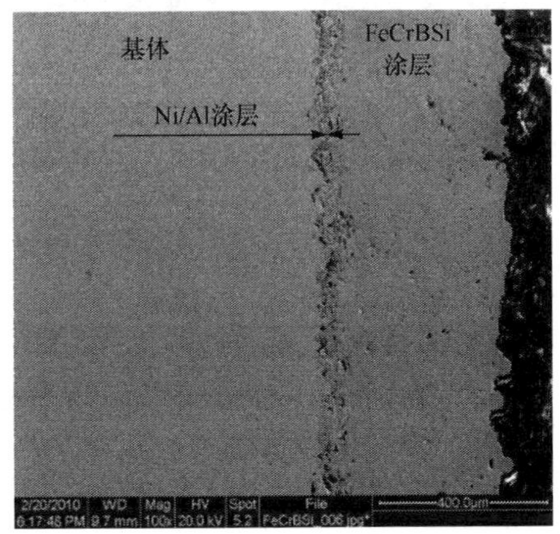

(b) 喷涂层截面微观形貌

图 4-48　FeCrBSi 喷涂层的表面和截面微观形貌

图 4-49 和图 4-50 分别为涂层表面和截面经抛光后的显微形貌及采用图像处理软件处理后得到的灰度图像。可见，涂层表面较为光滑，微孔洞较少。相对于涂层的表面，涂层截面表现出明显的层状结构，且微孔洞较多，这是由于熔滴平行喷向基体表面，冷却结晶所形成的小薄片不能完全重叠，产生层与层的搭接，这种遮蔽效应(shadow effect)使得涂层截面上呈现出较多的微孔隙。可见，FeCrBSi 涂层的微观结构表现出各向异性的特征。对放大倍数为 1000 倍的抛光后涂层表面和截面照片进行分析计算，最终测得涂层表面和截面的孔隙率分别约为 1.26% 和 2.17%，可见涂层表面的孔隙率显著低于涂层截面。

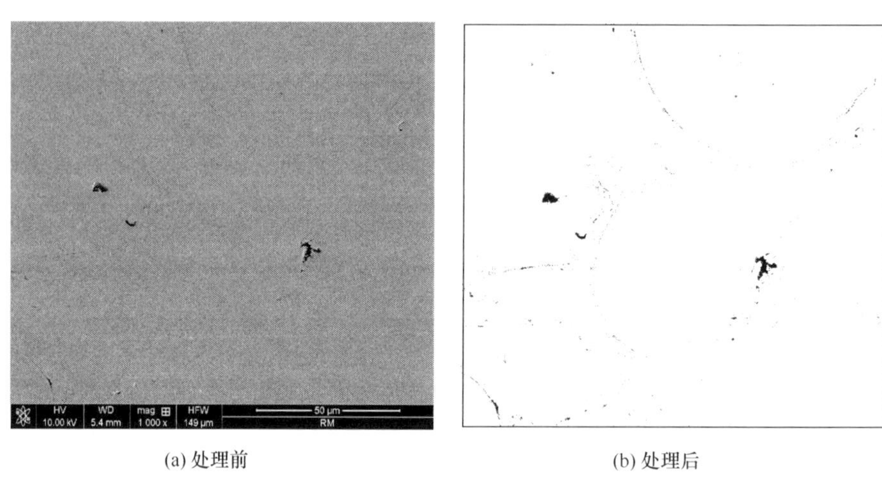

(a) 处理前　　(b) 处理后

图 4-49　采用图像处理软件测定涂层表面孔隙率的 SEM 图像

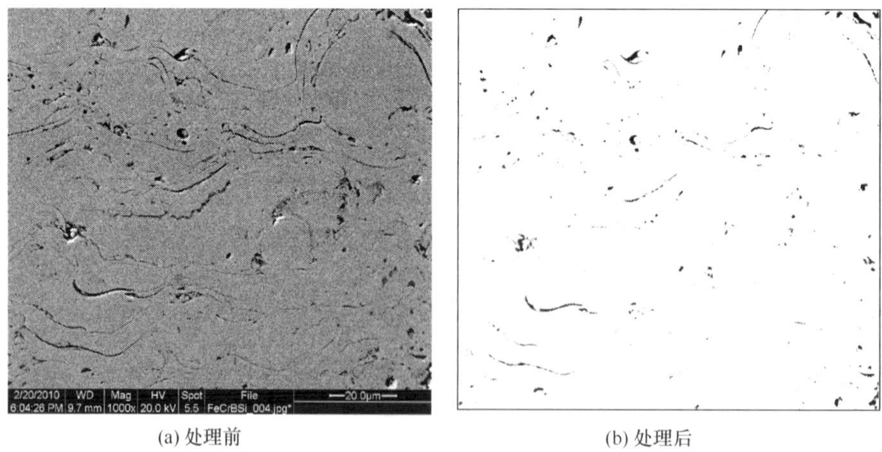

(a) 处理前　　(b) 处理后

图 4-50　采用图像处理软件测定涂层截面孔隙率的 SEM 图像

图 4-51 为 FeCrBSi 喷涂层的 XRD 图谱。FeCrBSi 喷涂层中主要为 α(Fe-Cr) 固溶体，其固溶强化效应可以提高喷涂层的硬度。此外，衍射峰在 43°、65°和 82°附近叠加着明显宽化的衍射峰，这说明 FeCrBSi 涂层中存在一定的非晶成分，这是由于等离子喷涂过程中，高温的熔融粒子沉积到基体上后瞬间快速凝固形成的，非晶相也会提高涂层的硬度。

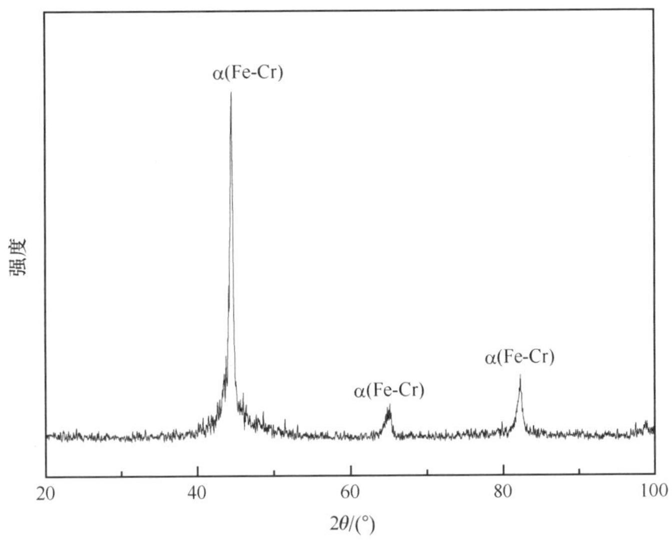

图 4-51　FeCrBSi 喷涂层的 XRD 图谱

图 4-52 为 FeCrBSi 喷涂层的 TEM 微观形貌及电子衍射花样。图 4-52(a)中的黑色颗粒为 α-Fe 的纳米晶形态，从电子衍射图可知 α-Fe 是由单晶和多晶混合而成的，纳米晶同样可以提高涂层的硬度。图 4-52(b)中的透明结构为 α-Fe 的非晶形态，这与 X 射线衍射的结果一致。图 4-52(c)表明存在 Fe_3O_4 相，图 4-52(d)为其衍射花

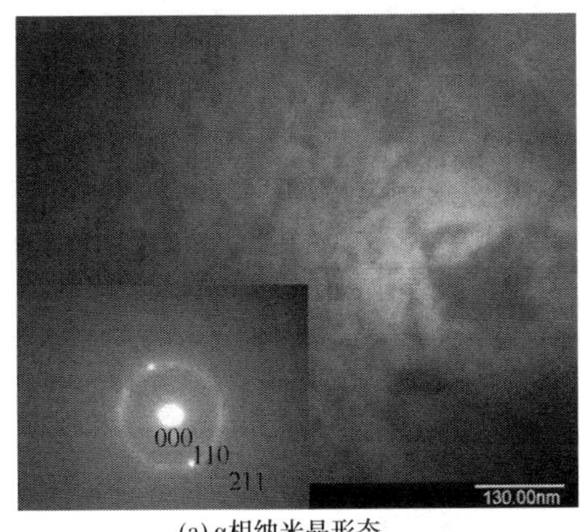

(a) α相纳米晶形态

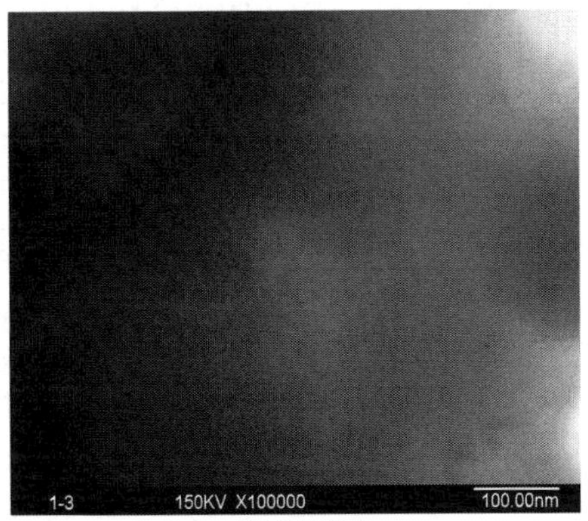

(b) α相非晶形态

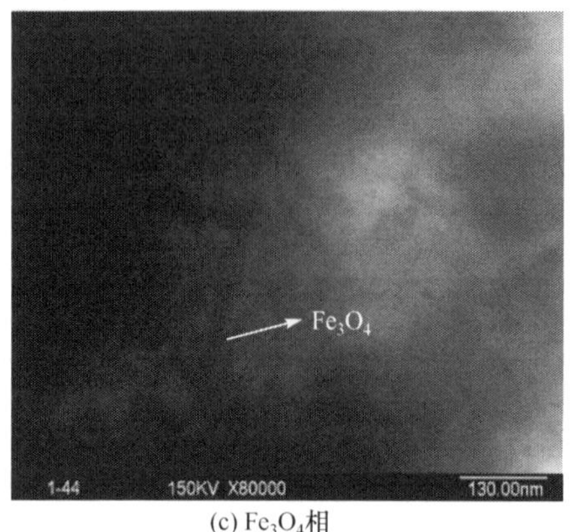

(c) Fe$_3$O$_4$相

(d) Fe$_3$O$_4$的衍射花样

图 4-52 FeCrBSi 喷涂层的 TEM 微观形貌及电子衍射花样

样，虽然等离子喷涂过程中有氩气的隔离和保护，但是 FeCrBSi 熔融粒子在飞行过程中和沉积在基体表面后仍然不可避免地会与空气中的氧气发生氧化反应，生成 Fe_3O_4。

3. 等离子喷涂铁基合金涂层的残余应力分析

1）实验方法

对 FeCrBSi 涂层的表面进行固定载荷模式下的纳米压痕实验：固定载荷分别为 3mN、4.5mN、6mN、7.5mN 和 9mN。利用线切割法从 FeCrBSi 涂层的表面切下约 0.4mm 厚的薄层，使应力得到充分释放，将该薄层作为无应力的参考试样。对有应力和无应力的涂层试样表面进行了固定深度(175nm)模式下的纳米压痕实验。每个载荷和深度下至少压 20 个点，各点间隔 10μm。

对 FeCrBSi 涂层的截面上沿深度方向的 6 个不同位置(位置 1～6，各位置之间间隔 60μm)进行固定深度 175nm 的纳米压痕实验。各位置重复压痕实验至少 20 次，各压痕点之间间隔 10μm。

利用 X 射线衍射应力仪对喷涂层表面 5 个不同位置的应力进行测量，得到涂层表面的应力分布。利用剥层法对涂层进行剥层分析，以获得涂层沿深度方向的应力分布。利用腐蚀液将涂层试样逐层剥离，依次测量各新暴露表面的应力值。腐蚀剥层共 10 层，单次剥层深度约 0.05mm，累计剥层深度 0.5mm。每层进行应力测量 3 次，计算出平均值作为该层的应力值。

2）铁基合金喷涂层的表面残余应力

图 4-53 为对 FeCrBSi 涂层试样表面进行不同载荷下纳米压痕实验的载荷-位移曲线。可见，5 种不同载荷下的加载曲线可以较好地用一条曲线拟合，但卸载曲线的间隔和规律性稍差，实验的重复性不如 Fe 基激光熔覆层(图 4-37)。分析认

为，这主要与它们的微观结构差异有关，与致密的 Fe 基激光熔覆层相比，FeCrBSi 等离子喷涂层具有较多的微孔洞和微裂纹等微观缺陷，这会对载荷-位移曲线产生一定的影响，使得其实验重复性稍差。

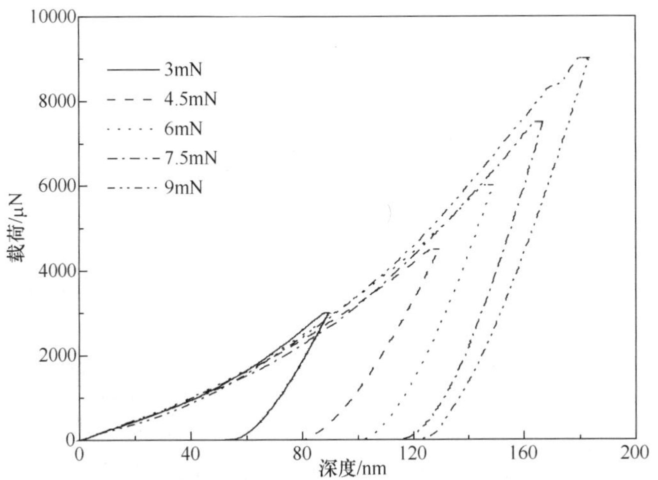

图 4-53　FeCrBSi 涂层在不同载荷下的载荷-位移曲线

图 4-54 为固定深度(175nm)模式下有应力和无应力的 FeCrBSi 涂层表面的载荷-位移曲线。可见，固定相同压入深度时，有应力涂层所需的压入载荷明显小于无应力涂层；而且与无应力涂层相比，有应力涂层在卸载过程中产生的弹性回复较小。上述现象表明，涂层表面的残余应力对压痕实验的加载和卸载过程分别起促进和阻碍作用，这证明 FeCrBSi 涂层表面存在残余拉应力[13]。

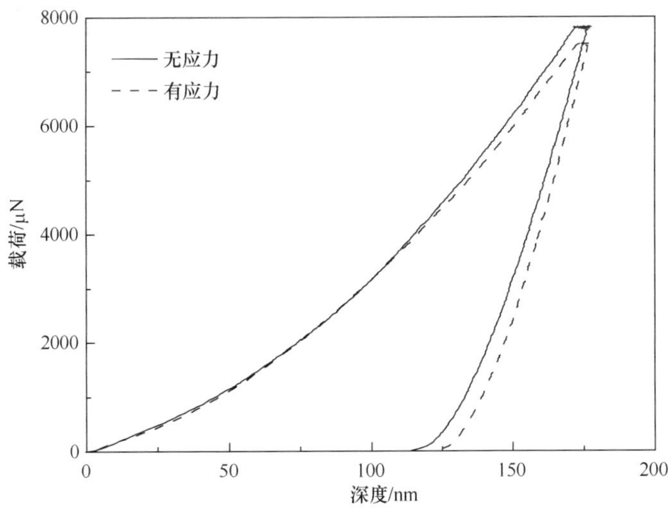

图 4-54　固定深度(175nm)模式下有应力和无应力的 FeCrBSi 涂层表面的载荷-位移曲线

图 4-55 为对有应力和无应力的 FeCrBSi 涂层进行固定深度(175nm)模式的压痕实验所得到的二维和三维压痕形貌。可见，两种涂层的压痕周围均产生了显著的凸起变形。表 4-30 为无应力 FeCrBSi 涂层在不同载荷下的 x^{avg}、h_{max} 和 h_p^{avg} 值。将得到的 x^{avg}、h_{max} 和 h_p^{avg} 值代入式(4-7)计算出 FeCrBSi 涂层在不同载荷下的 θ 值，如图 4-56 所示。在固定载荷 3mN 时，由于压入深度较小，受涂层表面微观缺陷的影响较大，使压入深度值的测量精度降低，从而导致该载荷下的 θ 值明显高于其他载荷。其他载荷下的 θ 值波动较小，在 65.2°～68.2°范围内变化。因此，将 3mN 时测量的 θ 值作为奇异点排除，取其他 4 个载荷下的 θ 的平均值为 66.9°。

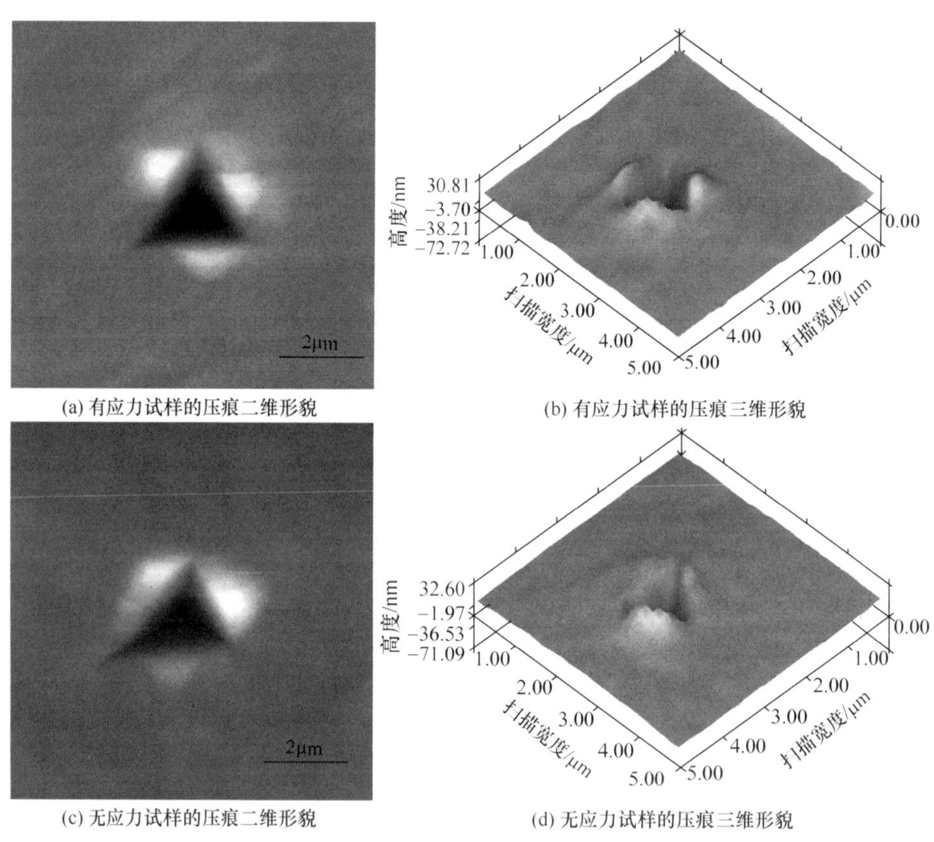

(a) 有应力试样的压痕二维形貌　(b) 有应力试样的压痕三维形貌

(c) 无应力试样的压痕二维形貌　(d) 无应力试样的压痕三维形貌

图 4-55　固定深度(175nm)模式下有应力和无应力 FeCrBSi 涂层表面的二维和三维压痕形貌

表 4-30　无应力 FeCrBSi 涂层在不同压入载荷下的 x^{avg}、h_{max} 和 h_p^{avg} 值

压入载荷/mN	x^{avg}/nm	h_{max}/nm	h_p^{avg}/nm
3	125	89	10
4.5	160	128	17

续表

压入载荷/mN	x^{avg}/nm	h_{max}/nm	h_p^{avg}/nm
6	191	145	22
7.5	225	167	28
9	251	189	35

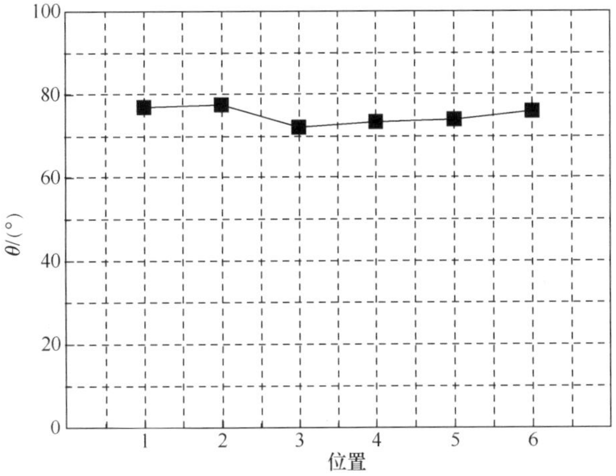

图 4-56　FeCrBSi 涂层在不同压入载荷下的 θ 值

表 4-31 为有应力和无应力的 FeCrBSi 涂层在固定深度(175nm)模式下纳米压痕实验的压痕参数。将 θ 值和表 4-31 中的压痕参数代入式(4-6)计算出有应力和无应力的 FeCrBSi 涂层在固定深度 175nm 下的真实接触面积分别为 1.68μm^2 和 1.72μm^2。将真实接触面积代入式(2-40)分别计算出有应力和无应力的 FeCrBSi 涂层的硬度分别为 4.58GPa 和 4.59GPa，可见硬度几乎不随应力值变化，取平均值得到 FeCrBSi 涂层的表面硬度约为 4.59GPa。

表 4-31　有应力和无应力的 FeCrBSi 涂层在固定深度(175nm)模式下的 x^{avg}、h_{max} 和 h_p^{avg} 值

喷涂层	压入载荷/mN	x^{avg}/nm	h_{max}/nm	h_p^{avg}/nm
有应力	7.7	236	175	30
无应力	7.9	242	175	33

通过对图 4-54 的分析，判断出 FeCrBSi 涂层的表面存在残余拉应力，将有应力和无应力的 FeCrBSi 涂层的硬度值和真实接触面积代入式(3-13)，计算出 FeCrBSi 涂层的表面残余应力约为 109MPa。图 4-57 为用 X 射线衍射法测量的 FeCrBSi 涂层表面 5 个不同位置的残余应力结果。可见，FeCrBSi 涂层表面 5 个不

同位置均存在残余拉应力，与致密的熔覆层相比，喷涂层表面的应力分布较为分散，平均值为 129MPa，可作为纳米压痕法测量结果的辅助参考。

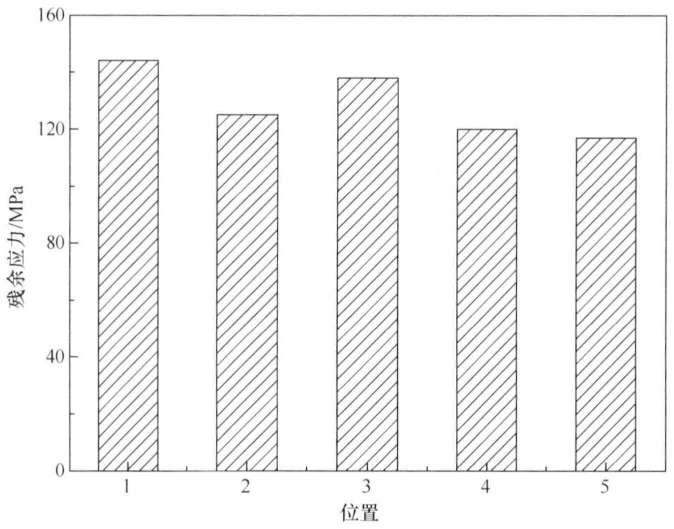

图 4-57 X 射线衍射法测量 FeCrBSi 涂层表面的残余应力结果

3）铁基合金喷涂层的截面残余应力

对于涂层截面上的残余应力测量，由于喷涂层的组织结构存在各向异性的特征，必然会导致涂层硬度的各向异性。因此，无应力的涂层表面已不再适合用作参考试样，应在截面上重新选择无应力参考点。图 4-58 为采用 X 射线衍射法测量得

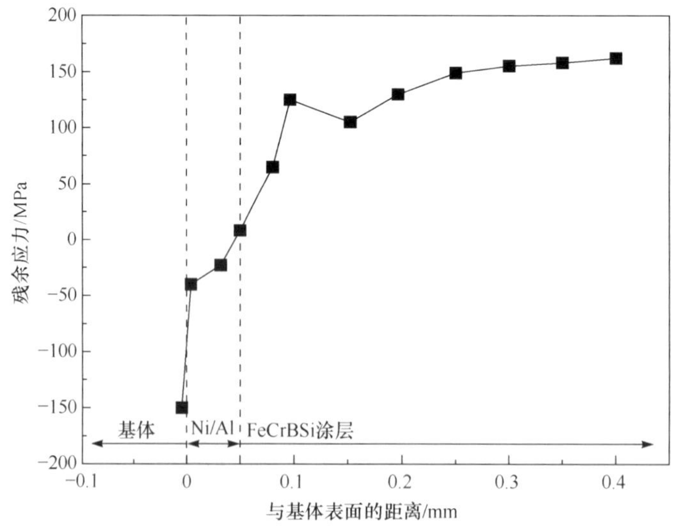

图 4-58 X 射线衍射法测量 FeCrBSi 涂层沿深度方向的残余应力分布

到的 FeCrBSi 涂层沿深度方向的残余应力分布。可见，FeCrBSi 涂层沿深度方向上均存在着残余拉应力，数值分布在 50～162MPa 范围内，而基体 45 钢中则存在残余压应力[14]。这说明 FeCrBSi 涂层的热膨胀系数大于基体 45 钢，导致涂层在冷却时的收缩程度大于基体，从而在涂层中产生拉应力。此外，残余应力值随着与基体距离的减小而减小，可见 Ni/Al 黏结层作为涂层与基体之间的过渡层，能够明显降低涂层与基体的热失配程度，从而减小因界面热失配而产生的较大残余应力。从图 4-58 中可以看出，FeCrBSi 涂层在接近其与 Ni/Al 涂层界面时的残余应力接近为零，因此选择该位置作为无应力的参考点，即位置 6。

图 4-59 为固定深度(175nm)模式下 FeCrBSi 涂层截面上 6 个不同位置的加载曲线。可见，在固定相同的深度下，涂层截面上的其他 5 个位置所需要的压入载荷均小于无应力参考点，说明喷涂层截面上的残余应力均对压头的压入过程起促进作用，这证明了 FeCrBSi 涂层截面沿深度方向上分布着残余拉应力。

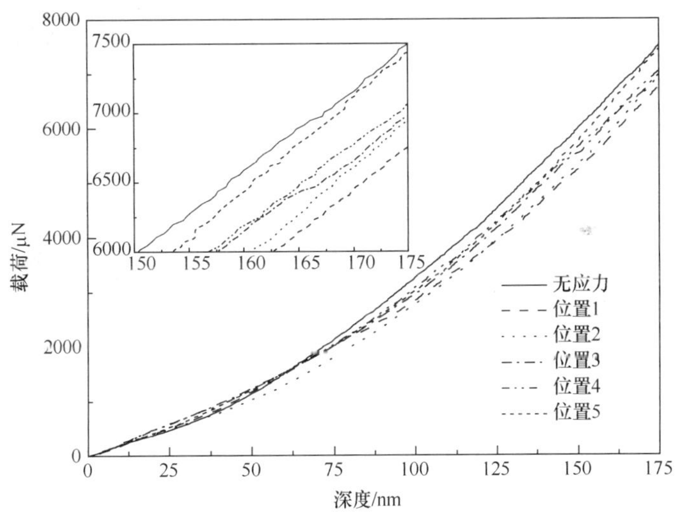

图 4-59 固定深度(175nm)模式下 FeCrBSi 涂层截面上 6 个不同位置的加载曲线

图 4-60 为固定深度(175nm)模式下 FeCrBSi 涂层截面上 6 个不同位置的卸载曲线。可见，与无应力参考点相比，涂层截面上的其他 5 个位置均相对其发生右移，即产生的弹性回复较小，可见喷涂层截面上的残余应力均对卸载时的弹性回复起阻碍作用，这进一步证明涂层截面上分布着残余拉应力。

表 4-32 为固定深度(175nm)模式下 FeCrBSi 涂层截面上 6 个不同位置的纳米压痕实验参数。将表 4-32 中的压痕参数代入式(4-7)，计算出固定深度(175nm)模式下 FeCrBSi 涂层截面上 6 个不同位置的 θ 值，如图 4-61 所示。与 FeCrBSi 涂

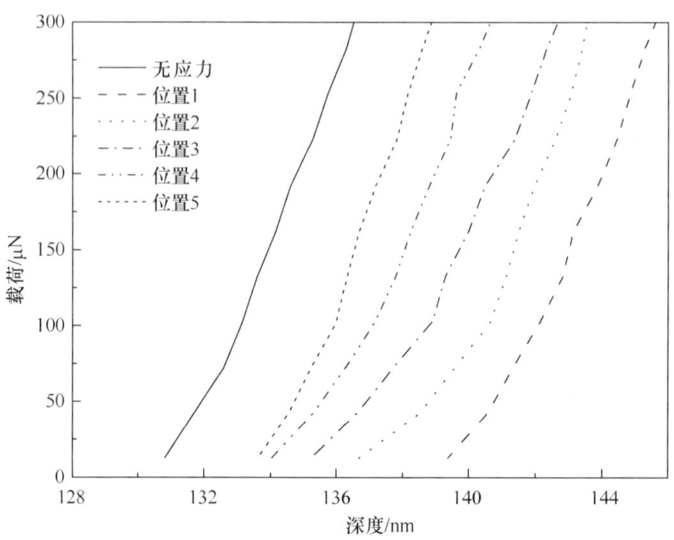

图 4-60　固定深度(175nm)模式下 FeCrBSi 涂层截面上 6 个不同位置的卸载曲线

层表面的 θ 值相比，θ 值随涂层截面上压痕位置的变化波动较大，在 72.2°～77.6°范围内变化，这与涂层截面相对较多的微观缺陷有关，取平均值得到 FeCrBSi 涂层截面的 θ 值为 75.0°，明显高于涂层表面的 θ 值 66.9°。

表 4-32　固定深度(175nm)模式下 FeCrBSi 涂层截面上 6 个不同位置的压痕参数

喷涂层	压入载荷/mN	x^{avg}/nm	h_p^{avg}/nm
无应力	7.5	282	40
位置 1	6.8	265	25
位置 2	7.0	251	29
位置 3	7.0	257	31
位置 4	7.1	263	35
位置 5	7.4	274	37

将表 4-32 中的压痕参数和 θ 值代入式(4-6)，得到固定深度(175nm)模式下 FeCrBSi 涂层截面上 6 个不同位置的真实接触面积，如表 4-33 所示。将涂层截面上 6 个不同位置的压入载荷和真实接触面积代入式(2-40)得出 FeCrBSi 涂层截面上的硬度分布，如图 4-62 所示。

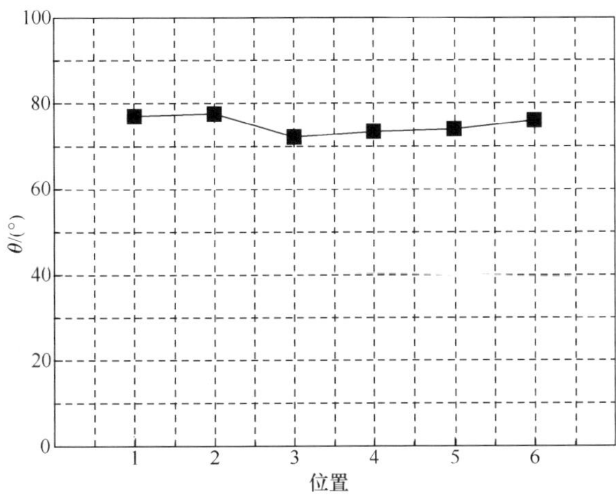

图 4-61　FeCrBSi 涂层截面上 6 个不同位置的 θ 值

表 4-33　固定深度(175nm)模式下 FeCrBSi 涂层截面上 6 个不同位置的真实接触面积

FeCrBSi 涂层截面	真实接触面积/μm^2
无应力	1.84
位置 1	1.72
位置 2	1.75
位置 3	1.77
位置 4	1.80
位置 5	1.81

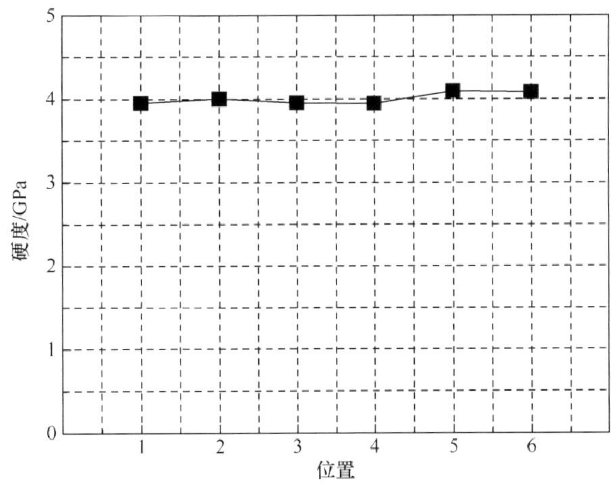

图 4-62　FeCrBSi 涂层截面上的硬度分布

由图可见，FeCrBSi涂层截面上的硬度值随压入位置的变化波动较小，分布在3.94GPa和4.09GPa之间，取平均值得到FeCrBSi涂层的截面硬度为4.00GPa，明显低于FeCrBSi涂层的表面硬度4.59GPa。上述结果表明，FeCrBSi涂层的硬度表现出各向异性的特征，这与等离子喷涂层的微观结构密切相关。相对于涂层的表面，涂层截面具有较多的微观缺陷，在纳米压痕实验过程中，这些微观缺陷会导致较大的压入深度，从而使真实接触面积值增大，使计算得到的硬度值减小。

由于FeCrBSi涂层的截面上分布着残余拉应力，将表4-32中的真实接触面积和涂层截面的平均硬度代入式(2-40)，计算出FeCrBSi涂层截面上的残余应力分布，如图4-63所示。可见，FeCrBSi涂层与基体界面处的应力近似为零，随着与界面距离的增大，涂层中的残余应力呈现出增长的趋势，这与图4-58中的X射线衍射法得到的应力变化趋势相同。等离子喷涂层的残余应力主要由淬火应力和热失配应力组成[15]。淬火应力是在喷涂过程中，后继涂层由熔点温度冷却到前一涂层时发生相变而产生的；而热失配应力是在喷涂结束后，当涂层材料由高温冷却到常温时，因基体与涂层的热膨胀系数不同而导致收缩程度不同，从而在涂层中产生热失配应力。纳米压痕法得到的残余拉应力是这两种应力的综合体现。由图4-63还可以发现，在接近涂层的表面的位置，应力达到最大值279MPa，而X射线衍射法的测量结果为162MPa，两者的测量结果差别较大，分析原因如下：

(1) 与Fe90激光熔覆层类似，采用纳米压痕法和X射线衍射法测量FeCrBSi等离子喷涂层的残余应力时，在试样制备过程中均有不同机制和不同程度的应力释放，从而导致两种实验样品中的残余应力本身就存在一定的差异。并且，采用X射线衍射法测量残余应力时，对于成分相对复杂的FeCrBSi等离子喷涂层，采用

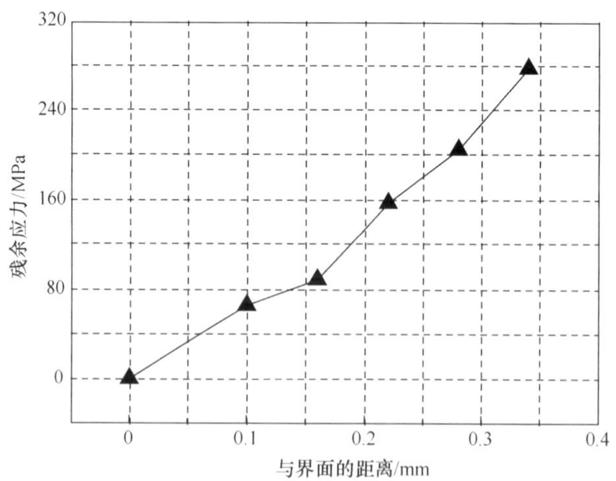

图4-63　FeCrBSi涂层截面上的残余应力分布

Fe 的应力常数进行计算会引入一定的误差，从而影响测量结果的准确性。

(2) X 射线衍射法只能测量晶体材料的应力，而 XRD 测量结果显示，FeCrBSi 等离子喷涂层中含有一定的非晶成分，这必然会给 X 射线衍射法的测量结果带来一定的误差。因此，X 射线衍射法并不能作为验证纳米压痕法测量结果的标准，只能作为辅助参考。

(3) FeCrBSi 等离子喷涂层的截面微观缺陷(微孔隙、微裂纹等)相对较多，当压痕位置靠近微观缺陷时，压痕深度的测量值将会偏大，从而会影响真实接触面积的测量结果，最终导致测得的残余应力值产生一定的误差。

可见，对于微观缺陷较少的涂层表面，纳米压痕法可以较为精确地确定涂层表面的残余应力状态和大小；对于微观缺陷较多的喷涂层截面，纳米压痕法可以用于确定涂层内部的应力状态，并得到大致的分布规律，而残余应力值的测量结果可能存在一定的误差。因此，在进行纳米压痕实验之前，用纳米压痕仪上配置的光学显微镜选择压痕区时尽量避开微观缺陷以减小测量误差。

4.2.3　微弧等离子熔覆层的残余应力研究

对于等离子熔覆层，其残余应力的产生有两个来源：一个是微观内在的应力源，是熔覆沉积自身的过程必然产生的；另一个是宏观热应力，是由涂层与基体之间热膨胀系数的差别引起的，由于热膨胀系数的不同，熔融粒子结晶变形时受到基体材料的限制，涂层-基体组成的系统中便不可避免地产生了残余应力。熔覆层中残余应力的性质和大小与下列因素有关：涂层与基体材料之间热膨胀系数的差别、熔覆工艺参数、工件的形状结构以及涂层的厚度等[16-19]。

1. 微弧等离子熔覆层的制备

用于微弧等离子熔覆的基底材料为 Q235 钢，其尺寸为 160mm×120mm×6mm，表面经过磨削后的粗糙度约为 $R_a=0.8\mu m$。微弧等离子熔覆使用的为 Fe314 自熔性合金粉末，属于铁基自熔剂合金粉末，以铁为主，同时掺杂了铬、硼、硅等元素，其具体的化学成分如表 4-34 所示。合金粉末的粒度为 106～180μm。使用装甲兵工程学院自制的等离子熔覆设备，具体的实验参数如表 4-35 所示。

表 4-34　Fe314 自熔性合金粉末的具体化学成分

元素	C	Cr	Ni	B	Si	Fe
质量分数/%	0.1	15	10	1.0	1.0	余量

表 4-35 微弧等离子熔覆实验参数

参数	取值
电流	120A
电压	22V
扫描速度	1.75mm/s
保护气体	Ar
送粉气流量	2.2g/min
离子气体流量	5L/min
保护气流量	10L/min
等离子弧长度	7mm

熔覆结束后获得的熔覆层厚度约为 2mm。使用型号为 DK7732Z 的电火花数控线切割机将平板试样切割为尺寸为 25mm×15mm×8mm 的小块。在不同温度(500℃、600℃和 800℃)下,对熔覆层进行退火处理。对熔覆层表面进行打磨处理,随后在抛光机上进行抛光处理。进行组织结构观察的试样,使用王水溶液对熔覆层表面进行腐蚀处理。

使用 Philips Quanta 200 型扫描电子显微镜观察熔覆层表面的组织结构,使用 X 射线能谱仪分析熔覆层表面的元素成分;使用 D/MAX-2500 型 X 射线衍射仪分析熔覆层的相结构;使用 XP 型纳米压痕仪,运用连续刚度法测量熔覆层的力学性能和残余应力。

2. 微弧等离子熔覆层的组织结构

图 4-64 给出了不同温度下退火后微弧等离子熔覆 Fe314 涂层表面的微观组织。微弧等离子熔覆 Fe314 涂层的微观组织是由白色树枝状的基体以及分布其间的黑色共晶组织共同组成[20]。其中,共晶组织多呈棒状,随着退火温度的提高

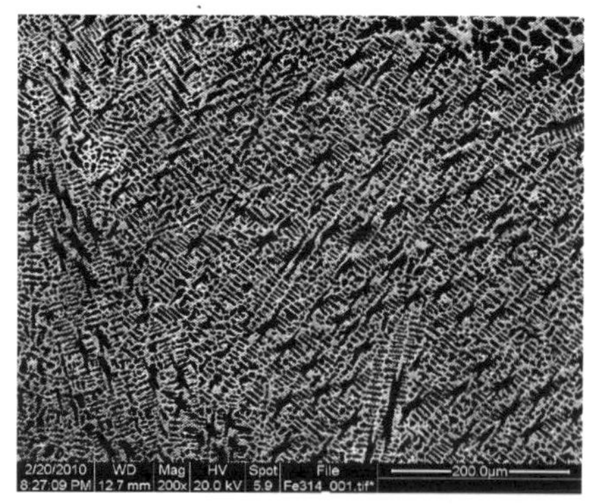

(a) 未处理涂层

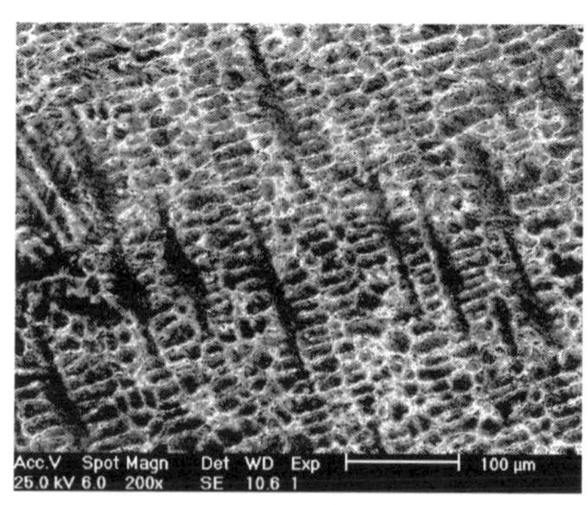

(b) 500℃退火

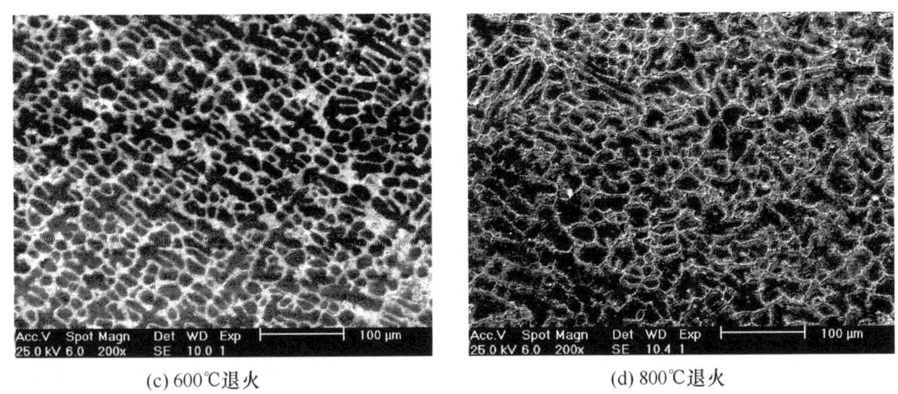

(c) 600℃退火　(d) 800℃退火

图 4-64　不同热处理温度下的微弧等离子熔覆 Fe314 涂层的表面形貌

逐渐转变为层片状，正是这种组织结构使得熔覆涂层具有了较高的强度和耐磨性[21-24]。与未进行热处理的熔覆层比较后发现，退火后的涂层虽然共晶组织的形态发生了变化，但固溶体基体中并未出现新的析出物质。

图 4-65 给出了不同温度退火后微弧等离子熔覆 Fe314 涂层表面的 X 射线衍射图谱。分析表明，未经处理的熔覆层主要由 γ-(Fe，Cr，Ni)固溶体基体以及 Cr_7C_3、铁的碳化物等组成。从表 4-34 中可以发现，Fe314 粉末中含有大量的合金元素，这些合金元素使得马氏体转变温度降低，扩大了奥氏体的稳定区间，因而在微弧等离子熔覆条件下不易形成马氏体，由此可以推断白色枝晶体为奥氏体基体。

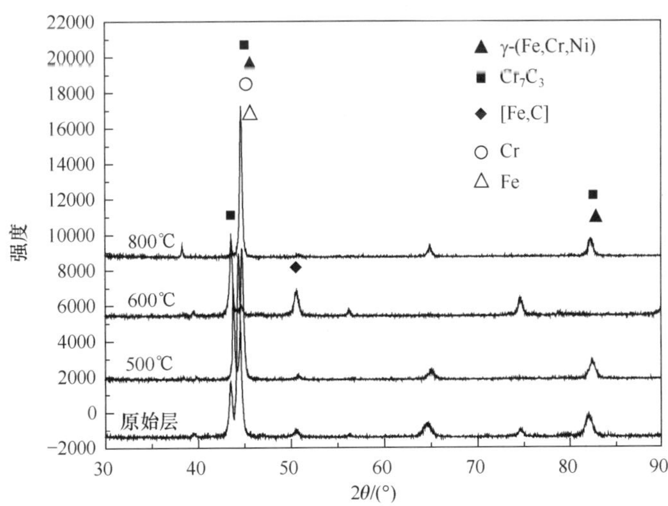

图 4-65　不同温度退火处理后微弧等离子熔覆 Fe314 涂层的 X 射线衍射图谱

同时，由图 4-65 中可以看出，500℃退火后的涂层与未处理熔覆层的 X 射线衍射谱线特征峰的位置基本一致，只是衍射峰的强度出现变化。这表明，经 500℃退火后，熔覆层中的物相并未发生改变，只是各物相的含量稍有变化。随着退火温度的提高，各元素原子的活动能力都有增强，最初固溶于基体中的 Cr、Fe 等元素开始逐渐析出。由图中可以看出，在 600℃退火处理后，涂层中出现了[Fe,C]化合物。800℃退火处理后，涂层中出现了 Fe 和 Cr 的单质，Cr 元素的析出意味着 Cr_7C_3 的分解，这些元素的析出也使得基体的过饱和度下降，固溶强化效果降低。

在熔覆层的相关区域上各取若干点，使用扫描电镜自带的能谱仪进行元素成分的能谱分析，结果如表 4-36 所示。在 500℃、600℃和 800℃进行退火处理后，基体和共晶组织的成分没有明显的改变。

表 4-36　不同温度退火处理后微弧等离子熔覆 Fe314 涂层的元素能谱分析结果

元素		Si	Cr	Fe	Ni	C
原始层	亮区/%(质量分数)	0.58	27.21	65.00	7.21	—
	暗区/%(质量分数)	1.07	15.58	74.00	9.36	—
500℃退火	亮区/%(质量分数)	—	21.97	72.14	5.88	—
	暗区/%(质量分数)	—	12.29	81.17	6.54	—
600℃退火	亮区/%(质量分数)	0.80	23.92	67.80	6.97	—
	暗区/%(质量分数)	1.25	15.15	76.42	8.43	—
800℃退火	亮区/%(质量分数)	—	18.21	72.91	4.78	2.76
	暗区/%(质量分数)	1.14	11.55	80.54	6.76	—

3. 微弧等离子熔覆层的力学性能

为了获得涂层沿深度方向上整体的力学性能分布情况，使用纳米压痕仪进行连续刚度法测量。

图 4-66～图 4-68 给出了连续刚度法测量不同退火温度处理后熔覆层的载荷、硬度、弹性模量随压痕深度的变化情况，设定最大压痕深度为 1500nm。可以看到，无论是硬度还是弹性模量，在压痕深度较浅时都会表现出明显的压痕尺寸效应[25-28]，即力学性能值随着压痕深度的增加而减小。

连续刚度法是基于 O&P 方法进行力学性能的计算（未考虑材料的凸起现象，力学性能的计算结果可能偏大），可以看到，当压痕深度小于 800nm 时，涂层的硬度值随着退火温度的升高而下降，弹性模量值则随着退火温度的升高而增加，并且弹性模量在小范围内波动较硬度明显。可以得到微弧等离子熔覆 Fe314 涂层的硬度在 4.3GPa 左右，而弹性模量在 200GPa 左右。

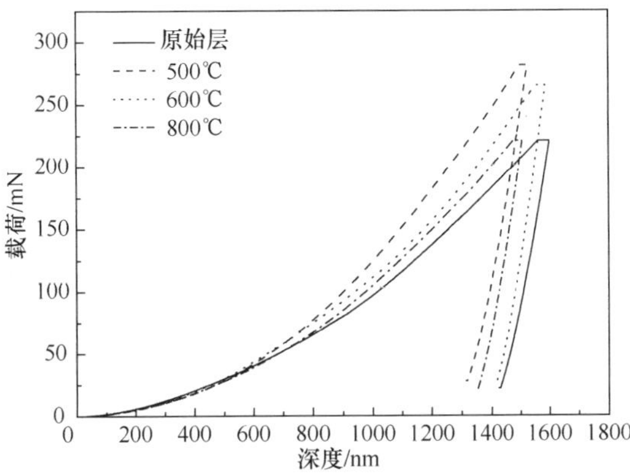

图 4-66 CSM 得到的不同退火温度处理后 Fe314 涂层表面的载荷随压痕深度的变化

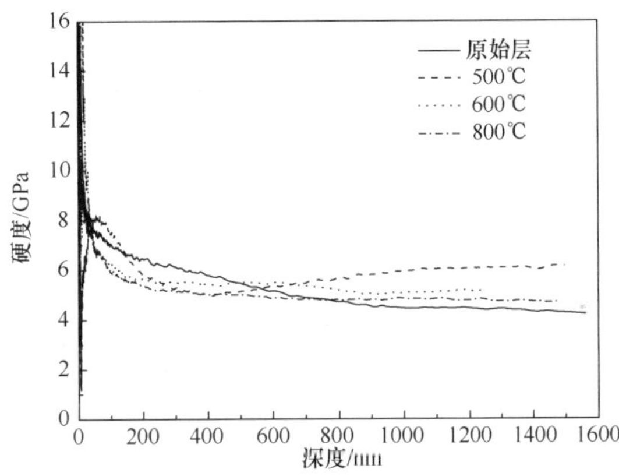

图 4-67 CSM 得到的不同退火温度处理后 Fe314 涂层的硬度随压痕深度的变化

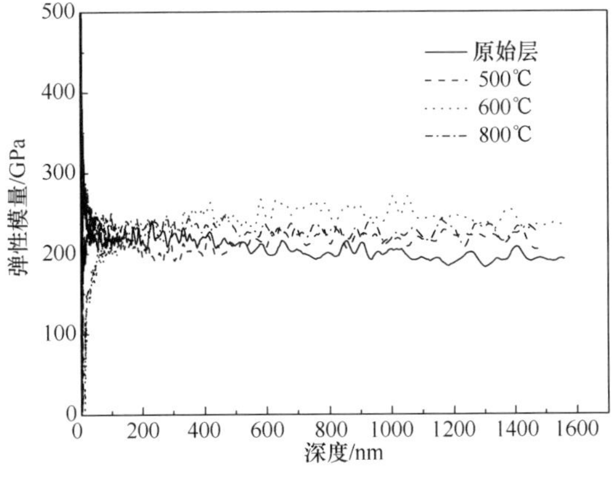

图 4-68 CSM 得到的不同退火温度处理后 Fe314 涂层的弹性模量随压痕深度的变化

4. 微弧等离子熔覆层的残余应力分析

将制备获得的微弧等离子熔覆 Fe314 涂层试样平均分为四组，第一组保持原熔覆状态，编号为 1#；其他三组分别为 500℃、600℃、800℃退火后的熔覆层，编号分别为 2#、3# 和 4#。分别使用 400#、600#、800#、1000#、1200# 砂纸对所有试样的熔覆层表面进行打磨处理，随后在抛光机上进行抛光处理。使用纳米压痕仪 XP 系统对微弧等离子熔覆 Fe314 涂层(包括 1# 未处理、2# 500℃退火、3# 600℃退火、4# 800℃退火)进行了固定压痕深度分别为 200nm、350nm、610nm、860nm、1050nm 的压痕实验；另外对 1# 和 3# 试样进行了固定载荷为 20mN、50mN、100mN、150mN、200mN 的压痕实验，将 2# 经过 600℃退火的试样作为无应力状态样品。利用 Suresh 模型及 Lee 模型进行固定压痕深度及固定载荷的残余应力计算。

对载荷-位移曲线进行分析计算，结果如表 4-37～表 4-42 所示。将两种压痕模型的残余应力测量结果，绘制出不同涂层残余应力随压入深度及载荷的变化，分别如图 4-69、图 4-70 及图 4-71 所示。

表 4-37　1# 未处理熔覆层不同压痕深度时的力学性能

h_{max}/nm	P_{max}/mN	H/GPa	A_c/nm^2	E_r/GPa	E/GPa
200	5.752	6.02	955393	128.63	131.84
350	20.04541	6.06	3306488	185.32	201.15
610	50.09795	5.20	9637543	130.10	133.43
860	100.1798	5.42	18465575	117.83	119.51
1050	150.0908	5.31	28250417	129.51	132.86

表 4-38　1# 未处理熔覆层不同压痕深度时的残余应力

h_{max}/nm	加载曲线的拟合方程	残余应力 σ_r/MPa	
		Suresh 模型	Lee 模型
200	$P=0.00092h^{1.66192}$	−973	−1508
350	$P=0.00255h^{1.53305}$	−426	−1207
610	$P=0.00136h^{1.64239}$	−183	−903.7
860	$P=0.00072h^{1.75681}$	−177	−1063
1050	$P=0.00033h^{1.87632}$	−98	−995

表 4-39　1# 未处理熔覆层不同载荷时的力学性能

P_{max}/mN	h_{max}/nm	H/GPa	A_c/nm²	E_r/GPa
20	345.950	5.542	3403435	299.932
50	576.490	5.346	9198972	220.594
100	866.492	5.11	18559528	179.886
150	1065.031	4.886	30569886	167.322
200	1273.571	4.564	28250417	156.574

表 4-40　1# 未处理熔覆层不同载荷时的残余应力

P_{max}/mN	加载曲线的拟合方程	残余应力 σ_r/MPa	
		Suresh 模型	Lee 模型
20	$P=0.00124h^{1.66554}$	−1740	—
50	$P=0.00101h^{1.71944}$	−3477	—
100	$P=0.00026h^{1.77547}$	−4746	—
150	$P=0.00016h^{1.97661}$	−2560	—
200	$P=0.00025h^{1.91059}$	−2850	—

表 4-41　2# 500℃退火熔覆层不同压痕深度时的力学性能

h_{max}/nm	P_{max}/mN	H/GPa	A_c/nm²	E_r/GPa	E/GPa
200	5.757	6.55	1039138	163.75	173.84
350	13.082	6.04	3242141	167.78	178.85
610	42.385	5.01	10032783	149.1	155.96
860	67.551	4.86	20079340	147.27	153.77
1050	108.171	5.5	29235310	141.03	146.34

表 4-42　2# 500℃退火熔覆层不同压痕深度时的残余应力

h_{max}/nm	加载曲线的拟合方程	残余应力 σ_r/MPa	
		Suresh 模型	Lee 模型
200	$P=0.00187h^{1.55094}$	−982.8	−1512
350	$P=0.0019h^{1.58114}$	−184	−1033
610	$P=0.00094h^{1.69768}$	−547.5	−1180
860	$P=0.00044h^{1.82289}$	−768.8	−1421
1050	$P=0.00162h^{1.65404}$	−788.35	−1451

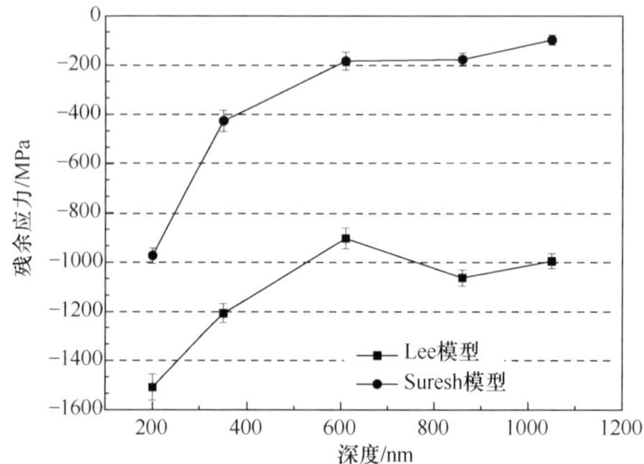

图 4-69　不同压痕模型计算 1# 未处理熔覆层残余应力随压痕深度的变化

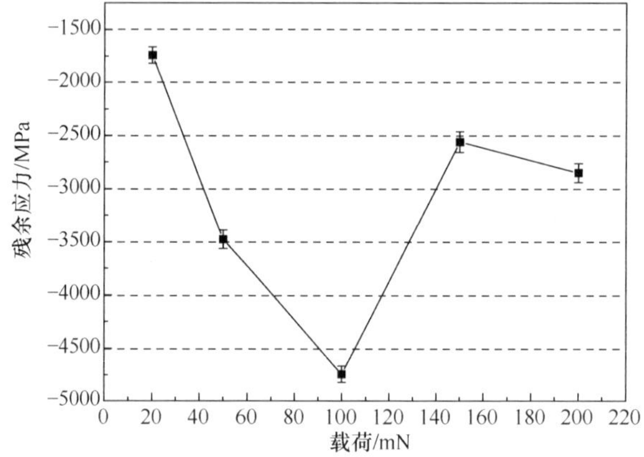

图 4-70　Suresh 模型计算 1# 未处理熔覆层残余应力随载荷的变化

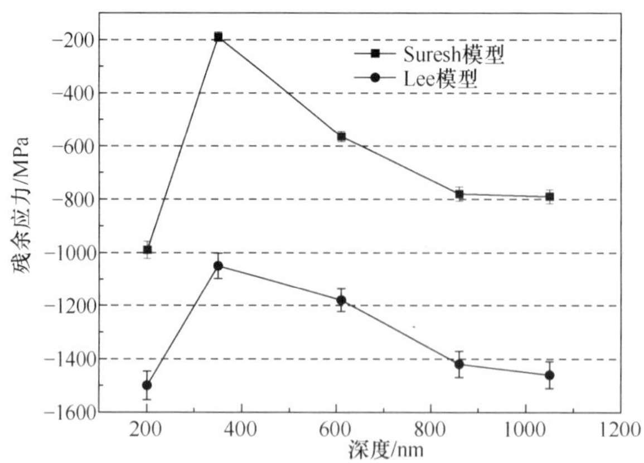

图 4-71　不同压痕模型计算 2# 500℃退火熔覆层残余应力随压痕深度的变化

利用 X 射线衍射法对 Fe314 涂层的残余应力进行辅助测量，测量了微弧等离子熔覆 Fe314 涂层及不同退火处理后涂层的表面残余应力，结果如图 4-72 所示。微弧等离子熔覆 Fe314 涂层的表面呈现残余压应力，量值约为(－544±20)MPa，经过 500℃退火后，残余应力值略有上升，这是因为在此退火温度下处理后，涂层发生了二次硬化现象，新产生的残余应力，使整体的残余应力较原始熔覆层增加。另外，随着退火温度的继续上升，涂层的残余压应力明显减小，600℃退火后涂层的残余应力最小。

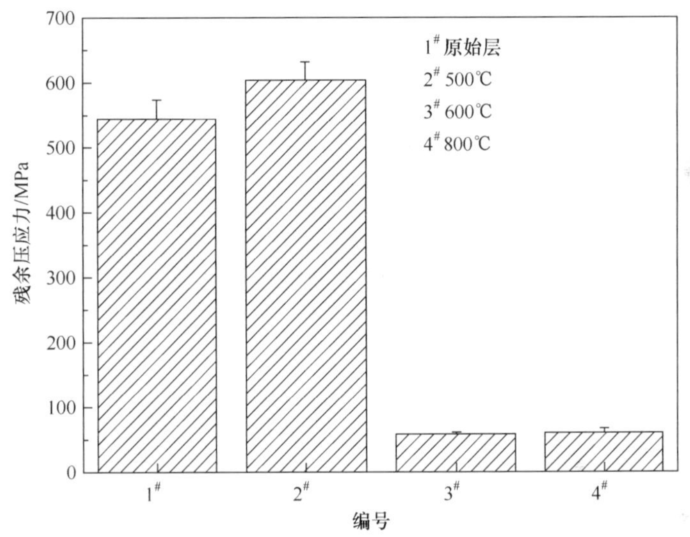

图 4-72　X 射线衍射法测量的不同温度退火处理后 Fe314 涂层残余压应力

从图 4-69 中可以看出，与 X 射线衍射法得到的测量结果一致，原始熔覆层中整体呈现压应力。无论使用哪种模型进行计算，表面处(压痕最浅 200nm 处)的压应力都是最大的，这可能是由于试样制备过程中打磨抛光等过程对表面施加压力的结果。另外，两种模型计算的残余应力沿压入深度的变化趋势基本一致，即随着压入深度的增大，残余压应力减小并逐渐趋于平稳。还可以发现，使用 Lee 模型计算的残余应力要远大于使用 Suresh 模型计算的结果，使用 Suresh 模型计算的结果在数值大小上与 X 射线衍射法得到的结果更为接近。

图 4-70 为使用 Suresh 模型中的固定载荷法测量得到 1# 未处理熔覆层残余应力随载荷的变化情况，涂层内部的残余压应力随着载荷的增加迅速增加，在 100mN 左右处达到最大值，随后逐渐减小并趋于平衡。该结果与图 4-69 的结果呈现较大差异，同时与 X 射线衍射法的测量差距也较大，因此可以推断在使用 Suresh 压痕模型计算残余应力时，选择固定深度法能更加准确地反映出材料真实残余应力的变化情况。

从图 4-71 可以看到，与 1# 未处理熔覆层的测量结果相似，500℃退火后涂层整体仍呈现压应力，同时，最大压应力仍然存在于表面处，这说明涂层的制备方法对涂层残余应力的测量有着不可忽视的影响。另外，与图 4-69 不同的是，对于500℃退火涂层，随着压入深度的增大，涂层中的残余压应力显著增大，当压入深度达到 800nm 后，涂层的残余压应力趋于稳定。同时可以发现，使用 Lee 模型计算的结果仍明显大于使用 Suresh 模型计算的结果，说明造成这种差距的原因不在于涂层材料的变化，而在于模型本身的不同。具体来说，可能归结于模型过程中假设条件的建立，Suresh 模型中假设卸载过程中的力不变，而 Lee 模型则假设为线性卸载过程。

4.2.4　复合电刷镀 n-Al_2O_3/Ni 涂层的残余应力研究

电刷镀层中的内应力是由电沉积过程中不平衡的结晶过程所致，它在无外加负荷作用时存在于镀层的内部。通常电刷镀层中的内应力分为宏观应力和微观应力：宏观应力存在于镀层内部，而微观应力是指存在于镀层中晶粒内部的应力。电刷镀层中残余应力的产生与下列因素有关：基体金属的材料、电刷镀工艺参数（包括电压、电流密度、镀笔移动速度等）、工件和镀液的温度、镀液组成成分、镀层厚度等[29,30]。

1. 复合电刷镀 n-Al_2O_3/Ni 涂层的制备

基体材料为 45 钢，其尺寸为 25mm×15mm×8mm，经过时效处理硬度为55HRC 左右。表面经过磨削后的粗糙度约为 R_a=0.8μm。电刷镀使用的镀液为 n-Al_2O_3/Ni 复合电刷镀液，主要成分如表 4-43 所示。Al_2O_3 颗粒的粒度为 30～40nm；溶液的 pH 为 7.46，耗电系数为 0.079A·h/(dm^2·μm)。复合电刷镀的过程如表 4-44 所示（在第 1、2、3 步之间都使用蒸馏水冲刷涂层表面）。镀笔与待镀试样表面的相对速度为 10m/min，镀层的最终厚度约为 40μm。

表 4-43　n-Al_2O_3/Ni 复合电刷镀液的主要成分

成分	含量/(g/L)
$NH_3 \cdot H_2O$	103
CH_3COONH_4	23
$(NH_4)_3C_6H_3O_7$	55
$NiSO_4 \cdot 7H_2O$	250
$(COONH_4)_2 \cdot H_2O$	0.1
n-Al_2O_3	20

表 4-44 复合电刷镀的操作步骤及参数

步骤	处理	溶液	极性	电压/V	时间/min
1	电净	电净液	正接	12	1
2	活化 2	2# 活化液	反接	12	0.5
3	活化 3	3# 活化液	反接	20	0.5
4	预镀 Ni	特殊 Ni 溶液	正接	12	2
5	复合镀	n-Al_2O_3/Ni 溶液	正接	12	30

2. 复合电刷镀 n-Al_2O_3/Ni 涂层的组织结构

图 4-73 和图 4-74 分别给出了复合电刷镀 n-Al_2O_3/Ni 涂层的表面和截面形貌。由图中可以看出，复合电刷镀层表面由平均直径 20μm 左右的菜花头状微凸体构成，分布有一定的孔隙率，宏观表现平整、光滑，无气孔，无局部组织粗大及发毛现象，同时镀层组织呈现绒布状，不具备反光性。观察镀层的截面（即将这些菜花头状组织剖开），可以发现菜花头即为一个树枝晶的顶端，且复合镀层表现的树

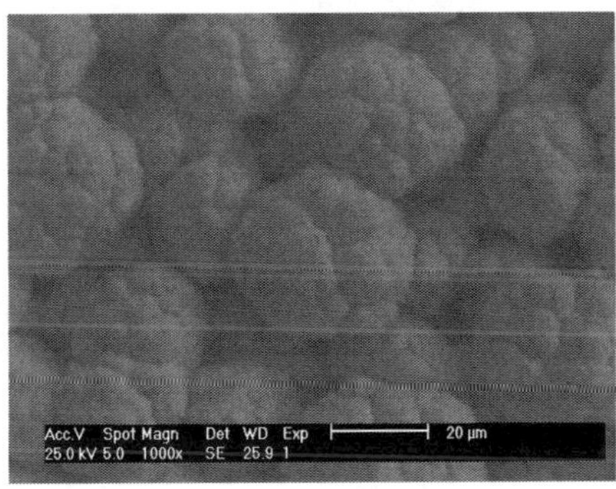

图 4-73 复合电刷镀 n-Al_2O_3/Ni 涂层的表面形貌

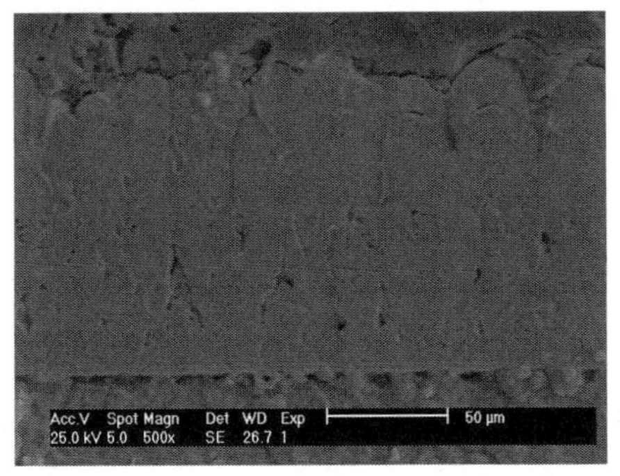

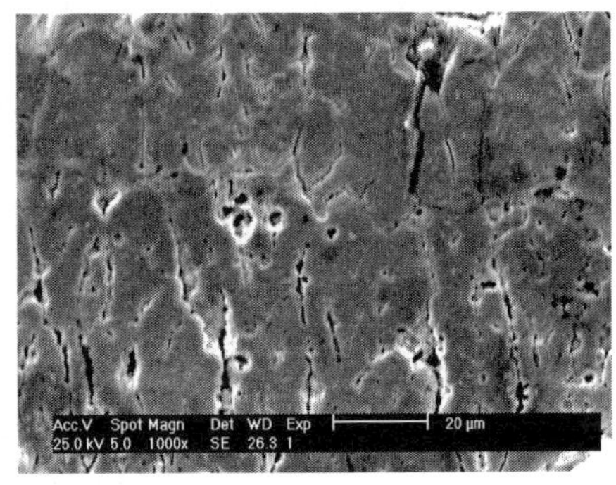

图 4-74 复合电刷镀 n-Al_2O_3/Ni 涂层的截面形貌

枝晶较小，每个树枝晶的内部又有更小的树枝晶，均由很细的层状结构组成，相互间结合紧密，使得镀层表面平整致密。这种组织形貌的形成，是由纳米颗粒的特性决定的，纳米颗粒本身具有很高的比表面积，其表面活性很高，在与金属镍离子共同沉积的过程中，成为晶粒生长的核心，增大了沉积过程中的形核率；同时，这些纳米尺寸的颗粒又弥散分布在镀层中阻碍镀层晶粒的长大，起到了弥散强化的作用。

使用X射线衍射仪分析原始刷镀层及退火后镀层的衍射图谱如图4-75所示。根据图4-75的结果，镀层晶粒尺寸便可根据谢乐公式求出：

$$D_{hkl}=K\lambda/(\cos\theta\cdot\beta_{hkl})\tag{4-13}$$

式中，θ为掠射角；β为半峰宽；K值取0.89；λ为X射线的波长，取值为0.15406nm。通过计算便可以得到复合电刷镀层的晶粒尺寸，其中退火前晶粒尺寸为10nm，退火后晶粒尺寸增长到32nm，说明在400℃进行的退火操作使得镀层的晶粒长大，而对比得知衍射角的位置未发生明显改变，说明退火过程中未出现明显的晶格畸变。

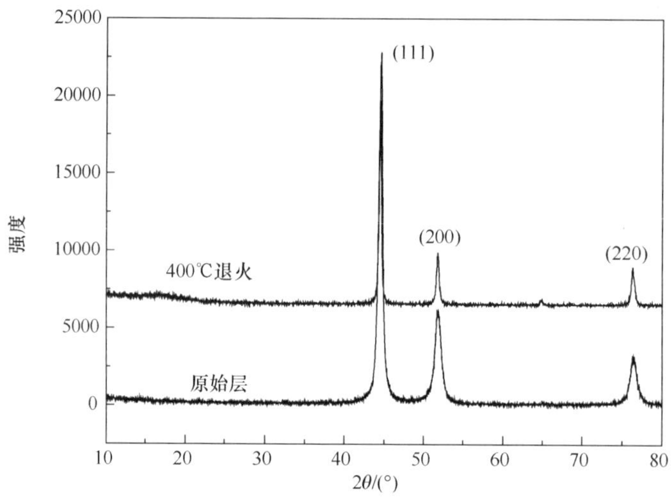

图4-75　退火前后复合电刷镀 n-Al_2O_3/Ni 涂层的X射线衍射图谱

3. 复合电刷镀 n-Al_2O_3/Ni 涂层的力学性能

为了获得涂层沿深度方向上整体的力学性能分布情况，使用纳米压痕仪进行了连续刚度法测量。

分别对原始刷镀涂层以及退火涂层进行最大深度为150nm的连续刚度实验。得到的加载曲线、硬度和弹性模量分别如图4-76、图4-77和图4-78所示。由图4-76可以看出，当最大压痕深度为150nm时，退火后的加载曲线明显右移，说明原始刷镀层中存在压应力。由图 4-77 可以看出，与原始刷镀层相比，退火层的硬度减小，但分布规律不变，且减小幅度较小，原始刷镀层的硬度大概在 10GPa 左右，退火后降至 7GPa 左右。由图 4-78 可以看出，弹性模量沿深度变化存在明显的尺寸效应，同时退火前后的弹性模量值随着压痕深度的增加逐渐趋于一致，弹性模量值约为 210GPa，说明较硬度而言，退火处理对弹性模量的影响不大。

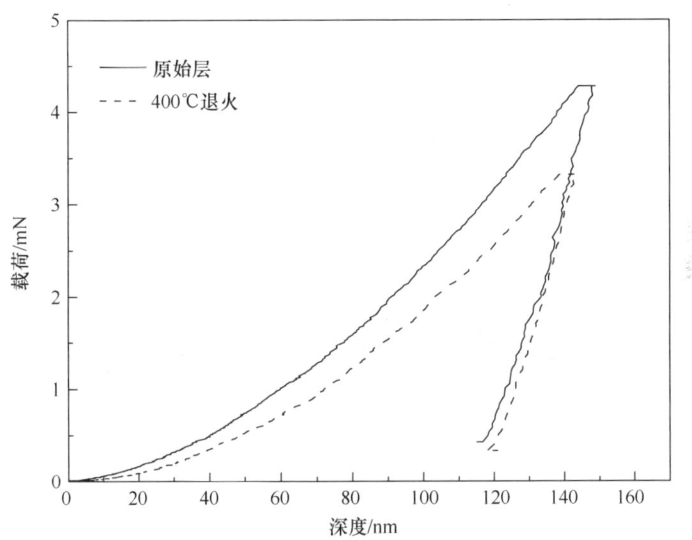

图 4-76　CSM 测量得到的退火前后复合电刷镀层的载荷随深度的变化

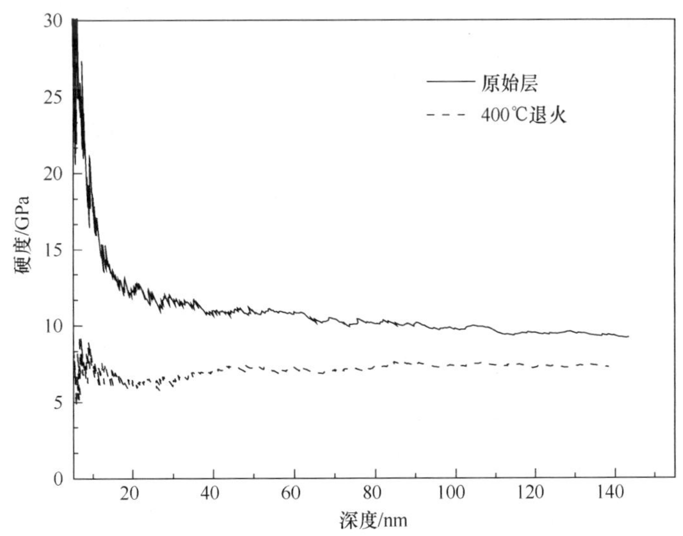

图 4-77　CSM 测量得到的退火前后复合电刷镀层的硬度随深度的变化

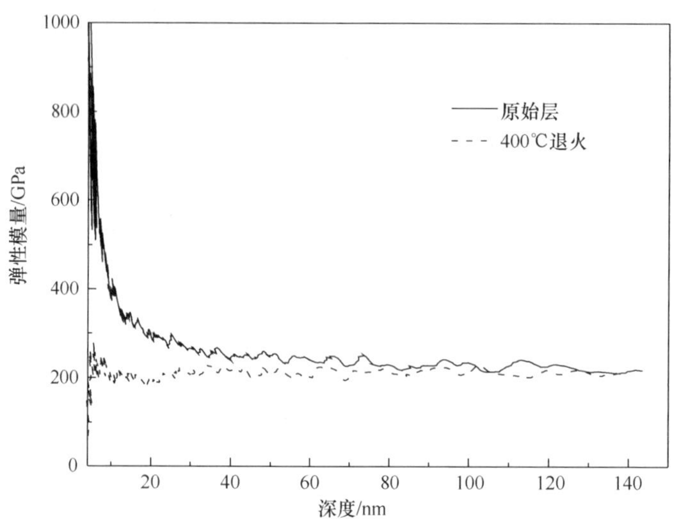

图 4-78　CSM 测量得到的退火前后复合电刷镀层的弹性模量随深度的变化

4. 复合电刷镀 n-Al_2O_3/Ni 涂层的残余应力分析

使用纳米压痕仪 XP 系统对复合电刷镀 n-Al_2O_3/Ni 涂层(包括 1# 未处理、2# 400℃退火)进行了固定压痕深度(100nm、150nm、200nm、250nm、300nm)的实验。将 2# 经过 400℃退火的试样作为无应力状态试样。利用 Suresh 模型和 Lee 模型进行残余应力的计算。

用 Suresh 模型及 Lee 模型计算出固定不同压痕深度的残余应力和力学性能的结果如表 4-45、表 4-46 所示。

表 4-45　400℃退火复合电刷镀 n-Al_2O_3/Ni 涂层不同压痕深度时的残余应力

h_{max}/nm	加载曲线的拟合方程	残余应力 σ_r/MPa	
		Suresh 模型	Lee 模型
100	$P=0.0025h^{1.47784}$	791.323	−138.4
150	$P=0.0023h^{1.51604}$	−133.506	−168.7
200	$P=0.0094h^{1.72743}$	−902.553	−613.4
250	$P=0.0015h^{1.60036}$	54.731	64.4
300	$P=0.0023h^{1.51665}$	28.69	10.68

表 4-46 复合电刷镀 n-Al_2O_3/Ni 涂层不同压痕深度时的力学性能

h_{max}/nm	P_{max}/mN	H/GPa	A_c/nm^2	E/GPa
100	2.411	10.30	218784	166.06
150	4.712	8.33	565334	142.76
200	8.692	8.75	993190	158.12
250	10.528	6.27	1679204	134.15
300	12.981	5.35	2427322	112.35

图 4-79 为 X 射线衍射法测量的退火前后复合电刷镀 n-Al_2O_3/Ni 涂层残余压应力。复合电刷镀 n-Al_2O_3/Ni 涂层残余应力约为(−710 ± 26)MPa，经 400℃退火后，残余应力值减小为(−79±6)MPa，说明 400℃的退火处理可以显著降低复合电刷镀 n-Al_2O_3/Ni 涂层内部的残余应力，同时证明在使用压痕模型计算涂层残余应力时，选用 400℃退火后的复合电刷镀层作为无应力参考试样是合适的。

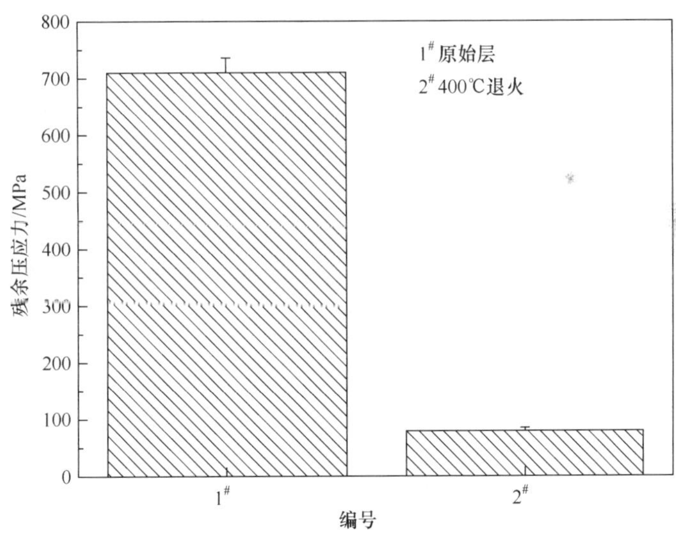

图 4-79 X 射线衍射法测量的退火前后复合电刷镀 n-Al_2O_3/Ni 涂层残余压应力

根据表 4-44 和表 4-45 得到不同压痕模型计算的复合电刷镀 n-Al_2O_3/Ni 涂层的残余应力随压痕深度的变化，如图 4-80 所示。两种模型计算的残余应力仅在涂层表面压痕较浅处有较大区别，随着压痕深度的增大，残余压应力增大，在 200nm 处应力达到最大值。根据电刷镀层的强化机理可以推断，该深度处微缺陷聚集，阻碍了位错的移动，导致该深度处的硬度值明显增大。当压痕深度超过 200nm 后，残余压应力逐渐转变为拉应力，并且趋于稳定。考虑到压痕实验涂层的制备过程，由于电刷镀层表面的粗糙度较大，所以需要进行砂纸打磨和抛光处理，这一过程会对涂层表面施加一定的压力，很可能导致压应力的产生。从这个角度看，Lee 模型的结果更符合实际情况。另外，两种模型计算的电刷镀层 200nm 附近的残余应力与 X 射线衍射法测得的残余应力都较为接近。

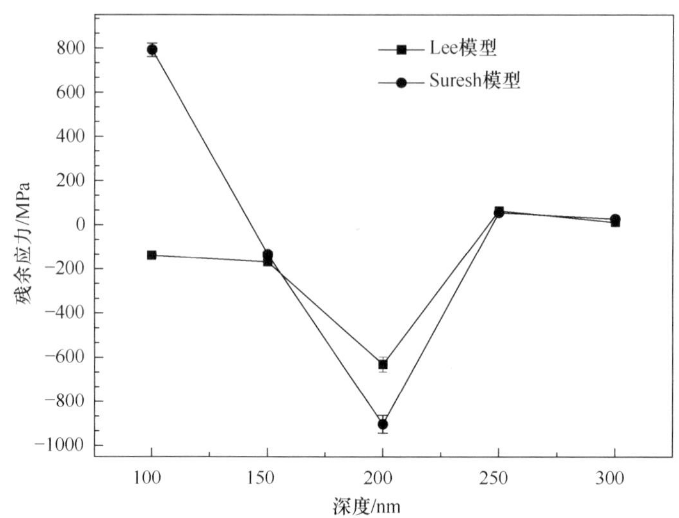

图 4-80　不同压痕模型测得的复合电刷镀 n-Al_2O_3/Ni 涂层残余应力随压痕深度的变化

4.3　薄膜的残余应力研究

4.3.1　磁控溅射 Cu 膜的残余应力研究

薄膜材料体积小、可靠性高，已成为微电子机械系统不可或缺的部分，在国防、航空航天、通信、汽车制造等领域有着广泛的应用。薄膜材料的力学性能决定着其服役可靠性和使用寿命，但由于薄膜与基底之间的本征性能存在差异，往往导致薄膜内应力集中和微观变形。而残余应力的存在会对疲劳强度、静力强度等力学性能产生很大影响，进而导致构件的变形、脆性破坏及应力腐蚀开裂等。

在一定的膜厚范围内，薄膜的微结构和应力相互影响，并随薄膜厚度变化显著。采用纳米压痕测试技术与光学相移技术，考察了磁控溅射工艺制备的 Cu 膜厚度对内部残余应力演化特征的影响，并分析了薄膜微结构和残余应力的关联性。

1. 磁控溅射 Cu 膜的制备

在单面抛光的单晶 Si(100)和双面抛光的 NaCl 基底上，采用直流磁控溅射方法制备 4 种不同厚度的金属铜薄膜。制备前 Si 基底经高纯度丙酮清洗之后，采用 Ar 离子溅射清洗数分钟，NaCl 单晶片只用 Ar 离子清洗。磁控溅射的本底真空度

为 2×10^{-4}Pa，直流偏压为 20V，氩气压强为 0.5Pa，溅射速率为 20nm/min。溅射靶材为纯度 99.9999%的 Cu 靶。制备的样品厚度分别为 100nm、500nm、1000nm 和 2000nm。将 NaCl 作为衬底的试样，放于自制的薄膜支架中，在去离子水与酒精的混合溶液中去除衬底，得到自支撑薄膜，用作无应力参考试样与透射电镜分析样品。

2. 磁控溅射 Cu 膜的微观结构

采用原子力显微镜（AFM）分析薄膜的表面形貌与粗糙度，利用透射电镜（TEM）和 X 射线衍射仪（XRD）对 Cu 膜的微观结构与相组成进行表征。

图 4-81 为不同厚度 Cu 膜的 AFM 形貌。薄膜表面呈现出大小不一的山丘状表面岛。厚度为 100nm 时表面岛的密度最大，岛的平均尺寸为 65nm，表面粗糙度为 0.85nm（图 4-81(a)）。随着薄膜厚度的增加，山丘状表面岛尺寸明显增大，表面粗糙度也逐渐增大。在薄膜厚度为 500nm 时，表面岛的尺寸为 100nm 左右，表面粗糙度为 1.83nm（图 4-81(b)）。在薄膜厚度为 1000nm 时，表面岛的尺寸为 130nm，表面粗糙度为 4.04nm（图 4-81(c)）。在薄膜厚度为 2000nm 时，表面岛的尺寸和表面粗糙度分别为 230nm 和 13.1nm（图 4-81(d)）。随着薄膜厚度的不断增大，表面生长呈现出动态粗化行为。

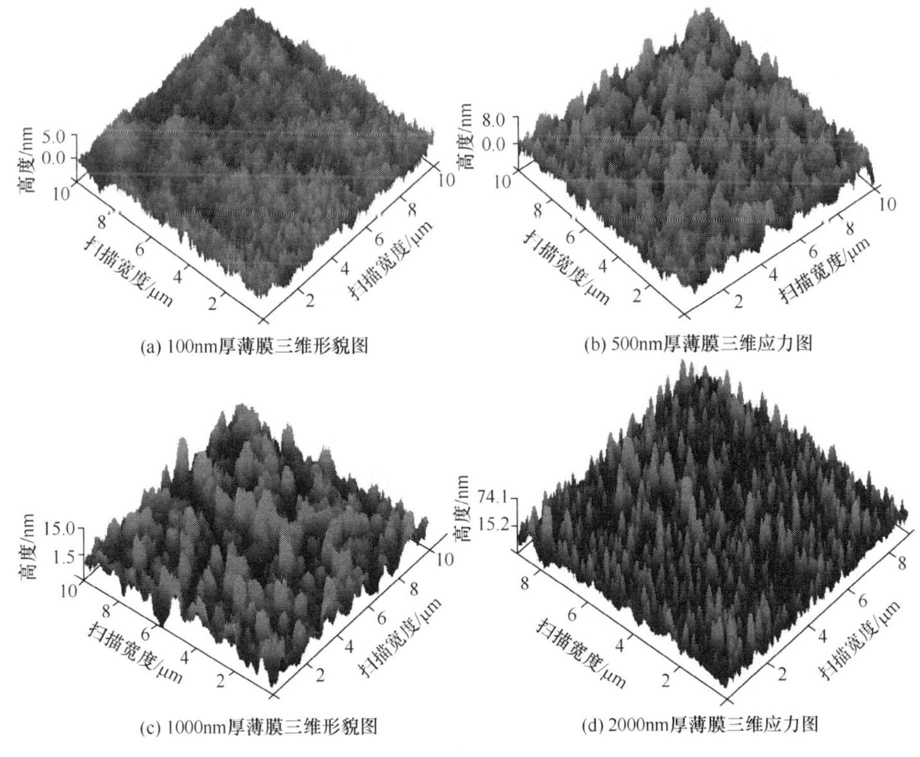

图 4-81　不同厚度 Cu 膜的 AFM 形貌

对 Cu 膜进行的 X 射线衍射分析表明，薄膜呈强 Cu(111)择优取向，如图 4-82 所示，这是由于面心立方结构的 Cu(111)面的表面自由能最低。这也与 Weihnacht 和 Bruckner 的计算相符合：当薄膜厚度很薄时，表面能和界面能的最小化将起主导作用，导致(111)取向晶粒优先长大。而且，在衍射角度 43.42°处的(111)衍射峰和 50.61°处的(200)衍射峰随着薄膜厚度的增加而增高，而其他衍射角度下衍射峰的强度则没有变化。因此，溅射薄膜的厚度只能影响薄膜内的晶化程度，而对膜内晶体的生长取向没有影响。

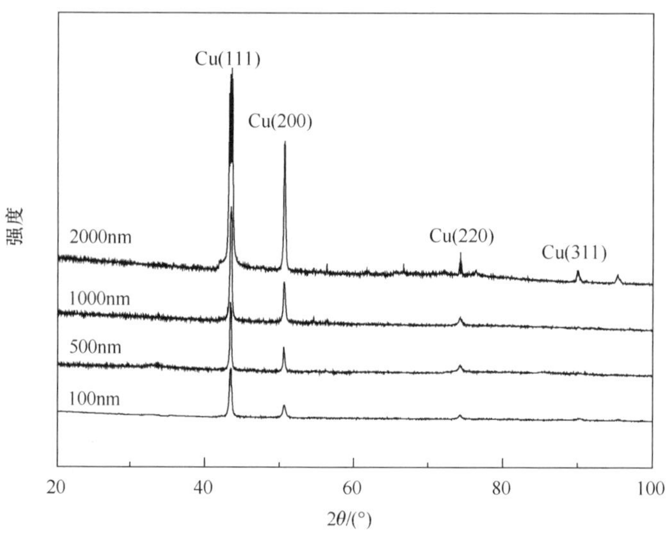

图 4-82　不同厚度 Cu 膜的 XRD 衍射图谱

图 4-83 为 2000nm 厚薄膜 TEM 明场像及相应的 SAED 图。可以看出，薄膜呈多晶态，晶粒均匀，且晶界较明显。晶粒尺度为纳米级，约为 40nm，且晶格间距

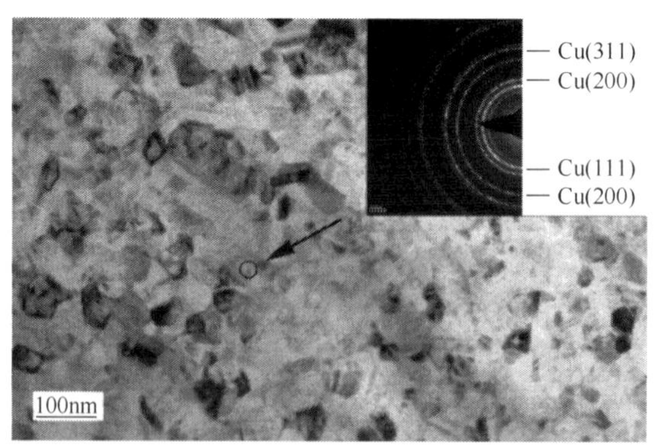

图 4-83　Cu 膜 TEM 明场像及相应的 SAED 图

约为0.2nm。通过衍射花样的标定分析，结果与X射线衍射法的测量结果相符合，薄膜择(111)晶向生长。

3. 磁控溅射Cu膜的力学性能

图4-84为利用连续刚度法测量的2000nm厚薄膜的硬度和弹性模量与压痕深度之间的关系，可以得到，硬度为2.45GPa，弹性模量为131.31GPa。由图可见，硬度和弹性模量随深度的变化趋势大致相同，且弹性模量和硬度有随压痕深度增加而变大的趋势，逐渐接近基体性质，这是典型的软膜/硬基材料的力学性能变化规律。

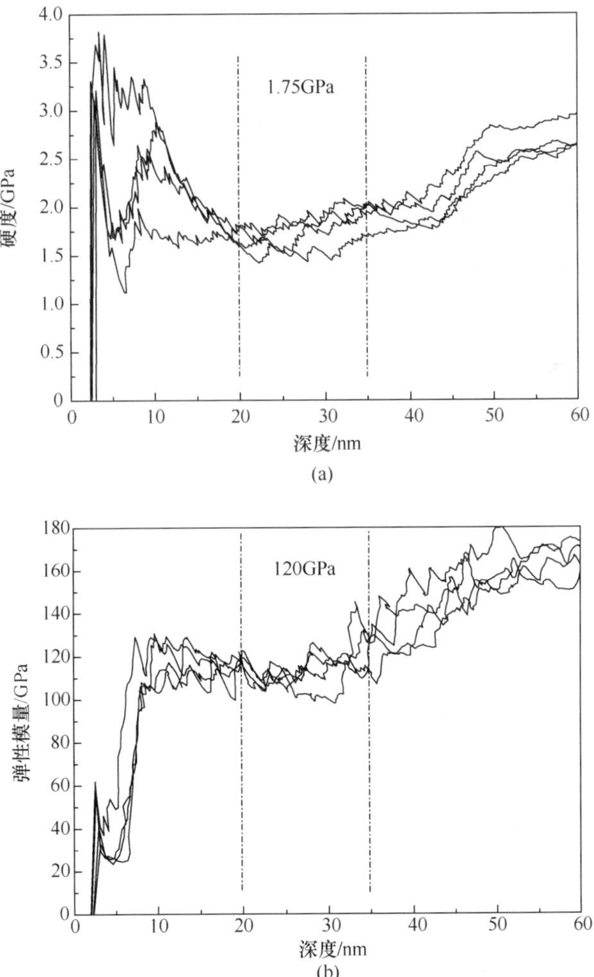

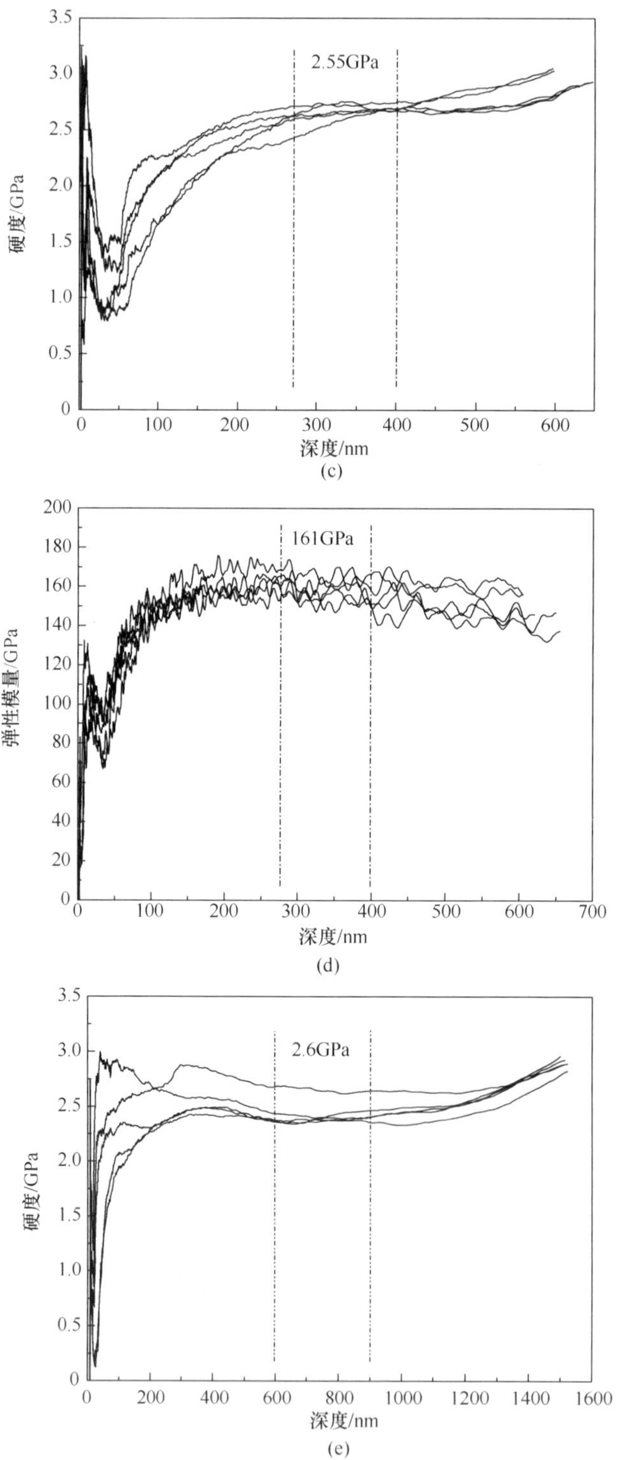
2.55GPa
硬度/GPa
深度/nm
(c)
161GPa
弹性模量/GPa
深度/nm
(d)
2.6GPa
硬度/GPa
深度/nm
(e)

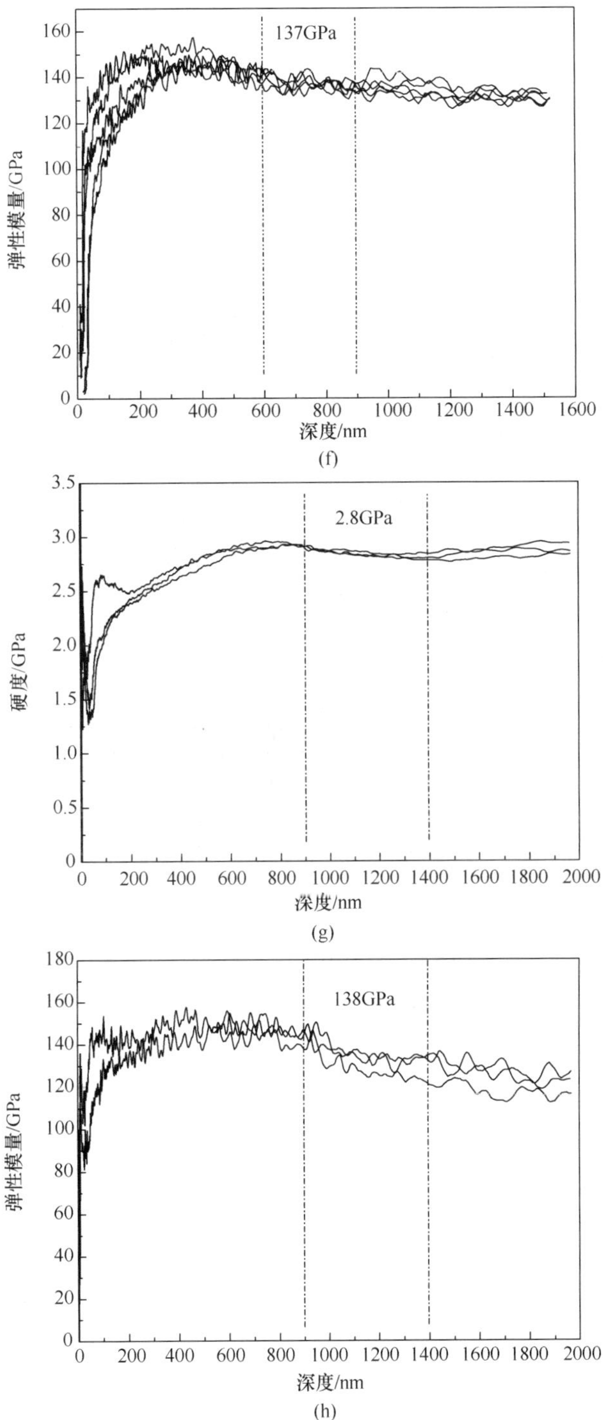

图 4-84　2000nm 厚薄膜的硬度与弹性模量随压痕深度的变化

4. 磁控溅射 Cu 膜的残余应力分析

图 4-85 是利用曲率法对不同厚度的 Cu 膜在 Φ44.5mm 选区测得的残余应力分布三维图像。薄膜的平均应力 S_{avg}、最小应力 S_{min} 和最大应力 S_{max} 值见表 4-47。由表 4-47 数据，结合图 4-85 可以看出，磁控溅射制备的 Cu 膜在所选区内全场平均应力随着膜厚的增加而增大，薄膜的平均应力开始为压应力，后来转变为拉应力。其分布范围大致从 −20.030GPa 增加到 1.881GPa。而且，Cu 膜的残余应力最大值与最小值的差值随膜厚的增加而呈下降趋势，说明磁控溅射制备 Cu 膜的残余应力分布随膜厚的增加趋于均匀。

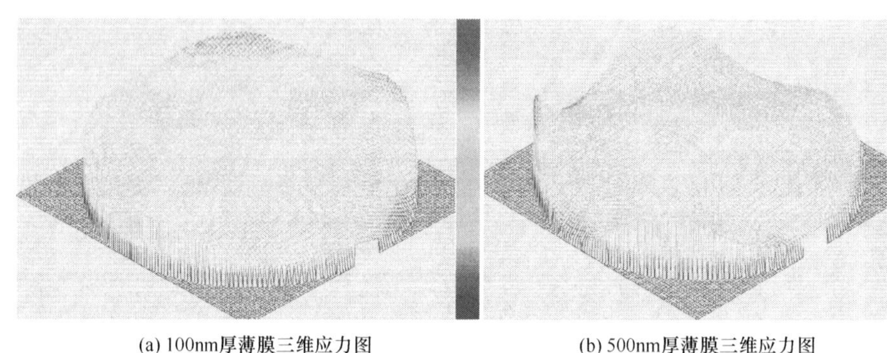

(a) 100nm厚薄膜三维应力图　　(b) 500nm厚薄膜三维应力图

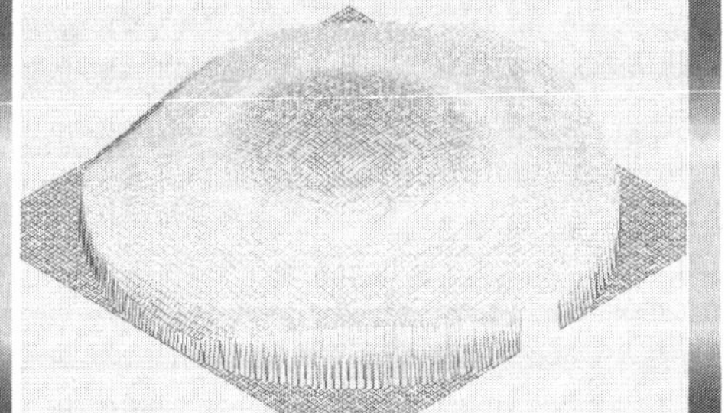

(c) 1000nm厚薄膜三维应力图　　(d) 2000nm厚薄膜三维应力图

图 4-85　不同厚度薄膜应力图

表 4-47　不同厚度 Cu 膜的残余应力

薄膜厚度/nm	100	500	1000	2000
S_{avg}/GPa	−11.394	−0.354	0.527	1.881
S_{min}/GPa	−36.821	−4.627	−3.785	−1.190
S_{max}/GPa	4.132	2.753	2.858	3.014

图 4-86 为无应力和有应力的 2000nm 厚薄膜在压痕深度 200nm 时的载荷-位

移曲线，通过计算可以发现，无应力试样的硬度和弹性模量分别为 2.295GPa 和 49.421GPa，有应力试样的硬度和弹性模量分别为 2.388GPa 和 131.311GPa。此薄膜试样为软膜/硬基材料，基底的存在会使薄膜的硬度增大，当去除基底时，硬度会稍有降低。该实验中，无应力试样的弹性模量降低很多，一是由于无应力试样是在 NaCl 上溅射沉积的薄膜，与有应力试样相比，薄膜生长的基底不同，会对弹性模量产生一定的影响；二是基底去除后，薄膜较薄，内部拉应力释放，位错滑移重组，微裂纹等微观缺陷减少，弹性模量降低。

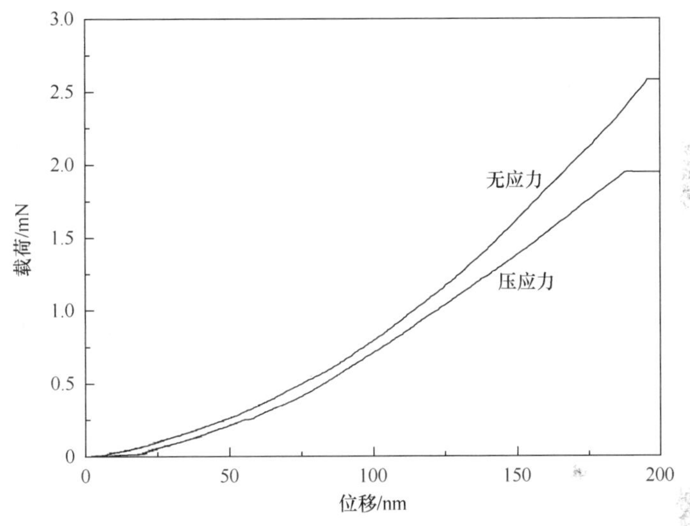

图 4-86　无应力和有应力的 2000nm 厚薄膜在 200nm 压深下的载荷-位移曲线

与无应力状态相比，有应力薄膜所需要的压入载荷较大，说明所选择压入点的周围存在残余压应力。利用 Suresh 模型进行计算得到应力的大小为－1.09GPa，该值介于利用曲率法测量的残余应力的最大值 3.014GPa 和最小值－1.190GPa 之间，说明纳米压痕法可以测量薄膜的残余应力，而计算中没有考虑压入过程引起的凸起变形，所以计算的结果有一定的误差，但是纳米压痕法还是可以定性地反映薄膜内部的残余应力情况。

结合前面的 XRD 与 TEM 对 Cu 膜微结构的分析，不同厚度 Cu 膜的微结构有明显的差异，这对薄膜的残余应力产生很大的影响。由图 4-82 中不同厚度 Cu 膜的 XRD 图谱得到 Cu 的晶面间距 d、衍射峰的半高宽 FWHM 以及由 Scherrer 公式计算的平均晶粒尺寸 D 如表 4-48 所示。从表 4-48 与图 4-82 可看出，制备的 Cu 膜呈多晶状态，物相没有变化，晶体结构仍为面心立方。在薄膜厚度较小时，薄膜结晶程度较差，Cu 晶粒较小；随着膜厚的增加，Cu 衍射峰变得越来越平滑尖锐，说明 Cu 晶粒结晶现象明显，晶粒尺寸随膜厚增加而增大，Cu 膜结晶越来越好。

表 4-48　不同厚度 Cu 膜的晶粒尺寸

薄膜厚度/nm	$d(111)$/Å	FWHM/(°)	D/nm
100	2.08489	0.216	39.1444
500	2.08375	0.181	46.7146
1000	2.08373	0.172	49.7423
2000	2.08240	0.165	51.2401

Cu 膜结构随厚度的变化表明，在膜很薄时，膜中存在缺陷并含有大量的小晶粒，与块状材料相比，薄膜的晶粒比表面积较大。随着膜厚增加，Cu 膜晶粒长大，缺陷减少。衍射峰强度增强表明再结晶增强，再结晶是通过晶界扩散使晶粒长大，晶粒比表面积变小而拉应力变大，从而使内力松弛，Cu 膜的残余应力减小。

4.3.2　磁控溅射 Ti 膜的残余应力研究[31]

1. 磁控溅射 Ti 膜的制备与表征

1）溅射功率对 Ti 膜的影响

衬底材料选取单面抛光的 Si(100)基片，因为单晶硅片(100)面衍射峰与 Ti 的衍射峰不会出现重叠，对 Ti 膜表面形貌和显微硬度的测量不会产生明显影响。

Ti 膜的沉积工艺为：氩气流量 200sccm，偏压 200V 清洗 3min；镀膜时，溅射压强 0.88Pa，溅射室内温度 200℃，沉积时间 0.5h，沉积功率分别选用 50W、100W、300W、500W。使用三维电子显微镜测得所制备薄膜厚度约为 0.3μm。

不同溅射功率下薄膜的沉积速率曲线如图 4-87 所示。从图中可知，在保持工作压强、沉积真空度、沉积温度及沉积时间不变的情况下，Ti 膜的沉积速率和溅射功率之间为线性关系，因此可证明直流磁控溅射制备 Ti 膜过程具有较高的稳定性。

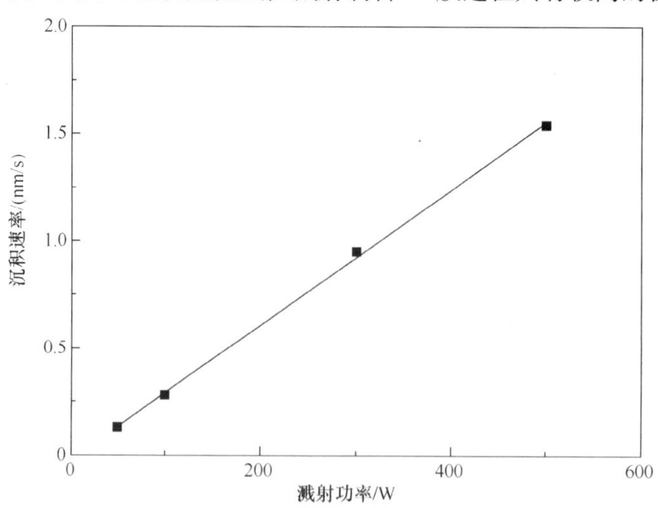

图 4-87　不同溅射功率下薄膜的沉积速率曲线

图4-88是溅射功率为100W、300W和500W时制备得到的Ti膜的SEM形貌图。溅射功率为100W时，Ti膜表面光滑均匀；而300W时，因沉积功率增大，薄膜表面不平整，出现明显的凹坑；当功率达到500W时，薄膜表面已有部分区域被击穿，出现了空洞缺陷。因此，选用溅射功率为100W作为工艺参数基准进行系统实验。图4-89为0.88Pa、100W条件下获得的Ti膜的表面形貌和能谱图。

(a) 100W (b) 300W (c) 500W

图4-88 不同溅射功率下Ti膜的表面形貌

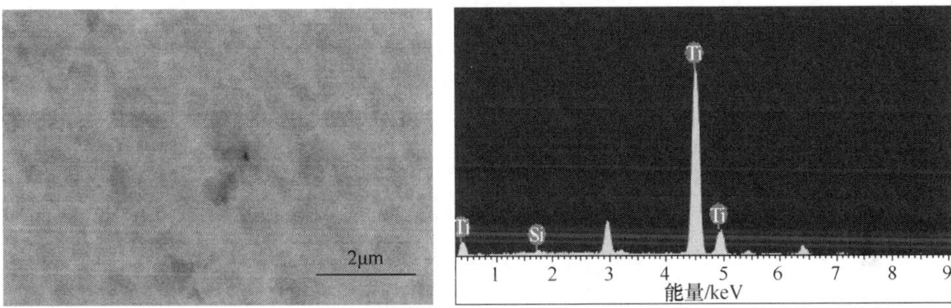

(a) 表面形貌图 (b) 能谱图

图4-89 溅射功率为100W时Ti膜的表面形貌和能谱图

从图4-89(a)中可以看出，薄膜表面分布着大小均匀的晶粒，表面较平整致密，呈胞状。结合图4-89(b)和表4-49分析发现，所沉积制备的薄膜中，Ti元素的原子百分比为98.93%，其余元素为Si，因此可证明在该工艺下通过直流磁控溅射得到的为纯Ti膜。

表4-49 能谱成分

元素	质量分数/%	原子分数/%
Si K	0.63	1.07
Ti K	99.37	98.93
总量	100.00	100.00

使用 OLS400 型激光三维电子显微镜 OLYMPUS 对溅射制备的 Ti 膜厚度进行测量，测量结果如表 4-50 所示。表中的测量位置选在 Ti 膜与 Si 基片的结合处，并选取 4 个参考点进行测量，如图 4-90 画线部分所示，以 4 点平均值作为薄膜最终厚度，约为 1.2μm。

表 4-50　厚度测量结果统计

编号	高度/μm	宽度/μm	长度/μm	角度/(°)
1	1.23	98.379	98.387	0.721
2	1.205	98.379	98.386	0.702
3	1.197	98.375	200.601	0.354
4	1.201	98.375	200.601	0.403

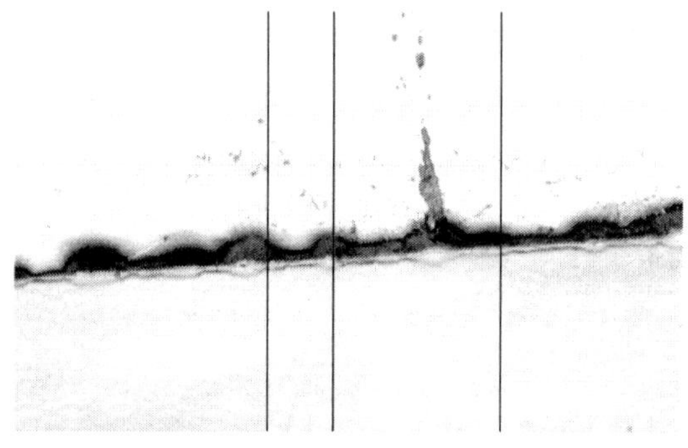

图 4-90　Ti 膜厚度测量示意图

2）基底温度对 Ti 膜的影响

Ti 膜的沉积工艺为：背底真空度 5×10^{-3} Pa，溅射压强 0.88Pa，沉积功率 100W，沉积偏压 −100V，沉积时间 2h。研究不同基底温度对薄膜形貌和成分的影响，分别选取基底温度为 200℃、300℃、400℃和 460℃。实验所制备的 4 种不同基底温度的 Ti 膜 AFM 形貌如图 4-91 所示。

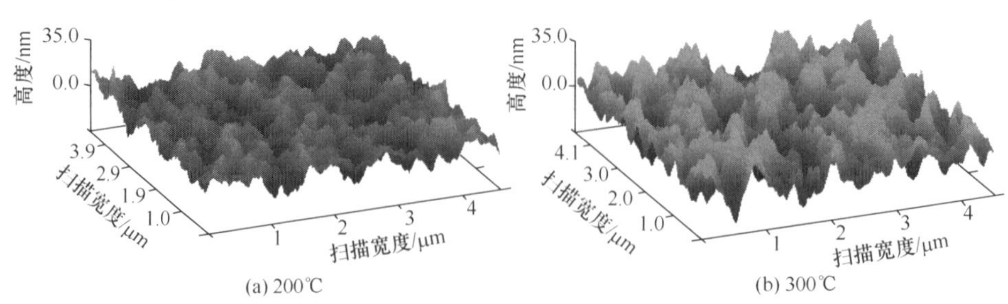

(a) 200℃　　(b) 300℃

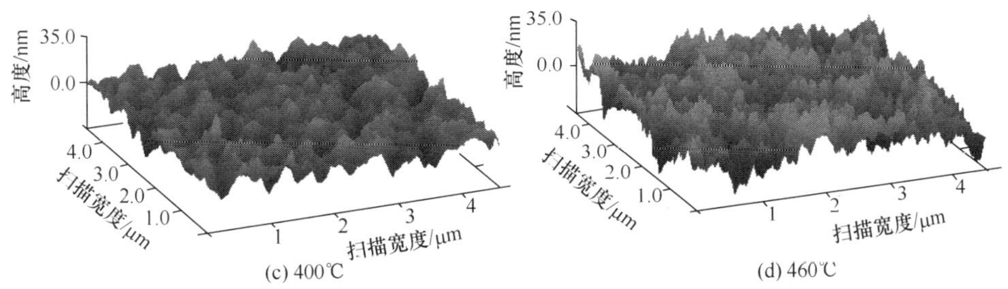

图4-91 不同基底温度下Ti膜的表面形貌

可以看出，不同温度下制备出的薄膜表面形貌和粗糙度是不同的，当温度低于200℃时，随着沉积温度的升高，薄膜表面变得更加致密，晶粒逐渐增大但晶粒大小不一，达到某一温度后晶粒开始细化，晶粒大小变得更加均匀，在基底温度为460℃时，得到了表面平整、晶粒间排列较为紧密的薄膜。其中，薄膜表面粗糙度随温度升高先增大后减小，由此可以发现，薄膜粗糙度与薄膜中的晶粒大小存在密切关系。

根据不同基底温度下Ti膜表面结晶形貌的变化以及粗糙度的变化，结合薄膜生长的扩散原理，分析发现：在200℃时制备的Ti膜，因为溅射粒子在薄膜表面沉积的动能较小，扩散能力差，粒子在沉积过程中容易表现出三维的岛状生长，使得薄膜表面由许多球冠状的小岛组成，呈浑圆状，而在有些位置则出现了较大的空洞。300℃左右晶粒开始长大，基底温度在400℃以上，Ti原子能够反应充分，薄膜粒子的扩散能力增强，岛与岛之间相连，空洞数量变少，薄膜变得致密，晶粒开始细化，其中网状薄膜中的沟道通过网状薄膜的生长或新生小岛在沟中形成，最终沟道被逐渐填满从而形成连接薄膜。因此，磁控溅射制备的Ti膜主要是通过扩散作用，按照岛状生长模式生长。

图4-92为不同沉积温度下纯Ti薄膜的XRD图谱。在不同温度下，薄膜均为hcp结构的α-Ti，图谱上主要出现(110)、(002)、(101)三个较强的峰，并且所有Ti膜都在表面自由能最小的(002)晶面方向有定向生长的特性，随着温度的增加，其峰变得更加尖锐；可能受基底取向的影响，图中Ti膜在(110)晶向上存在较强的衍射峰，并随着温度的增加，衍射峰强度越来越弱，温度达到460℃时，(110)衍射峰基本消失；自由能较小的(100)和(101)峰相继出现，并逐渐增强，表明随着温度的增加，峰位向低角度移动，到460℃时最强峰演变为应变能较小的(101)晶面，这种转变基本遵循薄膜能量最小化理论。

3) 溅射时间对Ti膜的影响

Ti膜的沉积工艺为：氩气流量200sccm，偏压100V清洗3min；镀膜时，背底真空度5×10^{-3}Pa，溅射压强0.88Pa，溅射偏压-100V，溅射功率5kW，溅射室内

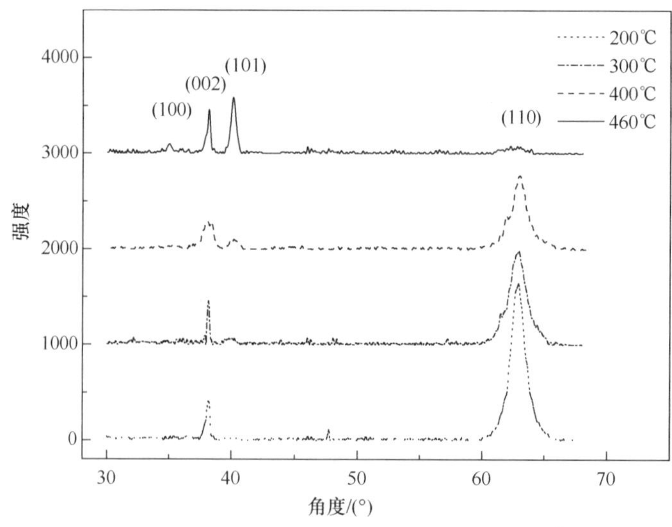

图 4-92　不同沉积温度下纯 Ti 薄膜的 XRD 图谱

温度 300℃，沉积时间分别为 1h、2h、4h 和 6h。使用 OLS400 型激光三维电子显微镜 OLYMPUS 分别对不同沉积时间(1h、2h、4h、6h)的薄膜厚度进行测量，所测薄膜厚度分别为 600nm、1200nm、2400nm 和 3600nm。

结合图 4-93 和表 4-51 可以看出，不同厚度的薄膜表面形貌和粗糙度是不同的，随着 Ti 膜厚度的增加，Ti 膜表面的致密度逐渐提高，晶粒逐渐长大，晶粒之间的大小差别逐渐减小，薄膜粗糙度先增大后减小。沉积较短时间时，沉积表面上形成很小的岛，岛的侧面有近似的坡度，岛与岛之间存在一定距离。随着薄膜厚度的增加，小岛纵向生长趋势明显，岛与岛之间发生团聚，晶粒逐渐变大，岛密度有所下降，晶粒大小分布更加均匀。当薄膜厚度为 3600nm 时，颗粒的平均尺寸最大，表面相对平坦。薄膜厚度增加的过程中，岛尺寸的增加也会影响到溅射粒子在表面的迁移，使薄膜的表面形貌发生变化，薄膜粗糙度由 2.78nm 增大到 8.69nm，随后又减小到 3600nm 厚时的 4.92nm，同时薄膜表面颗粒变大，生长表面表现出动态变化行为。

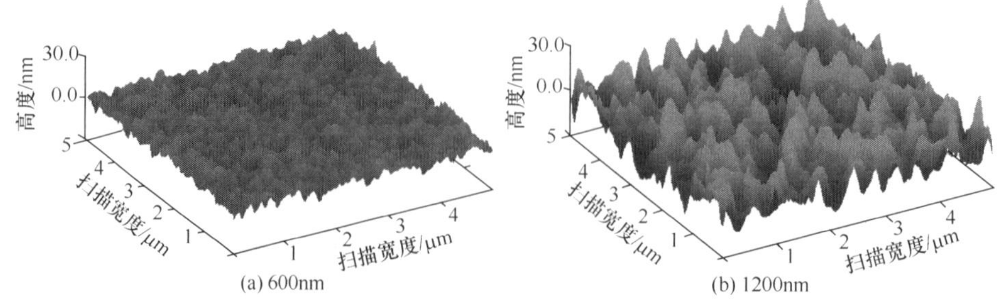

(a) 600nm　　(b) 1200nm

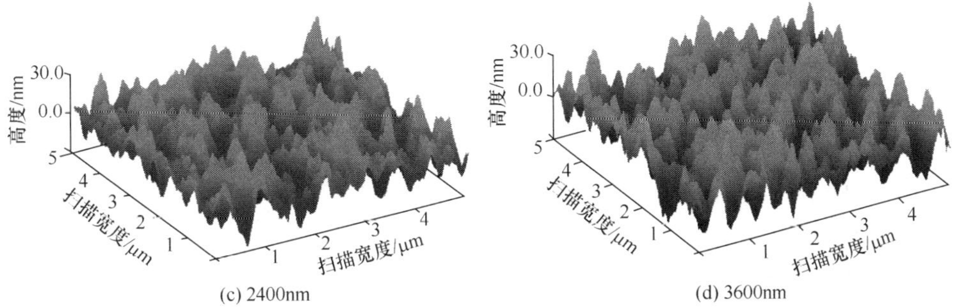

图 4-93　不同厚度 Ti 膜表面形貌图

表 4-51　Ti 膜粗糙度随薄膜厚度的变化

试样/nm	600	1200	2400	3600
表面粗糙度/nm	2.78	4.49	8.69	4.92

根据图 4-93，结合薄膜生长和扩散的相关理论发现：厚度为 600nm 的 Ti 膜，岛尺寸较小，岛密度较大，这意味着分布在表面上的岛存在粗化的驱动力，岛与岛之间将通过合并来降低单位体积的自由能，因此薄膜表面小岛尺寸逐渐增大，空洞数量减少；当薄膜厚度为 3.6μm 时，岛尺寸最大，呈现出明显的柱状晶生长方式。因此，磁控溅射制备薄膜的过程是粒子与基体发生碰撞与吸附，然后发生表面扩散形核以及生长的过程。

从不同厚度纯 Ti 薄膜的 XRD 图谱中（图 4-94）可以看出，对于不同厚度的纯

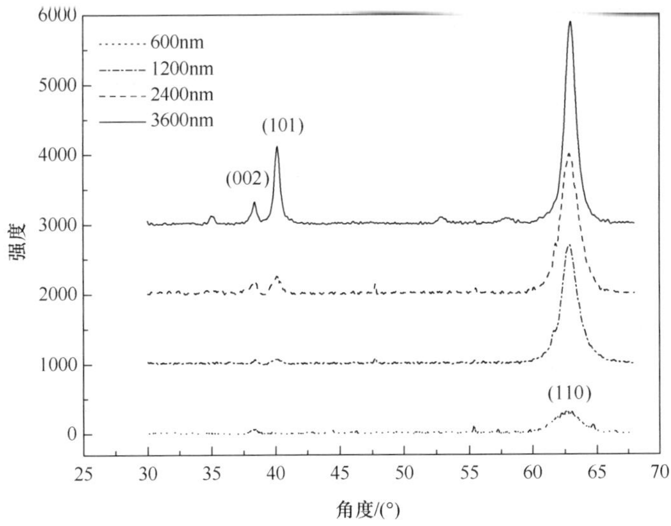

图 4-94　不同厚度纯 Ti 薄膜的 XRD 图谱

Ti 薄膜，并没有发生相结构的改变，均为密排六方(hcp)结构的 α-Ti。薄膜厚度为 600nm 时，只出现了(002)和(110)两个衍射峰。薄膜厚度增加到 1200nm 时，(101)衍射峰随之出现，衍射峰强度随着薄膜厚度的增加而增强。当薄膜厚度为 3600nm 时，三条衍射峰最为尖锐。因此，Ti 膜在表面自由能最小的(002)晶面方向和应变能较小的(101)晶面均有定向生长的特性，并受到来自基底取向的影响，使得 Ti 膜中(110)晶面方向上出现了较强的衍射峰。因此，随着厚度的增加，Ti 膜衍射峰强度逐渐增加。

4) 溅射偏压对 Ti 膜的影响

Ti 膜的沉积工艺为：氩气流量 200sccm，偏压－100V 清洗 3min；镀膜时，溅射压强 0.88Pa，溅射功率 50W，溅射室内温度 400℃，沉积时间 2h，溅射偏压分别选取－50V、－100V、－150V 和－200V。研究不同溅射偏压对薄膜表面形貌及生长取向的影响，不同偏压下制备的 Ti 膜表面形貌如图 4-95 所示。

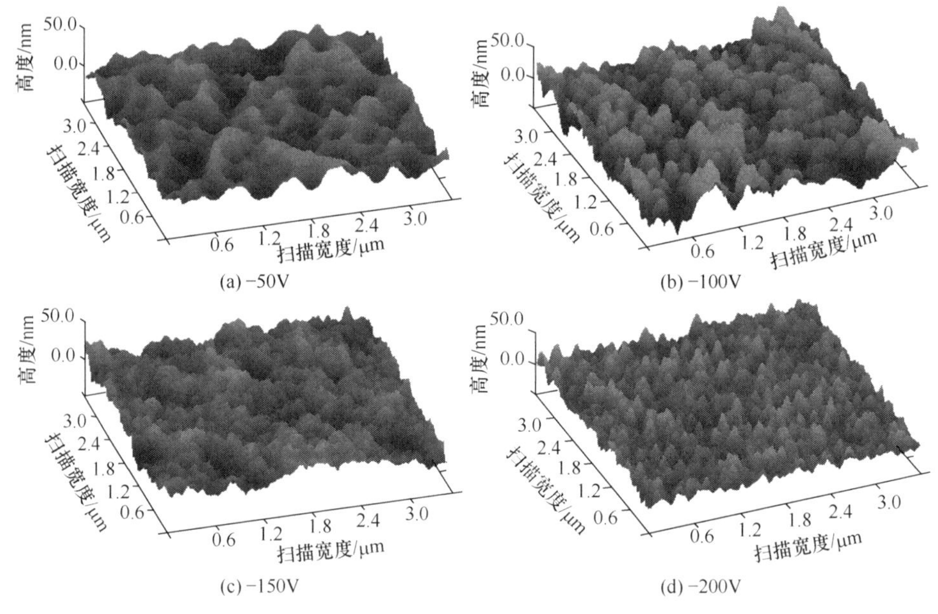

图 4-95　不同偏压下制备的 Ti 膜表面形貌

从不同溅射偏压下制备的 Ti 膜的 AFM 照片(图 4-95)及 Ti 膜表面粗糙度随基片负偏压的变化关系(表 4-52)可知，不同溅射偏压制备出的 Ti 膜表面形貌和粗糙度有所不同。未加偏压时，薄膜中孔洞较多；偏压在 0 和－50V 之间时，Ar 离子能量较低，其轰击薄膜表面时对薄膜生长产生的影响很小，主要起到清洗的作用，对薄膜密度基本无影响，薄膜表面粗糙程度受到负偏压的影响很小，此时 Ti 膜表面颗粒大小最不均匀。

表 4-52　不同溅射偏压下 Ti 膜表面粗糙度

试样	−50V	−100V	−150V	−200V
表面粗糙度/nm	6.69	4.49	2.78	4.26

随着溅射偏压的增大，高能的 Ar 离子轰击使 Ti 原子在薄膜中的扩散更容易，从而使薄膜原子更容易填补一些孔洞，从而提高薄膜的致密程度，抑制柱状晶的生长，得到表面更加平整的薄膜。随着溅射偏压的增加，Ar 离子能量增加，沉积在薄膜表面的原子更容易实现迁移，使得晶粒尺寸和表面粗糙度都有所减小。从图 4-95 中可以看出，偏压为 −100V 时，Ti 膜表面起伏较大；而当溅射偏压达到 −150V时，Ti 膜表面变得更加光滑，晶粒大小变得更加均匀，Ar 离子轰击造成的结构缺陷也为二次形核提供了更多位置，这导致了薄膜的晶粒细化。这时，薄膜表面的孔洞已经很少，进而得到了表面平整、晶粒间排列较为紧密的 Ti 膜。溅射偏压继续增大，达到 −200V 时，Ar 离子轰击时，刻蚀效应占主导，薄膜表面光洁度下降。Ti 膜表面再次出现了小尺寸的空洞，表面粗糙度也略有增加。可见，薄膜表面粗糙度随溅射偏压的升高先降低后有所增加，由此可以发现，薄膜表面形貌及粗糙度与溅射偏压存在有密切关系。

从不同溅射偏压下制备的 Ti 膜 XRD 图谱(图 4-96)可以看出，XRD 图谱上主要存在三个较强的峰，分别为(100)、(002)和(101)。溅射偏压较小时，Ti 膜在(002)晶面方向上存在定向生长的特性。随着溅射偏压增加，Ti 膜在(100)、(002)和(101)三个方向的衍射峰强度都有所增强，但当溅射偏压超过 −100V 时，$2\theta=38.3^{\circ}$方向的衍射峰基本消失；同时(100)和(101)两个方向的衍射峰也出现了弱化

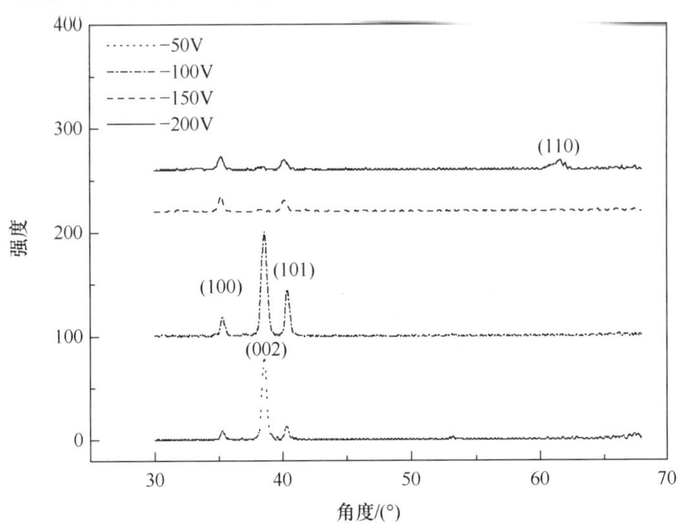

图 4-96　不同溅射偏压 Ti 膜 XRD 图谱

现象，说明 Ti 膜的择优生长晶面发生了改变，由(002)晶面转变到(100)晶面。并且，随着溅射偏压增大，Ti 膜各衍射峰的宽度增加，而强度却有所下降，出现了(110)方向的衍射峰，当溅射偏压为 −150V 时，Ti 膜已无明显的 XRD 衍射峰。因此，随着溅射偏压的增加，Ti 膜衍射峰强度逐渐减弱。

2. 工艺参数对 Ti 膜硬度和弹性模量的影响

1) 沉积温度的影响

采用纳米压痕仪对不同基底温度制备的 Ti 膜进行压痕实验，因 Ti 膜厚度为 1.2μm 左右，为了减小基体对制备薄膜性能的影响，理论上使用纳米压痕仪测试时，压头的压入深度不应超过材料厚度的十分之一，所以实验选取固定深度进行压入，固定最大压入深度为 100nm，从而得到不同基底温度 Ti 膜的硬度及弹性模量变化，如图 4-97 所示。

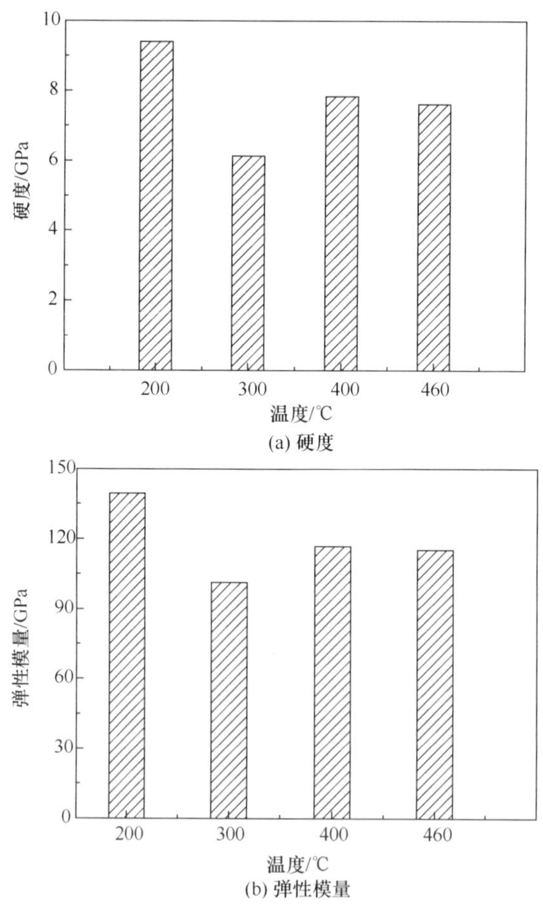

(a) 硬度

(b) 弹性模量

图 4-97　不同基底温度下 Ti 膜硬度和弹性模量的变化

Ti 膜的硬度和弹性模量总体变化趋势大体一致，当基底温度为 200℃时，Ti 膜硬度及弹性模量值最大，300℃时最小，随后随温度的增加，两个数值均有所增大。基底温度增加时，沉积粒子具有较高的动能和扩散性，使得薄膜中孔洞被填充，形成的薄膜更加致密，加之适当提高基底温度可以减少 Ar 原子的掺入，这些都有助于提高薄膜的性能和硬度。

当基底温度为 400℃时，Ti 膜的硬度为 7.834GPa，弹性模量为 116.809GPa。在较高的温度下，溅射离子的能量高，结晶过程中容易出现大晶粒，对薄膜的硬度和弹性模量造成影响，同时，沉积结束后，基体温度仍较高，容易出现退火，也会使薄膜的硬度和弹性模量有所降低。当基底温度达到 460℃时，Ti 膜的硬度和弹性模量虽有减小趋势，但变化甚微，硬度维持在 7.614GPa，弹性模量在 115.352GPa。

2）溅射时间的影响

利用纳米压痕仪获得了 Ti 膜材料的载荷-位移曲线，并采用激光三维电子显微镜测得不同溅射时间下薄膜厚度分别为 600nm、1200nm、2400nm 和 3600nm。利用纳米压痕仪进行测试时，压头的压入深度固定为 50nm，得到不同厚度 Ti 膜的载荷-位移曲线如图 4-98 所示。图中各曲线均连续，没有出现明显的断裂和突变，可说明在压痕实验过程中不同厚度的 Ti 膜表面平整，都没有出现裂纹。在相同压深的情况下，厚度为 1200nm 的 Ti 膜的载荷峰值最高，说明其具有较好的抵抗塑性变形的能力。薄膜厚度为 1200nm 时，残余深度小于其他厚度下的残余深度，说明 Ti 膜厚度为 1200nm 时，薄膜塑性变形较小。

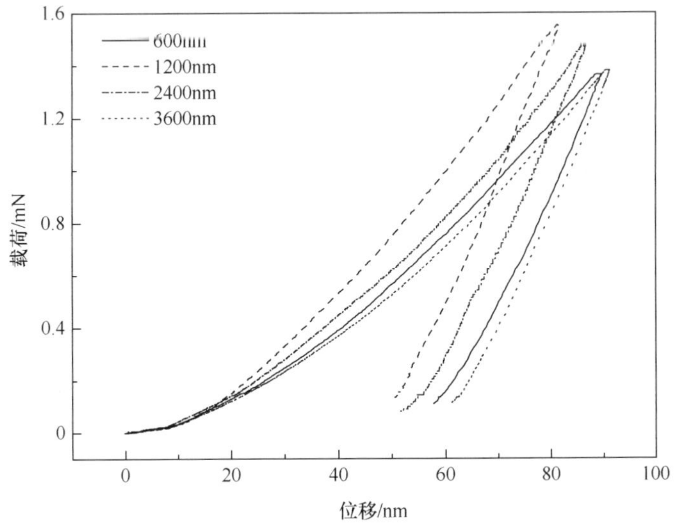

图 4-98　不同厚度 Ti 膜的纳米压痕结果

图 4-99 给出了不同厚度 Ti 膜的力学性能随薄膜厚度的变化。Ti 膜的硬度在 6.130～7.834GPa 范围内变化，弹性模量维持在 101.372GPa 和 125.271GPa 之间，波动幅度不明显。Ti 膜的硬度和弹性模量总体变化趋势一致，厚度为 1200nm 的 Ti 膜比较疏松并且表面粗糙，导致硬度降低，因此厚度为 1200nm 的 Ti 膜的弹性模量和硬度最小。随沉积时间的增加，Ti 膜厚度不断增加，表面粗糙度逐渐减

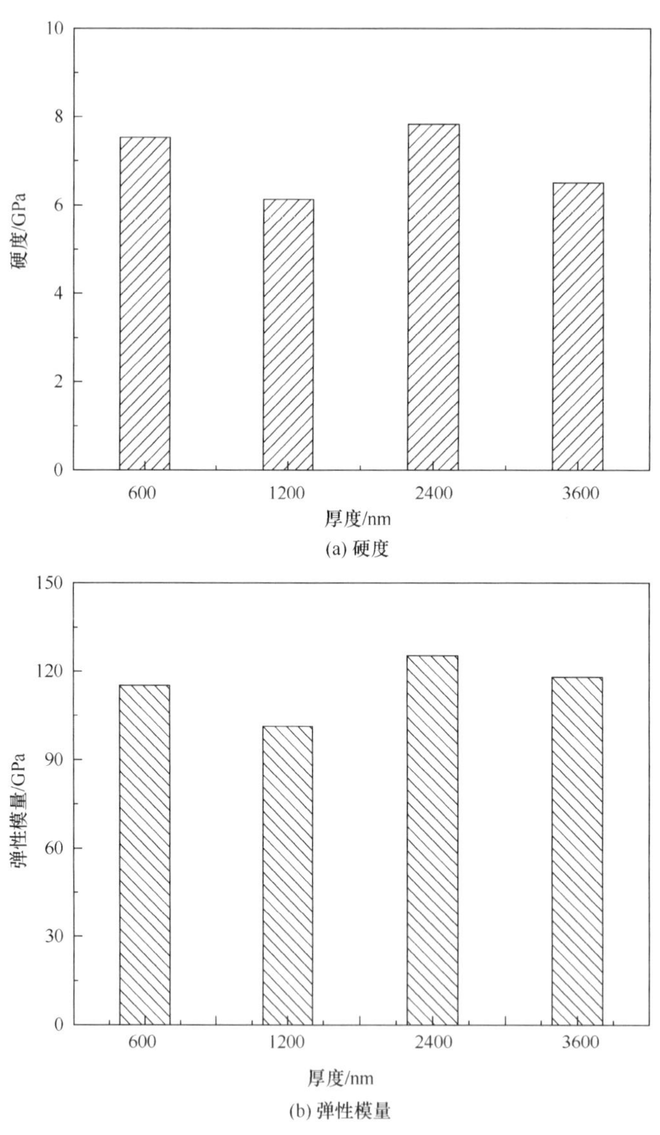

图 4-99　不同厚度 Ti 膜的硬度和弹性模量

小，结合 Ti 膜的 XRD 图谱可知，Ti 膜在(110)方向衍射峰逐渐增强，因此 Ti 膜结晶性逐渐变好，膜内表面能起主导作用，膜内界面体积比大，有助于硬度提高增大。当 Ti 膜厚度达到 2400nm 时，弹性模量和硬度最大。但当 Ti 膜厚度为 3600nm 时，由于(002)和(101)方向衍射峰增强，Ti 膜表现出(002)、(101)和(110)三个方向共同生长的特性，结晶性变差，导致硬度略有降低，因此当 Ti 膜厚度为 3600nm 时，薄膜的硬度和弹性模量又出现小幅度减小的现象。对比薄膜应力仪测量结果发现，薄膜中存在压应力时，薄膜的硬度和弹性模量较大，拉应力存在时则较小。因此，可以得出薄膜中残余拉应力增大会使其硬度和弹性模量减小的结论。

3）溅射偏压的影响

溅射偏压主要是通过对溅射出来的离子进行加速从而对薄膜性能产生影响，较高的偏压可使溅射出来的离子具有足够高的能量，在其到达基底表面后仍可以产生继续迁移，继续发生动量传递，使薄膜内部空位被填充，薄膜致密程度发生改变。通过纳米压痕实验得到了不同溅射偏压时磁控溅射制备 Ti 膜的硬度与弹性模量关系曲线。纳米压痕实验采用固定压入深度的方式进行，其深度固定为 100nm。

图 4-100 为不同溅射偏压下 Ti 膜的硬度及弹性模量的变化曲线。从图中可以看出，随着溅射偏压的增大，Ti 膜的硬度和弹性模量呈先增大后减小的趋势。分析可知，溅射偏压较小时，溅射粒子能量低，形成的 Ti 膜疏松且缺陷多，导致 Ti 膜硬度较低；溅射偏压为−50V 时，Ti 膜硬度值最低，为 6.482GPa。

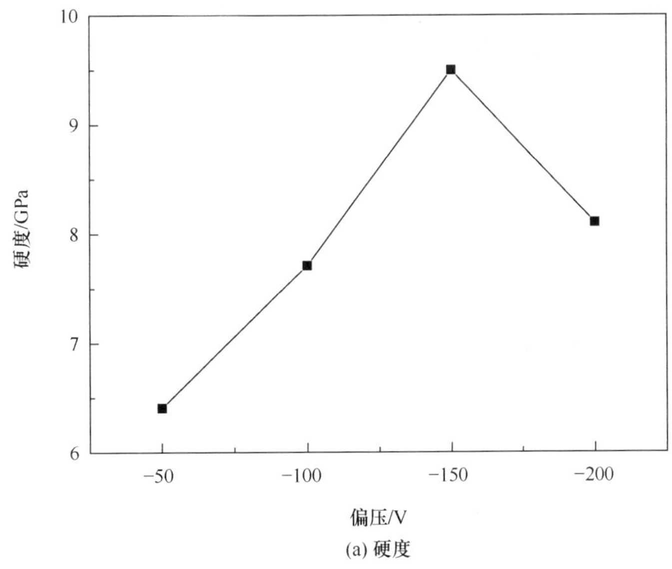

(a) 硬度

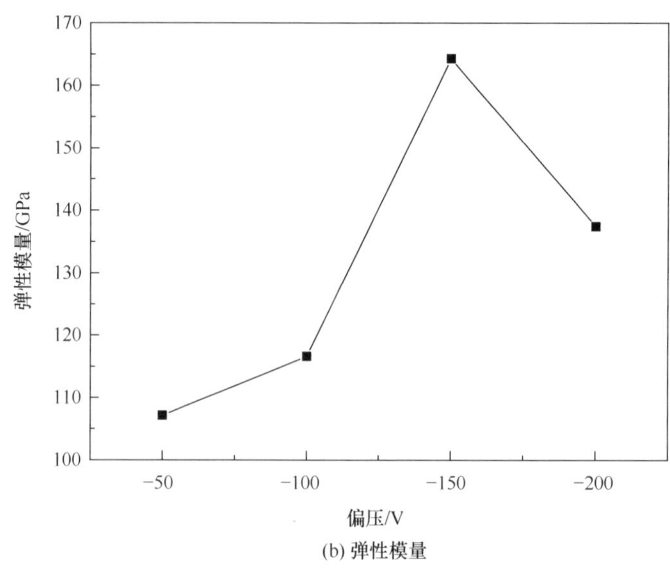

(b) 弹性模量

图 4-100 不同溅射偏压下 Ti 膜的力学性能

溅射偏压的增加会使样品表面温度提高，表面原子扩散能力增强，表面空位数量减少，因此 Ti 膜硬度呈现出增大的趋势。Ti 膜的硬度随着衬底偏压的增加而增加，当溅射偏压为－150V 时，Ti 膜表面晶粒最为细小，表面粗糙度最小，Ti 膜弹性模量及硬度达到最大，其硬度为 9.497GPa，弹性模量为 164.313GPa。但轰击能量过大后，表面粗糙度会随溅射偏压的增加有所下降，离子能量过大时，会引起过多缺陷，反而造成薄膜表面致密度的下降。加之过大的溅射偏压引起 Ti 膜衍射峰强度变弱，并出现多个方向共同生长的现象，所以硬度和弹性模量有所降低，因此当溅射偏压达到－200V 后，Ti 膜硬度和弹性模量出现明显的下降趋势。

不同溅射偏压下 Ti 膜的载荷-位移曲线如图 4-101 所示。不同溅射偏压下 Ti 膜的载荷-位移曲线比较平滑，表现出微小均匀的锯齿状，说明薄膜表面平整，性能良好，但不同偏压对压痕曲线的高度和宽度产生了很大的影响。

在相同压深的情况下，溅射偏压为－150V 时，Ti 膜的载荷峰值明显高于其他偏压下制备的 Ti 膜的载荷峰值，说明此条件下制备的 Ti 膜抵抗塑性变形的能力最强，达到最大压深时所需的压入载荷最大，Ti 膜硬度最高；卸载后，－100V 偏压制备的 Ti 膜的残余深度最大，说明此条件下制备的 Ti 膜的弹性恢复最小，塑性变形最大。

3. 工艺参数对 Ti 膜残余应力的影响

1）沉积温度的影响

采用纳米压痕技术和曲率法对不同基底温度下制备的 Ti 膜的应力变化进行

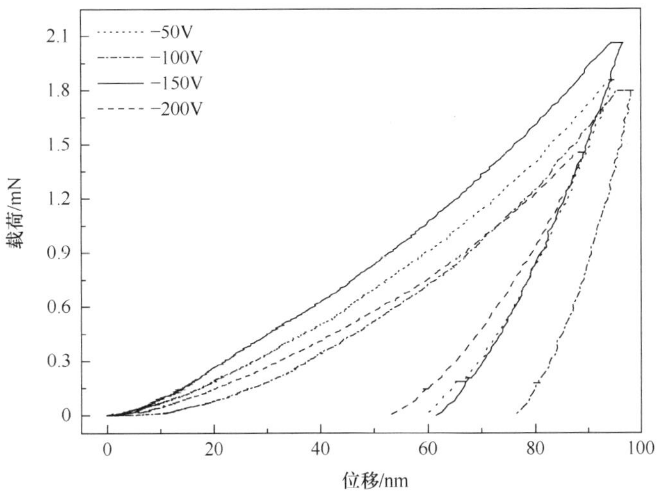

图 4-101　不同溅射偏压下 Ti 膜的载荷-位移曲线

研究。由于在高温下进行薄膜沉积，当沉积结束后，冷却到常温的过程中，因薄膜材料和基底材料的热膨胀系数不同，使基底发生变形，这种形变能就是薄膜的残余应力。当薄膜存在沿薄膜表面膨胀的趋势时，薄膜中即存在残余压应力；反之，薄膜具有沿表面收缩的趋势时，薄膜中即产生残余拉应力。就薄膜本身而言，残余压应力常存在于致密度高的薄膜中，而致密度较低的薄膜中通常存在残余拉应力。应力的存在会对薄膜的稳定性造成影响，一般来说残余应力越大，薄膜的寿命越短。

表 4-53 为曲率法测量结果，表明薄膜中的内应力随基底温度的增加由压应力转变为拉应力，随后拉应力逐渐增大。图 4-102 为电子薄膜干涉仪测量得到的应力分布图，将其绘制成直观的应力分布图如图 4-103 所示，可以看出，薄膜中应力分布没有规律，并且不均匀，这与沉积前基底的平整程度有一定关系。但总体趋势为基底温度越高，不均匀程度越明显，其中基底温度为 300℃时制备出的薄膜内部应力最小，应力集中于薄膜表面的中间部分，其变化范围最小，分布最为均匀。

表 4-53　不同基底温度下 Ti 膜的内应力分布(单位:GPa)

基底温度	σ_{avg}	σ_{min}	σ_{max}
200℃	−1.026	−1.576	−0.611
300℃	0.344	−0.174	0.624
400℃	0.522	−0.746	1.953
460℃	0.835	−0.938	3.180

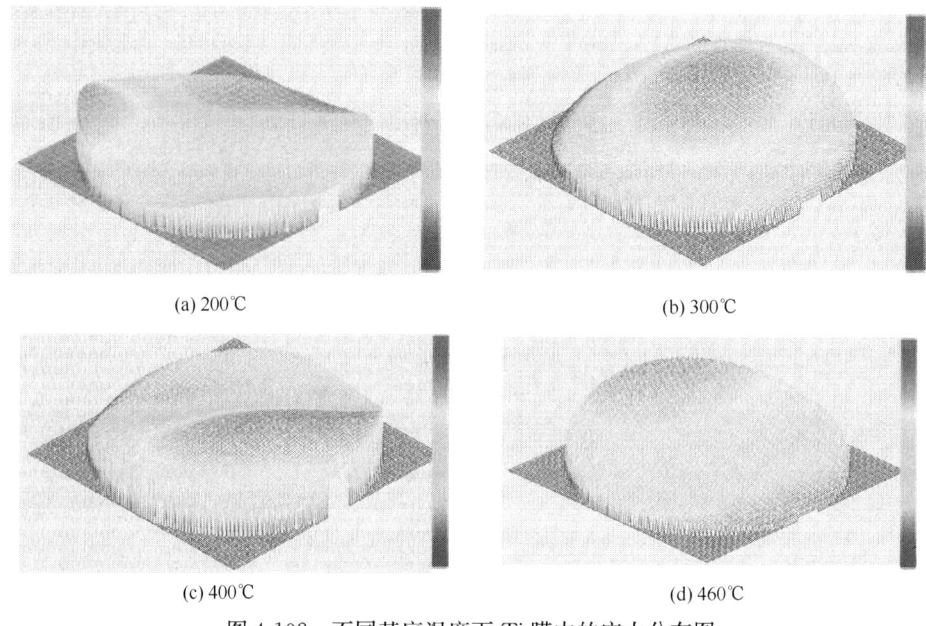

图 4-102　不同基底温度下 Ti 膜中的应力分布图

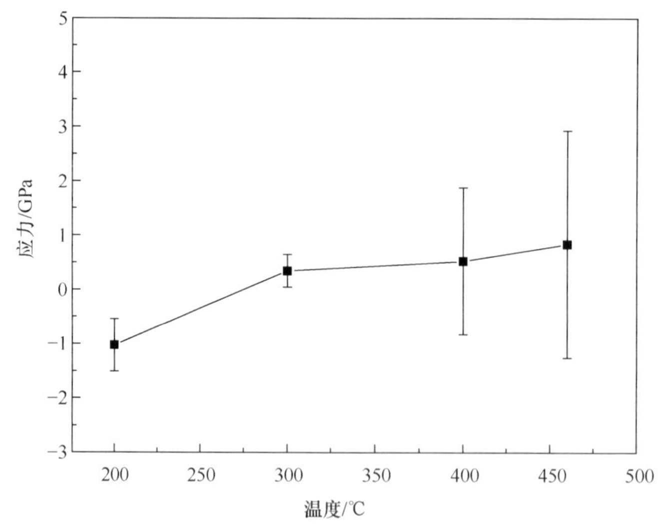

图 4-103　不同基底温度下 Ti 膜中应力分布直观图

图 4-104 为不同基底温度下 Ti 膜的纳米压痕测量结果。经测定，薄膜厚度为 1.2μm，因此纳米压痕实验固定压入深度 100nm。其中，无应力试样通过在抛光的 NaCl 片上沉积 2h 的 Ti 膜，随后放入水中清洗得到。如果薄膜较薄且失配度较小时，薄膜中的弹性形变较为均匀。反之，薄膜中会存在很多界面位错，以释放薄膜中的应变，来降低薄膜的弹性应变能。

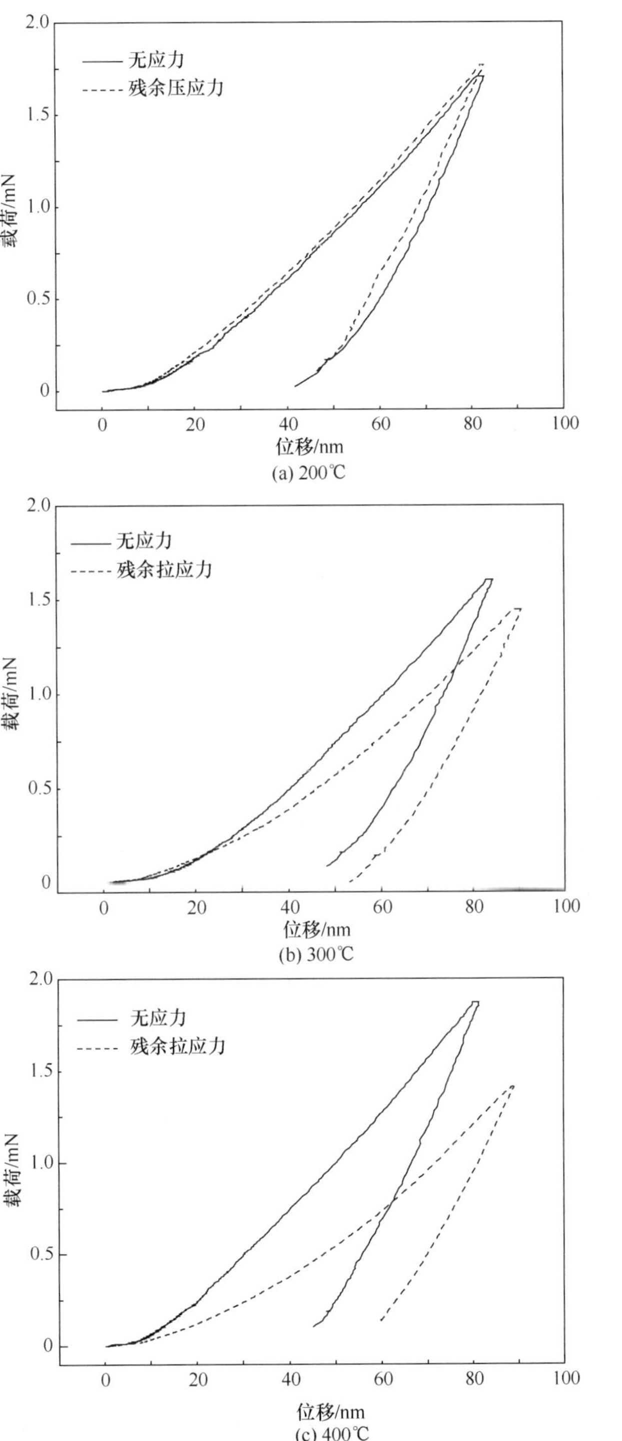

(a) 200℃

(b) 300℃

(c) 400℃

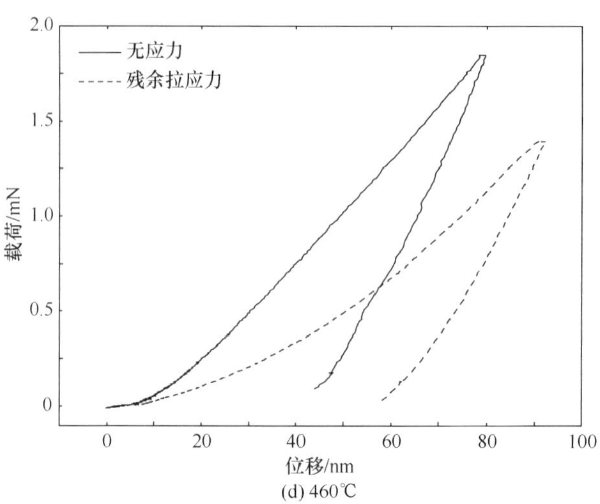

(d) 460℃

图 4-104　不同基底温度下 Ti 膜的纳米压痕测量结果

应变能最小化原理和薄膜中缺陷的变化引起了薄膜残余应力的变化。沉积温度增加，会使得应变能最小化占主导，随着薄膜表面缺陷数量的减少，二者的共同作用表现为薄膜中残余拉应力的减小。表 4-54 为不同方法计算的残余应力结果。固定压入深度时，存在拉应力的 Ti 膜的压入载荷明显小于无应力的薄膜，且弹性回复较小。200℃时，Ti 膜中应力为压应力，随着温度的升高，薄膜中的残余应力逐渐由压应力转变为拉应力。因在薄膜生长开始阶段，许多独立的微晶构成了薄膜。起初微晶的结晶会受到表面应力的制约，表现为残余压应力，但是随着微晶长大，各微晶之间的距离变小，彼此之间引力增加，即会产生残余拉应力。随着温度的升高，晶粒自发长大，晶粒内部产生拉应力，并且随着空位的消失，晶粒细化，引起体积收缩，薄膜表面变得更加均匀、致密，拉应力逐渐增大。

表 4-54　不同方法的应力计算结果

σ/GPa	200℃	300℃	400℃	460℃
曲率法	−1.026	0.344	0.522	0.835
Suresh 模型	−0.909	0.336	0.517	0.774
Lee 模型	−0.615	2.158	2.887	3.644

运用 Suresh 模型和 Lee 模型对压痕结果进行分析，计算得出薄膜中的应力值。假设薄膜中存在等双轴应力，对于 Lee 模型 $k=1$。对三个模型的计算结果进行比较发现，Lee 模型只有当压应力存在时计算结果与曲率法偏差较小，而当拉应力存在时计算结果偏大；Suresh 模型计算结果与曲率法所得结果更为接近，存在

误差较小。所以,运用纳米压痕法测量薄膜中的应力是可行的,并且 Suresh 模型更加适合薄膜残余应力的测量。因此,在之后的研究中,选用 Suresh 模型对 Ti 膜中的残余应力进行测量。

2）沉积时间的影响

沉积时间对 Ti 膜性能的影响主要是通过改变薄膜厚度、表面空洞缺陷及表面粗糙度等因素,使薄膜性能发生变化,同时也会对 Ti 膜的残余应力产生重要影响。表 4-55 为曲率法所得结果。

表 4-55　曲率法得到的不同厚度 Ti 膜残余应力分布

试样/nm	σ_{avg}/GPa	σ_{min}/GPa	σ_{max}/GPa
600	−0.753	−1.316	0.584
1200	0.344	−0.174	0.624
2400	−0.811	−1.717	0.217
3600	−0.074	−1.635	0.543

从表 4-55 中可以看出,薄膜内应力随薄膜厚度的增加呈现先增大后减小的趋势。除厚度为 1200nm 的 Ti 膜外,磁控溅射制备得到的 Ti 膜中普遍存在压应力,薄膜厚度为 600nm 时,Ti 膜残余应力为−0.753GPa。薄膜厚度为 1200nm 时,薄膜内部残余应力转变为残余拉应力。曲率法得到的残余应力数值范围最小,而薄膜厚度为 2400nm 时,Ti 膜残余应力又恢复到压应力状态,但残余应力最大值和最小值之间的差异最大,说明残余应力在该薄膜中分布最不均匀。

结合图 4-105 和图 4-106 可以看出,薄膜中应力分布并没有规律,因为基片镀

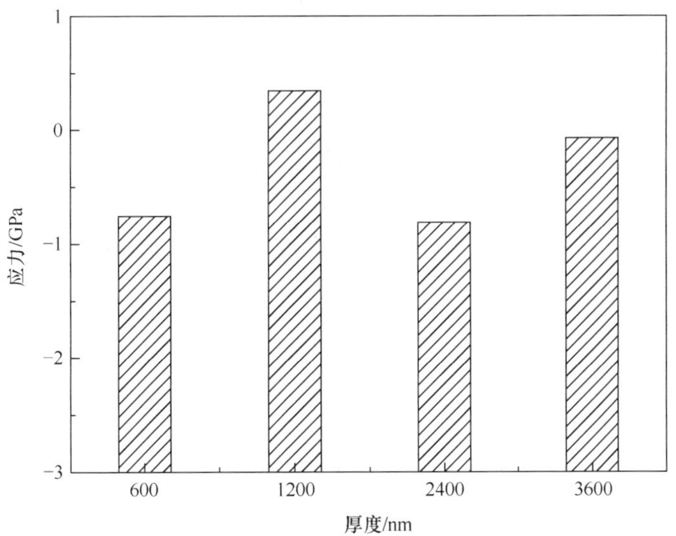

图 4-105　不同厚度 Ti 膜残余应力

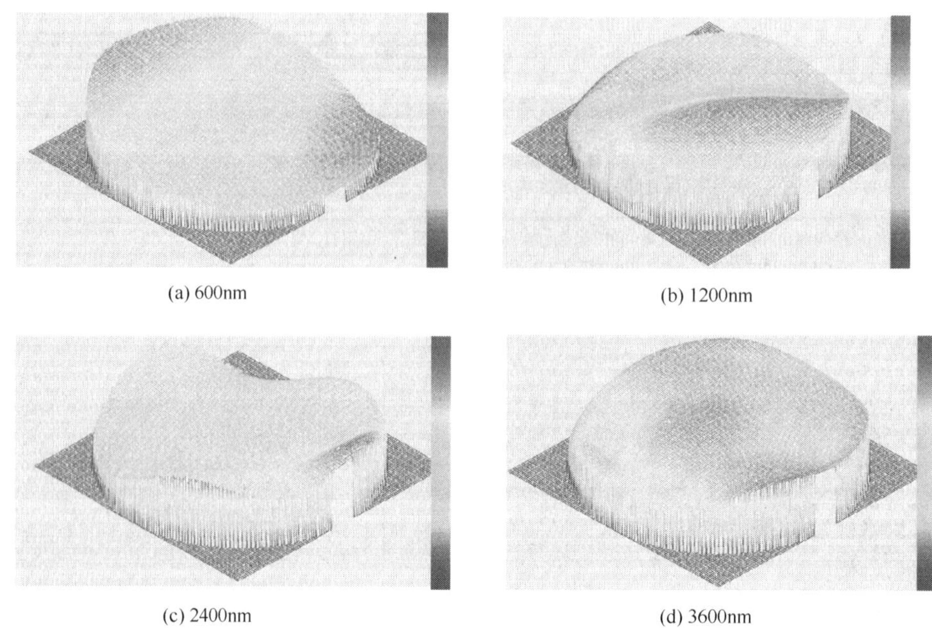

(a) 600nm (b) 1200nm

(c) 2400nm (d) 3600nm

图 4-106 不同厚度 Ti 膜中的残余应力分布图

膜前平整度相差不大，镀膜后出现了各种高低不平的现象，与残余应力分布并不相同，可知薄膜生长过程中由于薄膜内部形成的应力大小不同，会对基材产生不同的变形影响。

利用 Suresh 模型对不同厚度 Ti 膜中的应力值进行计算，发现其结果与曲率法所得数值吻合较好，但残余应力数值比曲率法得到的整体偏小一些，仍在曲率法所测变化范围之内，如表 4-56 所示。

表 4-56 不同方法的应力计算结果比较

σ/GPa	600nm	1200nm	2400nm	3600nm
曲率法	−0.753	0.344	−0.811	−0.074
Suresh 模型	−0.609	0.336	−0.717	−0.014

沉积较短时间时，沉积表面上形成很小的岛，Ti 膜表面颗粒很小，薄膜由许多独立的微小晶粒组成。可以认为，微晶的结晶过程受到表面应力的抑制，使得厚度为 600nm 的 Ti 膜中存在残余压应力。随着沉积时间的增加，薄膜中晶粒逐渐变大，晶粒之间的距离变小，它们之间引力增大，当薄膜厚度为 1200nm 时，Ti 膜产生拉应力。由于薄膜中残余应力的变化主要依赖应变能及缺陷的变化，根据得到的残余应力结果可知，如果薄膜与基底之间热膨胀系数相差不大，失配度较小时，随薄膜厚度的增加，薄膜中会出现界面位错，此时薄膜中大部分应变会得到松弛，

弹性应变能也随之降低。当薄膜厚度增大到一定数值后，应变能最小化占据支配作用，伴随着薄膜中孔洞等缺陷数量的减少，薄膜中残余应力呈现减小趋势，当厚度为 2400nm 时，Ti 膜的残余应力转变为压应力，并随着薄膜厚度的增加，薄膜中压应力逐渐变小，当厚度为 3600nm 时，Ti 膜残余应力达到最小值。

3）溅射偏压的影响

由于溅射偏压会改变溅射离子的能量，在较高的溅射偏压下进行沉积时，会提高制备薄膜的表面温度，温度降低时会因薄膜与基底的热膨胀系数差异引起残余应力的变化。结合图 4-107 发现，偏压为－150V 时，残余拉应力在 Ti 膜表面分布最为均匀，偏压较小时，残余拉应力较大，并集中在薄膜材料的两端，使薄膜变形不均匀，当偏压增加到－200V 时，Ti 膜中间部分具有较高的拉应力，周边存在压应力。因此，磁控溅射制备 Ti 膜表面存在小尺度范围的凸起或凹陷变形，为减小误差，压痕实验选取薄膜的不同部位进行压入实验，每个试样选取 10 个参考点，然后去掉最大值和最小值后计算平均值，作为最终结果。

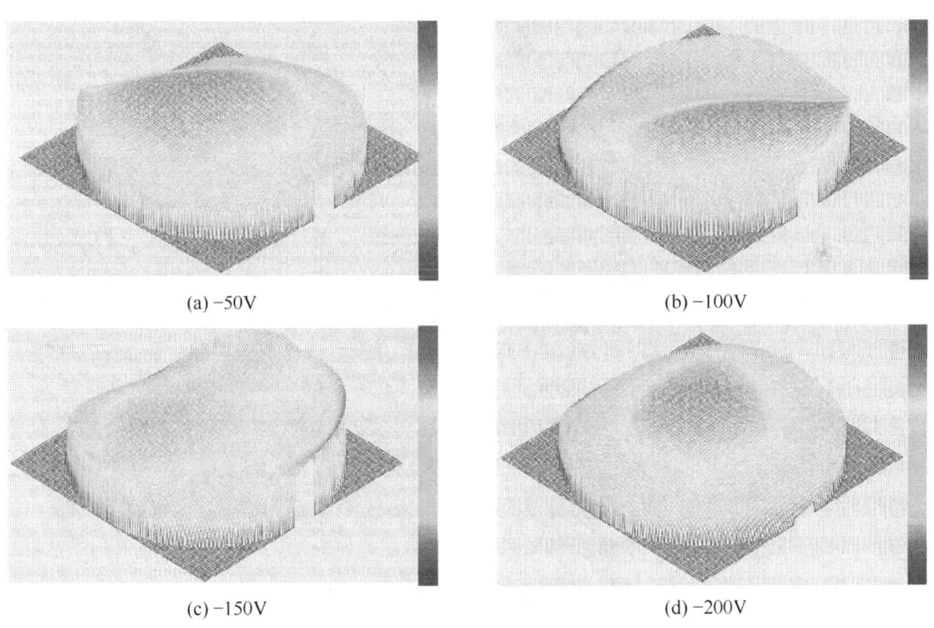
(a) -50V　(b) -100V　(c) -150V　(d) -200V

图 4-107　不同溅射偏压下 Ti 膜残余应力分布图

表 4-57 中给出了不同溅射偏压下 Ti 膜中残余应力的平均值，纳米压痕所测 Ti 膜残余应力大小在曲率法所测结果范围内，与其平均应力大小相近。并且，Ti 膜中的残余应力都随溅射偏压增加由拉应力转变为压应力，之后随着偏压的增加又出现减小趋势，－200V 时达到最小值。

表 4-57　不同溅射偏压下 Ti 膜残余应力分布

偏压		−50V	−100V	−150V	−200V
曲率法	σ_{avg}/GPa	0.061	0.522	−1.562	−0.448
	σ_{min}/GPa	0.226	−0.746	−3.637	−1.745
	σ_{max}/GPa	−0.115	−0.611	−0.093	1.912
压痕法(Suresh 模型)	σ_{avg}/GPa	0.102	0.517	−1.333	−0.398

因薄膜总能量由表面能和弹性应变能组成，当溅射偏压为−50V 时，Ti 膜表面含有空洞和柱状晶，柱状晶界面贡献了较大的表面能，使得表面能较小的(002)晶面衍射峰最强，此时表面能起主要作用，薄膜中的残余应力较小。当溅射偏压升高到−100V 时，与−50V 下 Ti 膜的 XRD 图谱相比，应变能较小的(101)晶面择优生长，说明此时弹性应变能成为决定薄膜总能量的决定因素，薄膜中存在的残余应力会较大；但随着溅射偏压的增加，各衍射峰强度都明显降低，Ti 膜中出现残余压应力，并呈现出减小的趋势。

4.3.3　磁控溅射 TiN 膜及 Ti/TiN 多层膜的残余应力研究

1. 磁控溅射 TiN 膜的制备和表征

根据 Ti 膜制备工艺，采用沉积工艺参数为：镀膜前，首先用乙醇超声波清洗基片 15min，烘干后放入真空室内进行沉积。氩气流量 200sccm，偏压−100V 清洗 3min。镀膜时，背底真空度 5×10^{-3}Pa，溅射压强 0.88Pa，溅射功率 50W，溅射室内温度 400℃，沉积时间 2h，溅射偏压−150V。利用反应磁控溅射，通过改变氮气分压的方式，在表面抛光的 45 钢衬底上进行了大量的沉积实验。结果表明，在基本工艺不变的条件下，在选定的条件下均可制备得到一层薄膜。表 4-58为不同氩氮比条件下制备薄膜的表面颜色表。肉眼观察发现溅射沉积的 TiN 膜表面光滑，结合性能良好，其颜色依氩氮比的不同出现了变化，如图 4-108 所示。结合表 4-58 可知，随氮气流量的增加，薄膜的外观颜色逐渐从浅黄色、金黄色过渡到棕色。

表 4-58　不同氩氮比条件下制备薄膜的表面颜色表

λ_{Ar/N_2}	12	9	5	2.5
颜色	金色偏白	金黄色	浅棕色	棕色

根据以上分析，确定出 TiN 膜的工艺参数如表 4-59 所示，并对此工艺所制备的 TiN 膜的形貌及成分进行分析。

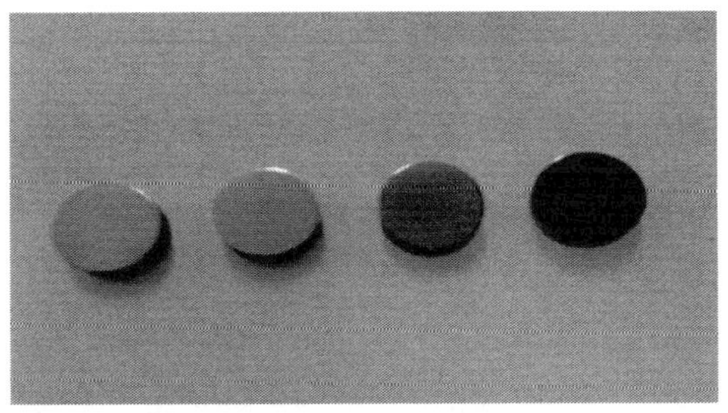

图 4-108　不同氩氮比条件下获得的 TiN 膜样品

表 4-59　TiN 膜的沉积工艺参数

TiN 膜工艺参数	具体数值
背底真空度/Pa	5×10^{-3}
溅射压强/Pa	0.88
氩气流量/sccm	30
氮气流量/sccm	270
溅射功率/W	50
溅射偏压/V	−150
基底温度/℃	400
溅射时间/h	2h
衬底材料	45 钢

图 4-109(a)为 TiN 膜的表面形貌。从图中可以清晰地看到，TiN 膜的表面致密，粒子粒径均匀，薄膜表面平整，无明显裂纹及空洞缺陷。结合 EDS 能谱图 4-109(b)分析发现，所沉积制备的薄膜中，Ti 元素的原子百分比为 50.75%，N 元素的原子百分比为 49.25%，Ti 元素与 N 元素的原子比 $\lambda_{Ti/N}=1.03$，接近 1∶1，因此可以证明在该工艺下通过反应磁控溅射得到的为 TiN 膜。

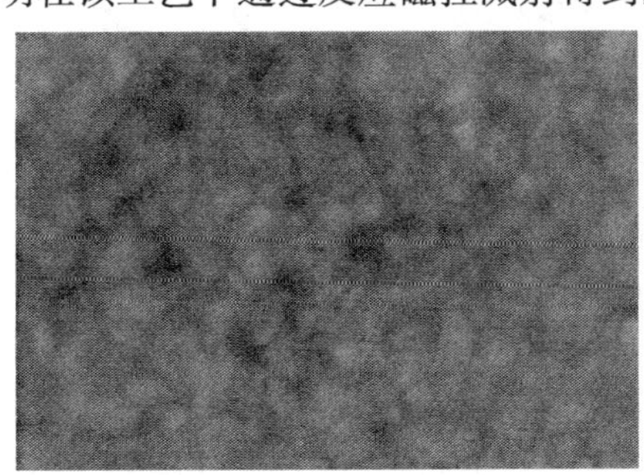

(a) 表面形貌图

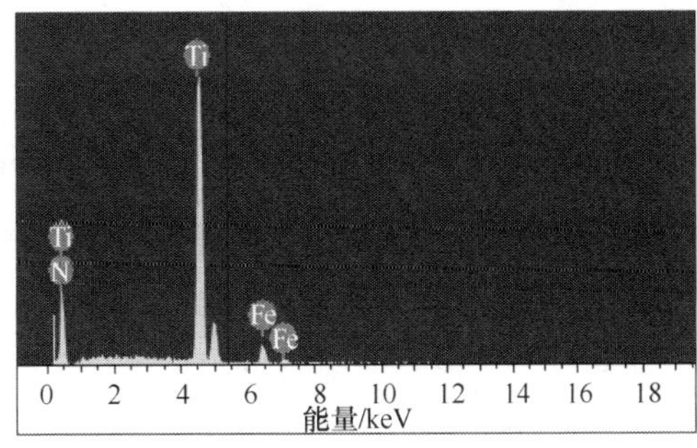

(b) 能谱图

图 4-109　TiN 膜表面形貌及能谱图

图 4-110 为用透射电镜得到的 TiN 膜形貌，可见 TiN 膜为多晶结构，并且晶粒为纳米级。在电子衍射图中依次出现了(111)、(200)、(220)、(222)四个衍射多晶环，说明反应磁控溅射制备的 TiN 膜为面心结构。对该参数条件下沉积在 45 钢表面的 TiN 膜进行物相分析，如图 4-111 所示。

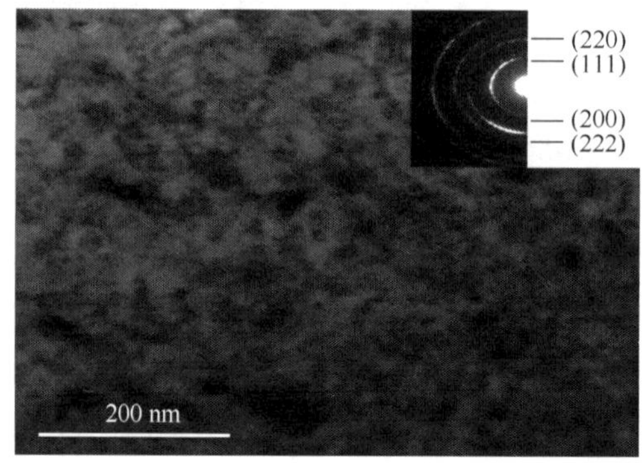

图 4-110　TiN 膜 TEM 形貌图

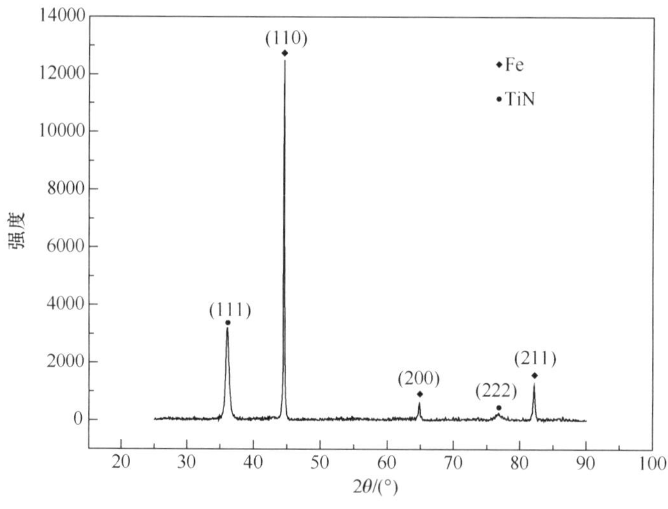

图 4-111　TiN 膜 XRD 图谱

从图中可以看出，在 45 钢衬底上制备的为多晶 TiN 膜，TiN 膜中只含有(111)和(222)两个特征衍射峰，经分析证实 TiN 膜中为纯 σ-TiN 相，因除(111)外，其余衍射峰都十分微弱，表明 TiN 膜是(111)择优取向生长，此时整个系统的自由能较低，并且衍射峰出现宽化现象，可知薄膜中 TiN 晶粒较为细小。另外，由于薄膜较薄，X 射线穿透了薄膜，所以图谱中出现了 Fe 的(110)、(200)及(211)衍射峰，这与透射电镜所得结果吻合良好。

2. 磁控溅射 Ti/TiN 多层膜的制备和表征

通过对 TiN 膜和金属钛薄膜的研究和实验，结合磁控溅射设备的特点和实验本身的要求，综合 TiN 膜及 Ti 膜的设定工艺参数，制定出制备 Ti/TiN 多层膜的设定工艺参数如下：工作环境保持为恒温恒湿，温度为(25±2)℃，相对湿度为45%～55%。溅射室内背底真空度 5×10^{-3}Pa，氩气流量 200sccm，偏压－1000V 清洗 3min。镀 TiN 膜时，背底真空度 5×10^{-3}Pa，溅射压强 0.88Pa，溅射功率50W，溅射室内温度 400℃，溅射偏压－150V。衬底选用单面抛光的 45 钢，氮气流量 30sccm，氩气流量 270sccm。镀 Ti 膜时，氩气流量 300sccm，其他工艺参数同上。对于调制周期为 0.6μm 的 Ti/TiN 多层膜，先在 45 钢表面沉积 1h 的 Ti 膜，在 Ti 膜上沉积 1h 的 TiN 膜，沉积完 TiN 膜之后，关闭氮气。对于调制周期为0.3μm 的 Ti/TiN 多层膜，先在 45 钢表面沉积 30min 的 Ti 膜，在 Ti 膜上沉积30min 的 TiN 膜，沉积完 TiN 膜之后，关闭氮气。用溅射挡板挡住溅射靶材5min，清除残余的氮气后在 TiN 膜上继续沉积 30min 的 Ti 膜，再沉积 30min 的TiN 膜，重复此过程，沉积 2h，制备不同层数的薄膜。本实验通过控制沉积时间分别制备了三种调制周期的薄膜，其中调制周期为每层薄膜的厚度，制备出的多层薄膜调制周期分别为 0.6μm、0.3μm 和 0.15μm。

分别对不同调制周期的 Ti/TiN 多层膜进行 AFM、XRD 及能谱分析，研究不同调制周期对薄膜结构的影响。不同调制周期的 Ti/TiN 多层膜的表面形貌如图 4-112 所示。

从图 4-112 中可以看出，Ti/TiN 多层膜的表面比较平坦，粗糙度小，展现出良好的均匀性。Ti/TiN 多层膜的表面形貌随调制周期的减小有着显著的变化，颗粒大小随调制周期的减小呈现出先增大后减小的趋势。当调制周期为 0.3μm 时，薄膜表面粗糙度大于 Ti 膜小于 TiN 膜，但当调制周期减小到 0.3μm 时，Ti/TiN 多层膜的颗粒最大，调制周期达到 0.15μm 后薄膜的颗粒最小。此工艺下制备的 Ti

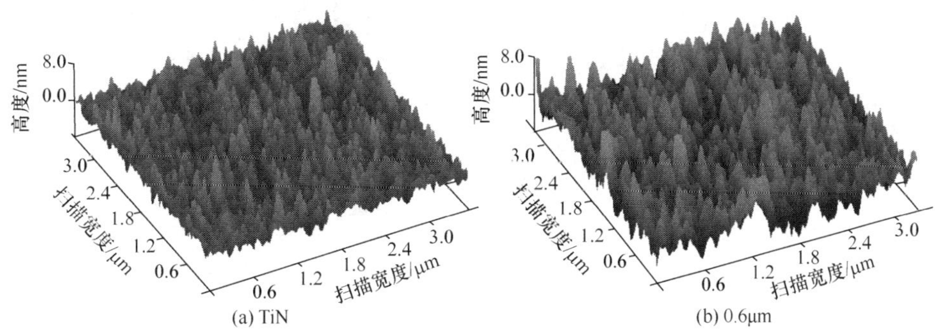

(a) TiN (b) 0.6μm

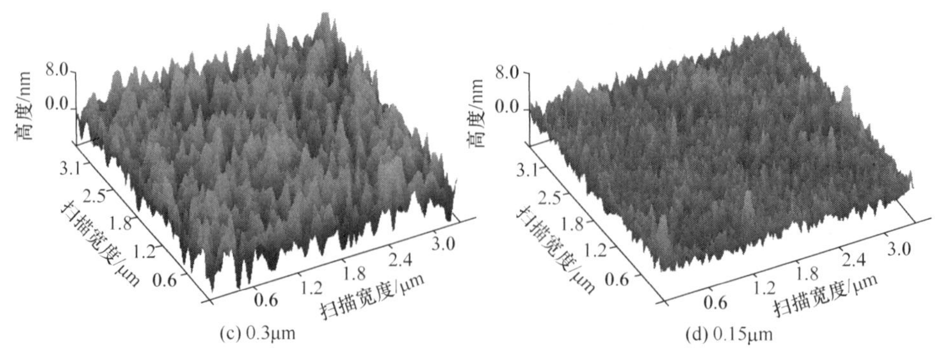

(c) 0.3μm　(d) 0.15μm

图 4-112　不同调制周期的 Ti/TiN 多层膜的表面形貌图

膜粗糙度(R_a)为 4.49nm，TiN 膜的粗糙度为 1.22nm，所制备的 Ti/TiN 多层膜的粗糙度介于两者之间，并也随调制周期的减小出现先增加后减小的趋势，由调制周期为 0.6μm 时的 1.67nm 增加到调制周期为 0.3μm 时的 2.29nm。Ti/TiN 多层膜的表面起伏较大，随调制周期的减小，粗糙度出现减小的趋势，当调制周期为 0.15μm 时，Ti/TiN 多层膜的表面粗糙度最小。因此，可知周期数的减小有助于细化薄膜表面。

图 4-113 为 Ti/TiN 多层膜的表面及截面的能谱图。由图 4-113(a)分析可知：Ti/TiN 多层膜中 N 元素的原子百分比为 36.55%，Ti 元素的原子百分比为 63.45%，$\lambda_{N/Ti}=0.57$，此工艺下制备的 TiN 膜的原子比接近 1∶1，因此 Ti/TiN 多层膜中剩余 Ti 比例为单层金属钛薄膜的 Ti 含量。图 4-113(b)为 Ti/TiN 多层膜截面的电子显微形貌及线扫描图像。Ti/TiN 多层膜的表面结构平整良好，所沉积的薄膜有着多层薄膜的结构，各层薄膜之间存在明显分层，每层薄膜的厚度大致相同，约为 600nm，由此可推断所沉积为多层薄膜结构。

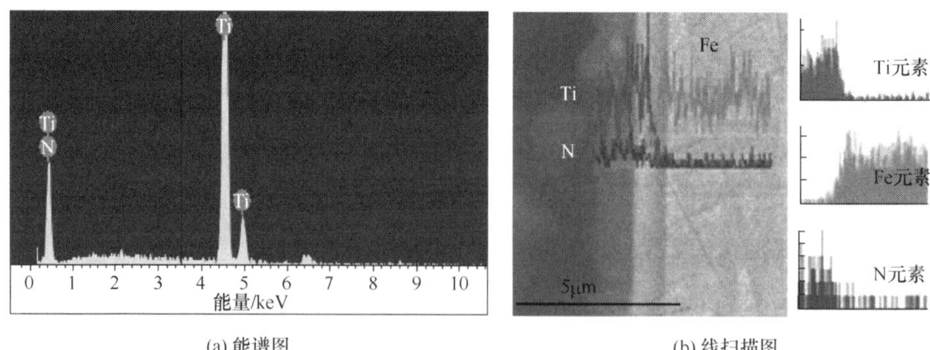

(a) 能谱图　(b) 线扫描图

图 4-113　Ti/TiN 多层膜的表面及截面的能谱图

图 4-114 为 Ti/TiN 多层膜的 XRD 图谱。在较高的调制周期条件下，Ti(100)和 TiN(111)的峰值较低；随着调制周期的减小，当调制周期为 0.3μm 时，Ti(100)和 TiN(111)的峰值也随之升高并达到最高，并且在图谱中出现了 Ti(002)、TiN(222)方向的衍射峰，但强度比较微弱，说明有一些粒子在衬底上的其他位置形核，薄膜生长开始出现多晶面取向；当调制周期继续降低至 0.15μm 时，Ti(100)和 TiN(111)的峰值略有降低，但仍保持较高的强度。但随调制周期的减小，Ti(100)方向的生长特性有所增强，说明调制周期对多层薄膜的生长取向存在影响。

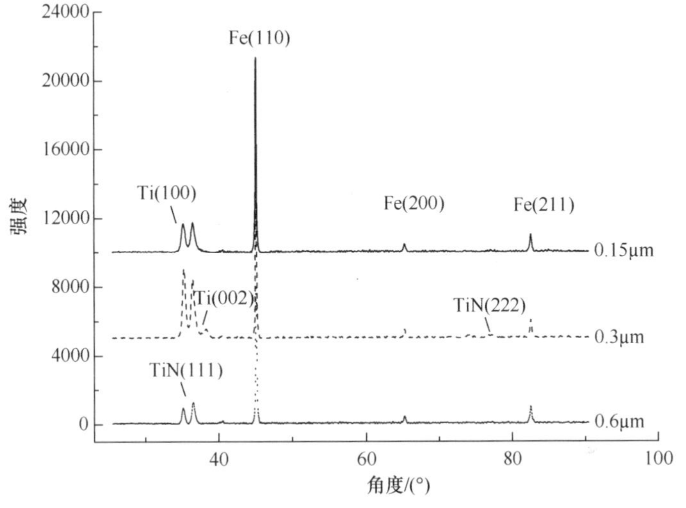

图 4-114　Ti/TiN 多层膜的 XRD 图谱

3. 磁控溅射 TiN 膜及 Ti/TiN 多层膜的硬度和弹性模量

采用固定压痕深度的压入方式进行实验，结果如图 4-115 所示。可以看出，磁控溅射工艺制备的 TiN 膜和不同调制周期的 Ti/TiN 多层膜具有较好的弹性变形和塑性变形能力。固定 100nm 压入深度的情况下，TiN 膜曲线所需压力明显高于多层薄膜所需的压入载荷，说明 TiN 膜抵抗外加载荷的能力最强，TiN 膜的残余压深最小，因此 TiN 膜塑性变形最小。对于 Ti/TiN 多层膜来说，随着调制周期的减小，薄膜抵抗塑性变形的能力逐渐减弱，卸载后残余压痕深度逐渐增大，说明受到 Ti 膜的影响，Ti/TiN 多层膜的塑性变形逐渐增加。

利用纳米压痕仪对试样进行连续刚度实验，压入深度范围选取 0～2000nm，得到材料的硬度和弹性模量随压入深度的变化曲线。测得的 TiN 膜及 Ti/TiN 多层膜的硬度和弹性模量与压入深度之间的关系，如图 4-116 所示。

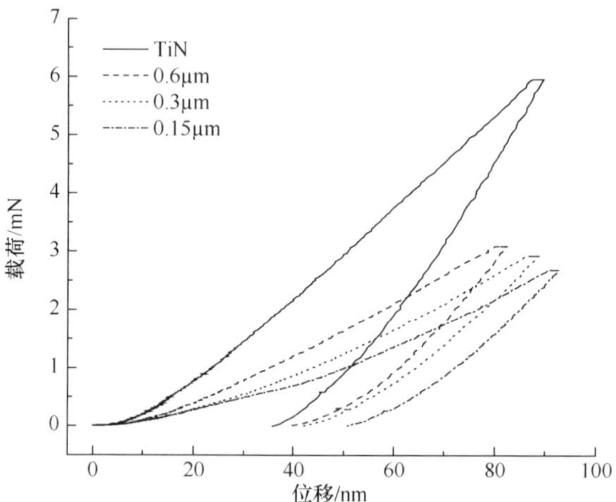

图 4-115　TiN 膜和不同调制周期的 Ti/TiN 多层膜的载荷-位移曲线

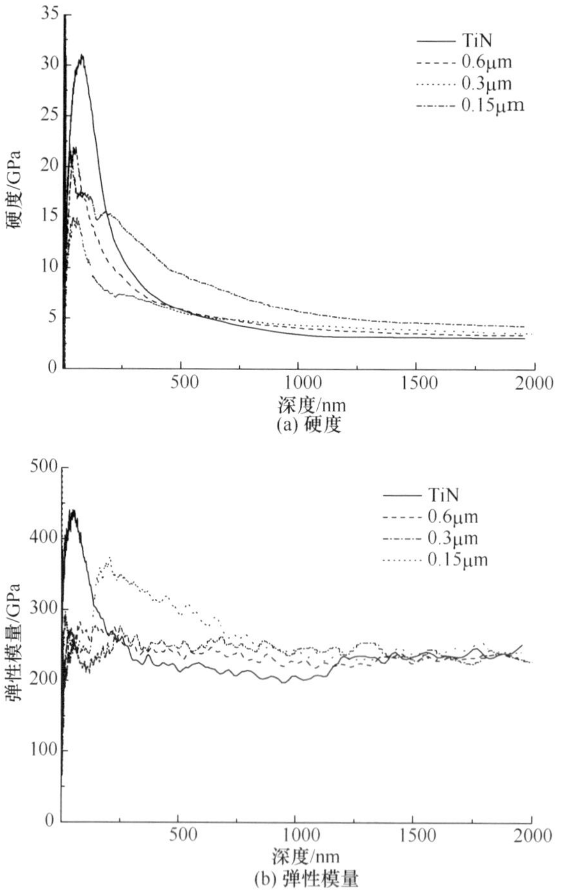

图 4-116　TiN 膜和不同调制周期的 Ti/TiN 多层膜的硬度和弹性模量

从图中可以看出，薄膜的硬度和弹性模量都随压入深度的增加呈现先增大后减小的趋势，最后受到基底材料性能的影响而趋于稳定。其中 TiN 膜的弹性模量和硬度在压入深度较小时最大，随压入深度的增加，出现了大幅度的下降，压入深度达到 500nm 左右时，其硬度与调制周期为 0.6μm 和 0.3μm 的 Ti/TiN 多层膜硬度曲线出现相交现象，随后硬度继续降低，最终小于 Ti/TiN 多层膜的硬度。在 100nm 左右，硬度曲线中出现了一段比较明显的平台。根据连续刚度理论可知，此硬度平台应为薄膜的真实硬度，而此后受基体硬度影响，薄膜材料的硬度出现下降趋势。因此，应选取平台上一定范围内硬度平均值作为所测薄膜材料的硬度值。Ti/TiN 多层膜的硬度和弹性模量都低于单一 TiN 膜的硬度和弹性模量，因此 Ti 相的出现使多层薄膜的硬度和弹性模量发生了明显的变化，其随着调制周期的减小有逐渐增加的趋势。对于 Ti/TiN 多层膜，其显微硬度主要取决于两个薄膜层中较硬的 TiN 膜，结合多层膜的 XRD 图谱可知，多层薄膜中 TiN(222)衍射峰已基本消失，(111)为面心立方晶体的密排面，其界面较宽使得多层薄膜的硬度出现下降趋势。而(222)界面比(111)界面要窄，有利于多层薄膜硬度的增加。相对调制周期较大时，所制备薄膜的硬度会随着调制周期的减小表现出下降的趋势，表明在厚度相同的条件下，单层 TiN 膜的厚度会对多层薄膜的硬度产生影响，膜层越薄，薄膜硬度就会越低。但在调制周期为 0.15μm 时，出现了相反的情况，多层薄膜的硬度和弹性模量突然大幅度增加。因此，择优取向变化与界面厚度共同影响着 Ti/TiN 多层膜硬度。

4. 磁控溅射 TiN 膜和 Ti/TiN 多层膜的残余应力

以 45 钢基体制备的 TiN 膜和不同调制周期的 Ti/TiN 多层膜残余应力分布情况如图 4-117 所示。从图中薄膜应力分布可以看出，薄膜中主要存在压应力，并且应力值较小且在薄膜中分布较为均匀。表 4-60 为 TiN 膜和不同调制周期的 Ti/TiN 多层膜的残余应力分布。由表可知，调制周期为 0.3μm 时，薄膜最大残余应力与最小残余应力之间差异最小；而调制周期为 0.6μm 时，薄膜最大残余应力

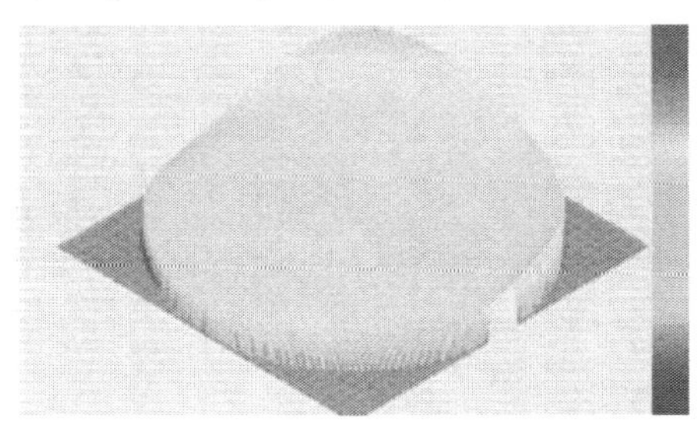

(a) TiN膜

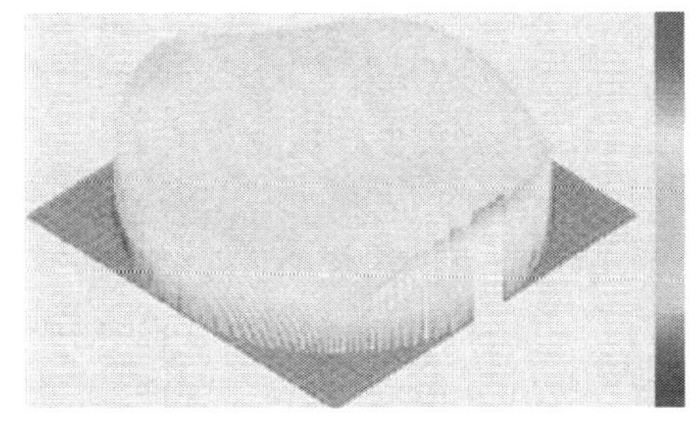

(b) 调制周期为0.6μm的Ti/TiN多层膜

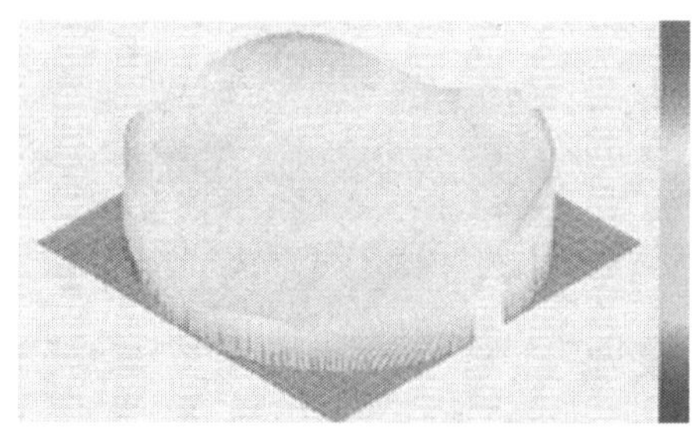

(c) 调制周期为0.3μm的Ti/TiN多层膜

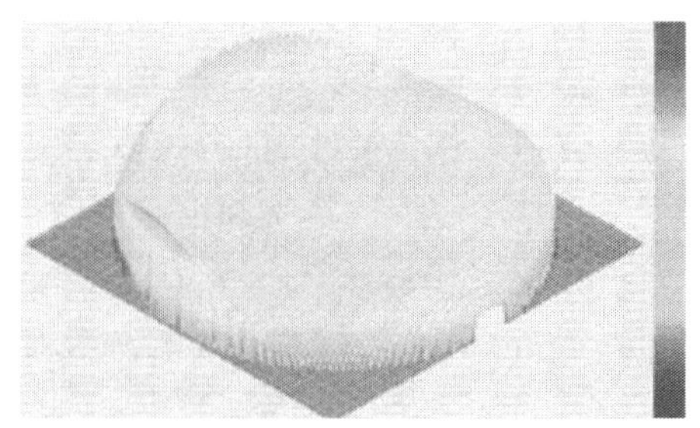
(d) 调制周期为0.15μm的Ti/TiN多层膜

图 4-117　TiN 和不同调制周期的 Ti/TiN 多层膜残余应力分布图

与最小残余应力之间差异最大。因此，薄膜内部应力不均匀程度与薄膜中应力大小并不存在明显的关系。虽然调制周期的减小有利于减小薄膜内部的残余应力，但是薄膜残余应力分布的不均匀程度却呈现出先减小后增大的趋势。

表 4-60　TiN 膜和不同调制周期的 Ti/TiN 多层膜的残余应力分布

试样	σ_{avg}/MPa	σ_{min}/MPa	σ_{max}/MPa
TiN	−403.665	−1448.431	522.921
0.6μm	−399.566	−1651.578	2983.609
0.3μm	−229.572	−1482.218	654.495
0.15μm	−190.036	−1059.567	1195.755

因在薄膜沉积的开始阶段，薄膜厚度较小，形成的应力较小，表面能起主导作用，表面能小的晶面出现择优生长。随着薄膜厚度的增加，薄膜中应力会逐渐增大，应变能占主导地位，应变能较小的晶面会择优生长。TiN 属于 NaCl 型面心立方结构，各向异性明显。经计算可知，TiN(100)面具有最小的表面能，(110)和(111)面应变能较小，(111)面最小。结合 TiN 膜的 XRD 图谱可知，当残余应力较小时，表面能最低的(100)面会择优生长，此时薄膜具有最低的总能量。而制备的 TiN 膜沿着应变能最小的(111)面择优取向生长，且与表面平行，可推断出此时制备出的 TiN 膜中存在的应力较大，为−403.665MPa。对于 Ti/TiN 多层膜来说，残余应力随调制周期的减小出现减小趋势，当调制周期为 0.15μm 时，多层薄膜具有最小的残余压应力。因 Ti 膜层的存在起到了剪切带的作用，各硬膜层之间可出现一定程度的相对滑动，所以薄膜的内应力和各层之间的界面应力减小，最终表现出多层薄膜残余应力随调制周期数的减小而减小。

图 4-118 为 TiN 膜和 Ti/TiN 多层膜的有无应力试样的载荷-位移曲线。从图中可以看出，TiN 膜和不同调制周期的 Ti/TiN 多层膜的压痕曲线低于存在残

余应力试样的曲线,因此可推断出无应力试样的抵抗外加载荷的能力较弱,卸载后塑性残留过大。

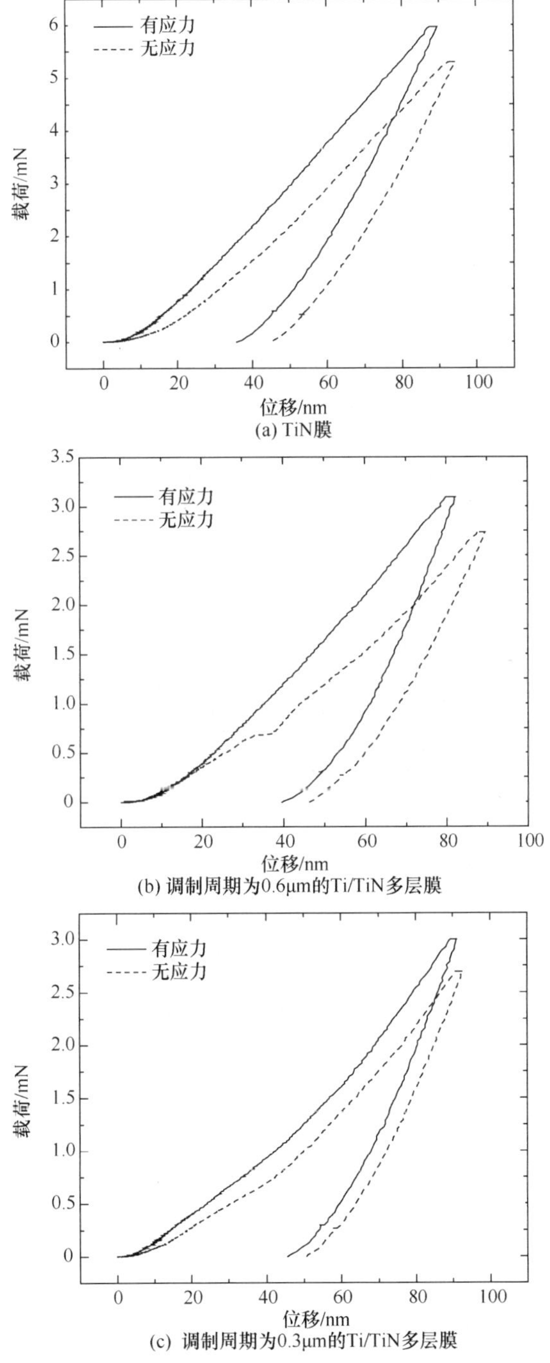

(a) TiN膜

(b) 调制周期为0.6μm的Ti/TiN多层膜

(c) 调制周期为0.3μm的Ti/TiN多层膜

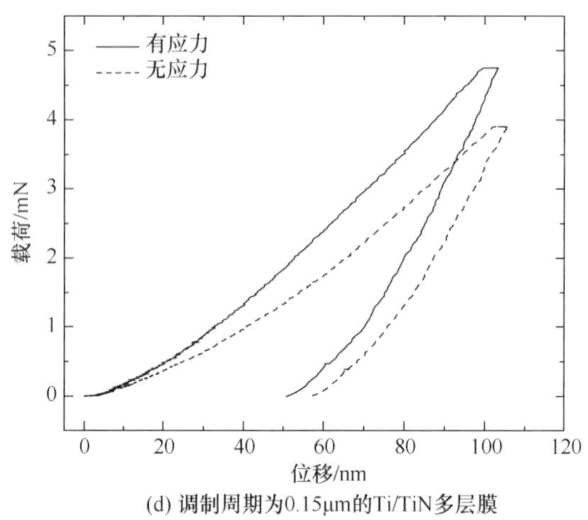

(d) 调制周期为0.15μm的Ti/TiN多层膜

图 4-118　薄膜的无应力与有应力试样的载荷-位移曲线

利用 Suresh 模型计算得到 TiN 膜和不同调制周期的 Ti/TiN 多层膜的残余应力如表 4-61 所示，可见薄膜中均存在压应力，与推断结果相符。结合薄膜应力测试仪测量结果发现，纳米压痕法测量的薄膜残余应力状态与曲率法测试结果相同，但结果比其数值要大些，但仍在其残余应力变化范围内。可以看出，TiN 膜中存在压应力，多层薄膜中随调制周期的减小，残余应力同样有减小趋势。

表 4-61　Suresh 模型计算得到的薄膜残余应力

试样	TiN	0.6μm	0.3μm	0.15μm
σ_{avg}/MPa	−418.600	−583.966	−266.018	−258.939

压痕结果与曲率法测量结果存在差异，考虑到压痕测试仪自身特点，在测量薄膜的纳米性能时要尽量减小基底材料的影响，所以必须从薄膜的厚度来确定合适的最大压入深度使其测试稳定性提高。考虑压痕深度对薄膜残余应力测试结果的影响，使用纳米压痕仪 XP 系统，根据纳米压痕实验对压入厚度的要求选定 5 个固定深度进行纳米压痕实验，以观察 TiN 膜随压痕深度的变化情况。进行固定压痕深度分别为 50nm、100nm、150nm、200nm、300nm 的压痕实验，加载和卸载的时间分别为 5s，每组薄膜表面随机选取 5 个点进行测量，但保证两个相邻点之间的距离大于 15μm。图 4-119 为 TiN 膜在相同加载速率(5mN/s)、不同最大压入深度下的载荷-位移曲线。

随着载荷的增加，压痕深度均匀增加，说明 TiN 膜的质量较好，内部组织结构比较均匀。使用 Suresh 模型及 Lee 模型进行固定压痕深度及固定载荷的残余应力计算得到的结果如表 4-62 所示。从测试曲线和表 4-62 的数据中可以发现，在最大压入深度达到 300nm 时，压痕深度已超过所测试 TiN 膜厚度的 1/7，测量结

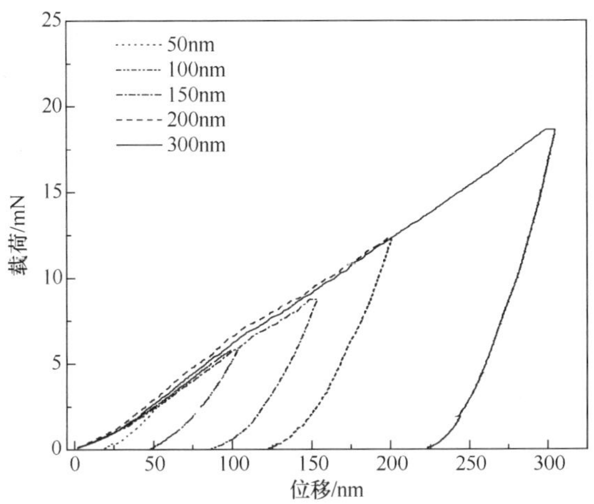

图 4-119　TiN 膜在相同加载速率、不同最大压入深度下的载荷-位移曲线

果受到基底影响较大，从而使计算出来的 TiN 残余应力值出现较大的波动，已由残余压应力转变为残余拉应力，所以该结果已经超出误差范围。Suresh 模型和 Lee 模型计算得到的残余应力都随压痕深度的增加逐渐减小，并在固定压痕深度为 300nm 时，出现了应力状态的转变，但 Lee 模型数值比 Suresh 模型大 2～3 倍。与曲率法比较发现，Suresh 模型更适合计算 TiN 膜内部残余应力，并且当固定压痕深度为 150nm 时，两者计算结果最为接近。

表 4-62　不同压痕深度下 TiN 膜残余应力分布

深度/nm	残余应力 σ_r/MPa	
	Suresh 模型	Lee 模型
50	−440.495	−988.604
100	−418.600	−904.341
150	−397.450	−1027.316
200	−209.909	−692.380
300	97.465	243.210

薄膜残余应力的起因复杂，并与薄膜的形核、生长以及微观结构、形成机理密切相关，各种机制共同作用形成了残余应力；加之不同制备条件下，薄膜制备的不同阶段也会存在不同机制；同时，在薄膜形成后，受到环境和时间的影响也会引起薄膜中残余应力的变化。因此，理论上对薄膜中残余应力的计算仍存在很多局限性。随着对薄膜材料的不断研究，加之对其结构分析的不断深化，薄膜中残余应力的产生机理会更加清晰。

参 考 文 献

[1] 朱丽娜. 基于纳米压痕技术的涂层残余应力研究. 北京：中国地质大学(北京)博士学位论文，2014.

[2] Saha R，Nix W D. Soft films on hard substrates—Nanoindentation of tungsten films on sapphire substrates. Materials Science and Engineering A，2001，319-321：898-901.

[3] Zhu L N，Xu B S，Wang H D，et al. Determination of hardness of plasma-sprayed FeCrBSi coating on steel substrate by nanoindentation. Materials Science and Engineering A，2010，528(1)：425-428.

[4] Giannakopoulos A E，Suresh S. Determination of elastoplastic properties by instrumented sharp indentation. Scripta Materialia，1999，40(10)：1191-1198.

[5] Zhou L，Yao Y. Single crystal bulk material micro/nano indentation hardness testing by nanoindentation instrument and AFM. Materials Science and Engineering A，2007，460-461：95-100.

[6] Bolshakov A，Oliver W C，Pharr G M. Influences of stress on the measurement of mechanical properties using nanoindentation：II. Finite element simulations. Journal of Materials Research，1996，11：760-768.

[7] 张硕. 基于深度-敏感压痕技术的喷丸铝锂合金板残余应力分布特征研究. 杭州：浙江大学硕士学位论文，2014.

[8] 杨胶溪，刘华东. U71Mn 钢轨表面激光熔覆 Fe 基合金组织与性能研究. 铁道工程学报，2010，(7)：34-37.

[9] Chen J，Guo C，Zhou J. Microstructure and tribological properties of laser cladding Fe-based coating on pure Ti substrate. Transactions of Nonferrous Metals Society of China，2012，22：2171-2178.

[10] Zhu L N，Xu B S，Wang H D，et al. Microstructure and nanoindentation measurement of residual stress in Fe-based coating by laser cladding. Journal of Materials Science，2012，47(5)：2122-2126.

[11] Zheng B J，Chen X M，Lian J S. Microstructure and wear property of laser cladding Al+SiC powders on AZ91D magnesium alloy. Optics and Lasers in Engineering，2010，48：526-532.

[12] 崔忠圻，覃耀春. 金属学与热处理. 北京：机械工业出版社，2007.

[13] 王海斗，朱丽娜，徐滨士. 纳米压痕法测量等离子喷涂铁基涂层表面的残余应力. 机械工程学报，2013，49(7)：1-4.

[14] Zhu L N，Xu B S，Wang H D，et al. On the evaluation of residual stress and mechanical properties of FeCrBSi coatings by nanoindentation. Materials Science and Engineering A，2012，536：98-102.

[15] Kuroda S，Clyne T W. The quenching stress in thermally sprayed coatings. Thin Solid Films，1991，200：49-66.

[16] Zhao X，Xiao P. Residual stresses in thermal barrier coatings measured by photolumines-

cence piezospectroscopy and indentation technique. Surface & Coatings Technology，2006，201：1124-1131.

[17] Constable C P，Lewis D B，Yarwood J，et al. Raman microscopic studies of residual and applied stress in PVD hard ceramic coatings and correlation with X-ray diffraction (XRD) measurement. Surface and Coatings Technology，2004，184：291-297.

[18] Zhang X C，Xu B S，Wang H D，et al. An analytical model for predicting thermal residual stresses in multilayer coating systems. Thin Solid Films，2005，488：274-282.

[19] 夏丹，徐滨士，吕耀辉，等. 熔覆枪扫描速度对镍基微束等离子熔覆层性能的影响. 金属热处理，2005，33(9)：9-11.

[20] 李华一. 再制造表面涂层残余应力的压痕式检测及其机理. 天津：河北工业大学硕士学位论文，2011.

[21] 蒋艳萍，赵冠湘，潘勇. 用纳米压痕法测量电沉积镍镀层的力学性能. 湘潭大学自然科学学报，2005，27(3)：50-58.

[22] 王红美，徐滨士，马世宁. 纳米 Al_2O_3 颗粒增强镍基复合镀层的制备及微观力学性能. 材料热处理学报，2005，26(1)：81-85.

[23] Du L Z，Xu B S，Dong S Y，et al. Preparation，microstructure and tribological properties of nano-Al_2O_3/Ni brush plated composite coatings. Surface & Coatings Technology，2005，192：311-316.

[24] Wu B，Xu B S，Zhang B，et al. Preparation and properties of Ni/nano-Al_2O_3 composite coatings by automatic brush plating. Surface & Coatings Technology，2007，201：6933-6939.

[25] Gong J H，Wu J J，Guan Z D. Analysis of the indentation size effect on the apparent hardness for ceramics. Materials Letters，1999，38：197-201.

[26] Kim J Y，Kang S K，Lee J J，et al. Influence of surface-roughness on indentation size effect. Acta Materialia，2007，55：3555-3562.

[27] Huang Y，Zhang F，Hwang K C，et al. A model of size effects in nano-indentation. Journal of the Mechanics and Physics of Solids，2006，54：1668-1686.

[28] Chang N K，Lin Y S，Chen C Y，et al. Size effect of indenter on determining modulus of nanowires using nanoindentation technique. Thin Solid Films，2009，517：3695-3697.

[29] 周英杰，满红娜. 电镀层内应力的产生和消除方法. 涂料涂装与电镀，2005，3(3)：13-16.

[30] Bouzakis K D，Skordaris G，Mirisidis J. Determination of coating residual stress alterations demonstrated in the case of annealed films and based on a FEM supported continuous simulation of the nanoindentation. Surface and Coatings Technology，2003，174：487-492.

[31] 董美伶. 基于纳米压痕技术的薄膜残余应力研究. 哈尔滨：哈尔滨工程大学硕士学位论文，2015.

第 5 章　其他模型在检测残余应力中的应用

5.1　Xu 模型的应用

为了验证 Xu 模型的实用性，Xu 等[1]测量了熔融石英梁在机械抛光后的残余应力。熔融石英是均匀的、各向同性的非晶材料，弹性模量和泊松比分别为 72GPa 和 0.17，熔融石英梁的尺寸为 70mm×13mm×5mm。熔融石英梁被牢牢固定在一个三点弯装置中，如图 5-1 所示。三点弯装置两个支撑点之间的距离为 54mm，通过一个千分尺进行驱动来施加载荷。首先在石英梁的末端，即弯曲区域外的位置进行纳米压痕实验，如图 5-2 所示。在熔融石英的中间位置会产生最大压应力和最大拉应力，分别对这两个区域进行纳米压痕实验。对每个压痕位置施加载荷 990μN，重复实验至少 5 次。

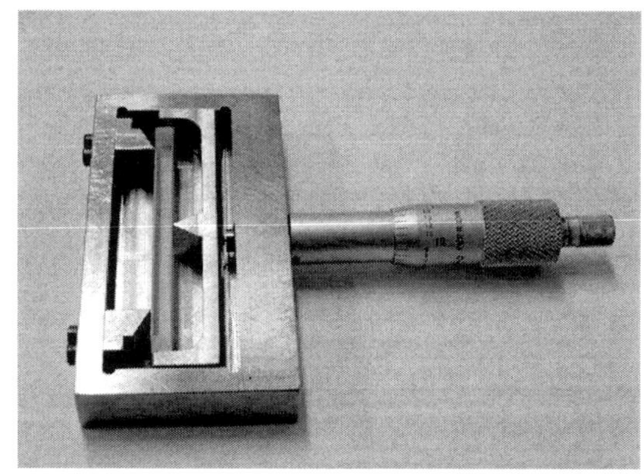

图 5-1　三点弯装置[1]

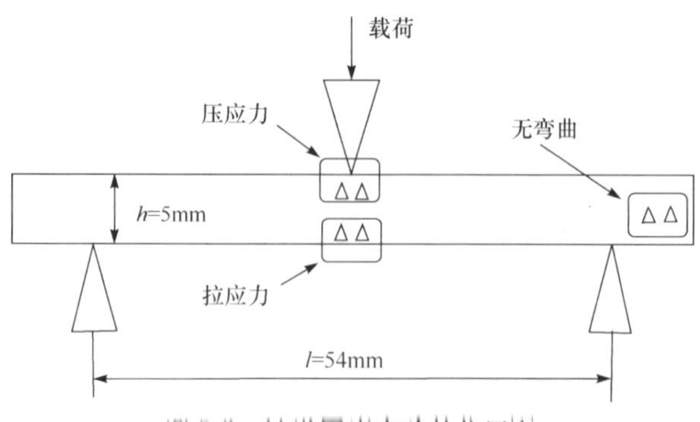

图 5-2　纳米压痕实验的位置[1]

基于弯曲理论，所施加的弯曲拉应力 σ_{3PB}^{+}和压应力 σ_{3PB}^{-}的最大值为

$$\sigma_{\max}=\frac{6Edt}{l^2} \tag{5-1}$$

式中，E 为熔融石英的弹性模量；d 和 t 分别为石英梁的挠度和厚度；l 为两个支点间的距离。

σ_{3PB}^{+}和 σ_{3PB}^{-}为无应力的熔融石英梁弯曲后的应力，并不等于弯曲熔融石英梁的真实应力，因为熔融石英梁在加工和机械抛光过程中会引入残余应力。假设抛光后的石英梁的残余应力场是均匀的，则真实的应力为抛光后产生的残余应力与三点弯装置所施加的应力之和：

$$\sigma_{real}^{i}=\sigma_{3PB}^{i}+\sigma_{shift} \tag{5-2}$$

式中，i 表示拉应力或者压应力；σ_{shift}为真实应力与三点弯装置所产生的弯曲应力之差。

联立式(3-30)和式(5-2)，则拉应力和压应力时的 $h_e/h_{\max}$比率之差为

$$\Delta h_e/h_{\max}=-a\Delta\sigma_{real}/\sigma_y=-a\Delta\sigma_{3PB}/\sigma_y \tag{5-3}$$

式中，Δ 表示变量之间的差值；σ_y 和 a 的值可以通过式(3-31)和式(5-3)得到。根据 σ_{3PB}^{+}、σ_{3PB}^{-}，以及拉应力和压应力时的 $h_e/h_{\max}$ 比率 $h_e/h_{\max}^{+}$、$h_e/h_{\max}^{-}$可以绘制出一条参考线，如图 5-3 中虚线所示。该参考线上的对应于无应力的点 b'可以确定出来。假设熔融石英梁中不存在残余应力，那么无弯曲时的 $h_e/h_{\max}^{NB}$比率应等于式(3-30)中的 b 或者参考线中的 b'。将 $h_e/h_{\max}^{NB}$作为 b 的输入，则可得到图 5-3 中点划线，从而可以计算出 σ_{mod}^{+}和 σ_{mod}^{-}，如果熔融石英梁中没有残余应力，那么它们应等于 σ_{3PB}^{+}和 σ_{3PB}^{-}。σ_{mod}^{i}和 σ_{3PB}^{i}之间的差值反映了熔融石英梁中存在的残余应力 σ_r。根据得到的 σ_r，b 可以通过下式得到：

$$b=h_e/h_{\max}^{NB}+a\sigma_r/\sigma_y \tag{5-4}$$

最终，根据得到的 σ_y、a 和 b，可以得到机械抛光后的熔融石英梁的残余应力状态，如图 5-3 中实线所示。最后得到熔融石英梁中的残余应力为压应力，−30MPa。

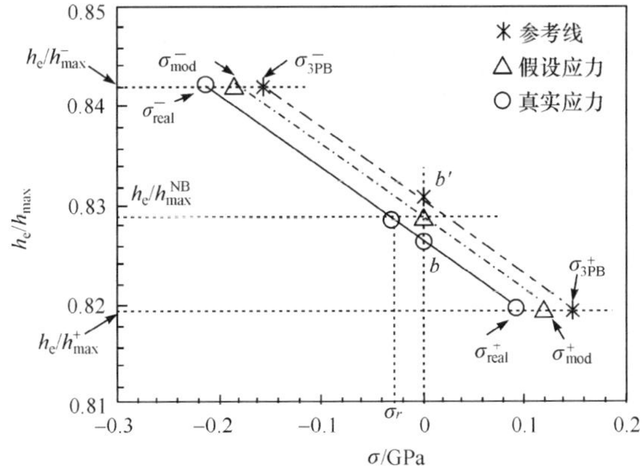

图 5-3　测量残余应力的分析思路[1]

Xu 模型不需要已知应力状态如无应力状态的参考试样，也不需要已知材料的任何特殊的力学性能，但该方法需要一个特殊的三点弯装置，因此限制了其实用性。此外，该方法需要精确测量出 h_e/h_{max} 比率，而一些实验因素如材料表面粗糙度会对卸载过程中的 h_e/h_{max} 比率的精确测量产生严重的影响。并且，该方法只适用于具有较低 E/σ_y 比率的硬质材料的残余应力测量，而对于具有较高 E/σ_y 比率的软质材料，h_e/h_{max} 比率对残余应力的敏感性与 E/σ_y 比率成反比。

5.2　Swadener 模型的应用

5.2.1　SiC 颗粒增强 Al 基复合材料的残余应力研究

Olivas 等[2]利用 Swadener 模型Ⅰ测量了具有代表性的 SiC 颗粒增强 Al 基复合材料的残余热应力。

实验材料采用未增强和 SiC 增强(体积分数为 10%、20%、30%)的 Al-Cu-Mg 合金。将它们分别用 2080、2080/SiC/10_p、2080/SiC/20_p 和 2080/SiC/30_p 表示。所有材料由粉末冶金和挤压工艺制备。挤压后，2080/SiC/10_p、2080/SiC/20_p 和 2080/SiC/30_p 增强颗粒的平均尺寸分别为 6μm、6μm、23μm。图 5-4 为具有代表性的 2080/SiC/20_p 复合材料的光镜照片。复合材料和未增强合金在 493℃固溶退火 2h，然后进行水淬。这种热变化是复合材料中产生残余热应力的主要原因。为了防止室温下的沉淀生成，将淬火后的试样储存在制冷器中，随后进行加工、抛光和实验。采用自动抛光机在粒度为 180～1200 的 SiC 砂纸上打磨。用 3～0.25μm的金刚石抛光膏进行抛光，最后使用 0.06μm 胶体二氧化硅进行抛光。

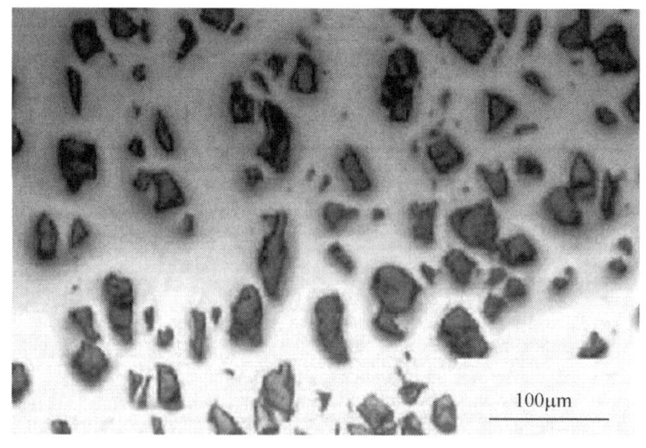

图 5-4　具有代表性的 2080/SiC/20_p 复合材料的光镜照片[2]

利用带有球形压头的纳米压痕仪 XP 系统对 SiC 颗粒增强 Al 基复合材料进行纳米压痕实验。压头由锥形金刚石制成，半径为 10μm。纳米压痕实验采用固定载荷模式，位移和载荷分辨率分别为 0.01nm 和 50nN。施加固定载荷的速率为 25μN/s；在最大载荷处保持 15s，在相同的速率下进行卸载，直到载荷被完全移除。每个试样下分别固定载荷：1mN、2mN 和 3mN。在每个试样每个载荷下，进行 8～15 次压痕实验。

图 5-5 为固定载荷 2mN 时，2080、2080/SiC/10_p、2080/SiC/20_p 和 2080/SiC/30_p 材料的载荷-位移曲线。在相同压痕载荷下，基体中残余拉应力的存在会使位移增大。此外，最大压痕深度和最终的残余深度具有相同的趋势。

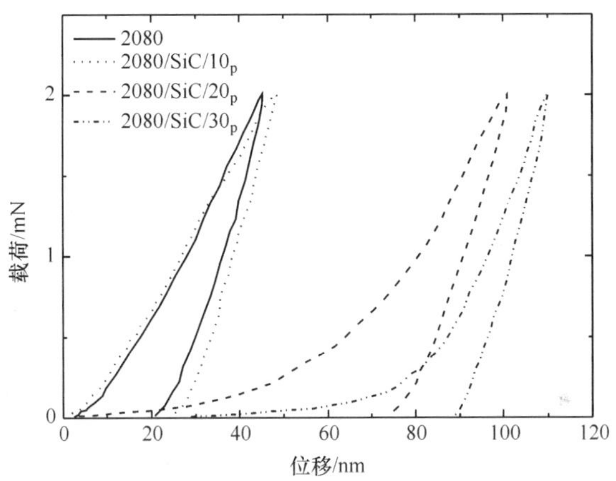

图 5-5　固定载荷 2mN 时不同材料的载荷-位移曲线[2]

图 5-6 为弹性回复参数$\frac{h_f}{h_{max}}$与无量纲参数$\frac{E_e a}{\sigma_y R}$之间的关系。将每种材料的$\frac{h_f}{h_{max}}$的 3 个点（对应 3 个压入载荷）和它们各自的$\frac{E_e a}{\sigma_y R}$值绘成曲线。通过对数回归以 $y=A\log(x)+B$ 形式进行曲线拟合，其中 $x=\frac{E_e a}{\sigma_y R}$，$y=\frac{h_f}{h_{max}}$。通过外推法线性拟合为$\frac{h_f}{h_{max}}=0$，则得到$\frac{E_e a_0}{\sigma_y R}$值。然后，根据式(3-35)可以计算出 2080、2080/SiC/10_p、2080/SiC/20_p 和 2080/SiC/30_p 材料中残余应力分别为 6.36MPa、152.8MPa、161.3MPa 和 268.8MPa。未增强 2080 合金的低应力值表明残余应力是由 Al 基体和 SiC 颗粒之间的热失配所主导。拉应力大小随增强颗粒体积分数的增大而增大。

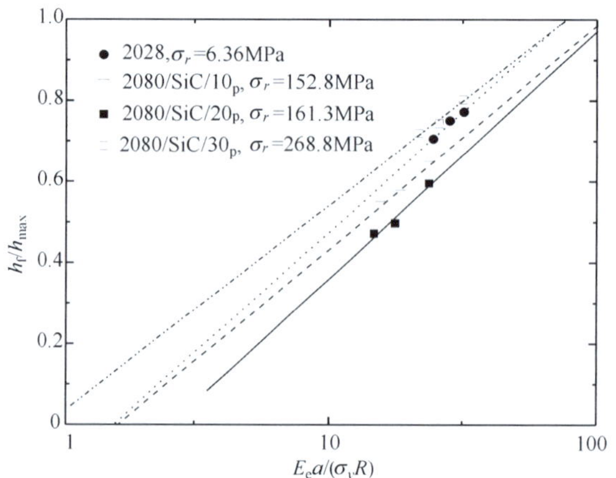

图 5-6 弹性回复参数$\frac{h_f}{h_{max}}$与无量纲参数$\frac{E_e a}{\sigma_y R}$之间的关系[2]

5.2.2 Cu 膜和 Cr 膜的残余应力研究

Lepienski 等[3]用 Swadener 模型Ⅱ对电化学沉积 Cu 膜和磁控溅射沉积 Cr 膜中的残余应力进行了测量，讨论了该模型对于测量薄膜应力存在的一些障碍。

用电化学法在 Si(100)基体上沉积厚度约为 7μm 的 Cu 膜，然后进行化学机械抛光。将试样分为两组：一组为沉积态的 Cu 膜，具有较高的残余压应力；另一组在 350℃下退火 20min，以消除残余应力。用 X 射线衍射法测量 Cu 膜中的残余应力。

用直流磁控溅射法沉积了厚度为 5～6μm 的 Cr 膜。基体偏压和氩气分压可以控制残余应力的大小，沉积条件和用 X 射线衍射法测量的残余应力列于表 5-1。

表 5-1 Cr 膜的沉积条件和残余应力[3]

试样编号	氩气分压/MPa	基体偏压/V	薄膜厚度/μm	薄膜应力/MPa
Cr 1	0.80	−50	5.712	+477
Cr 3	0.40	−200	5.391	−470

采用纳米压痕仪 XP 系统以 3 种不同的球形压头来测量残余应力：2 个半径为 69μm 和 122μm 的精密蓝宝石球面和 1 个半径为 30μm 的球形金刚石压头。使用 Swadener 等提出的方法，从载荷-位移数据中直接获得平均应力 p_m 和接触半径 a。

1. Cu 膜的残余应力分析

Swadener 模型Ⅱ需要已知应力状态的参考试样，因此将沉积态的薄膜退火，以释放应力,使其处于无应力状态。然而,由于退火过程中热膨胀失配引起的复杂性,实际上应力被释放的情况并不清楚,所以使用 X 射线衍射法来评估退火前后 Cu 膜中的残余应力。

图 5-7 为沉积态和退火态 Cu 膜的平均应力与归一化接触半径之间的关系。对于 69μm 和 122μm 的蓝宝石压头,沉积态 Cu 膜的平均应力上移 100～150MPa,移动的大小取决于归一化接触半径 a/R 的准确值。假设退火态 Cu 膜中无应力,则可以推断出沉积态 Cu 膜中存在残余压应力,为 100～150MPa。虽然这是一个合理的结果,但是用 X 射线衍射法测量的实际应力却不同。X 射线衍射法测量出的残余应力值较小,沉积态 Cu 膜中的残余应力为 8MPa,退火态 Cu 膜中的残余应力为 31MPa。应注意的是,退火态薄膜中的残余应力实际上比沉积态中的要大。因此,对于图 5-7 中残余应力,在垂直方向上变化 23MPa 是合理的,且变化的方向应与图 5-7 中观察到的相反。

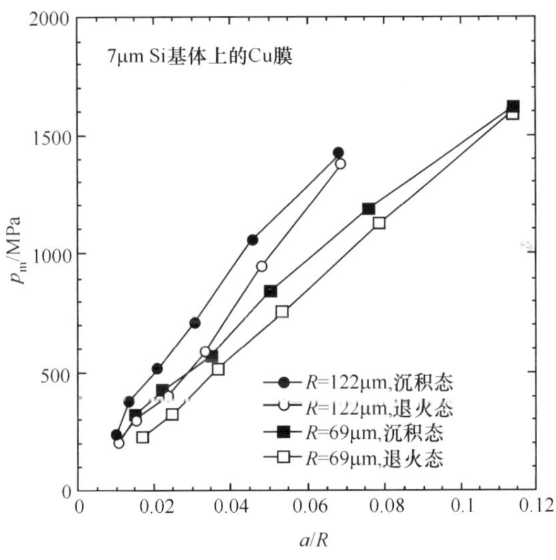

图 5-7 沉积态和退火态 Cu 膜的平均应力与归一化接触半径之间的关系[3]

这种不一致的原因是退火不仅影响薄膜中的残余应力,同样影响薄膜的硬度。图 5-8 为沉积态和退火态 Cu 膜的硬度随深度的变化。当接触深度在 100nm 和 500nm 之间时,基体对 Cu 膜硬度的影响是不重要的,且退火处理使 Cu 膜的硬度减小约 20%。值得注意的是,球形压痕过程中产生的平均应力不仅取决于薄膜中的应力,还取决于其硬度。因此,图 5-7 观察到的 p_m 上移量有一部分是由薄膜固有性能的变化造成的,表明如果进行精确的残余应力测量,则参考试样必须与被测试样在结构上是相同的。然而,这在实际中却很难得到。

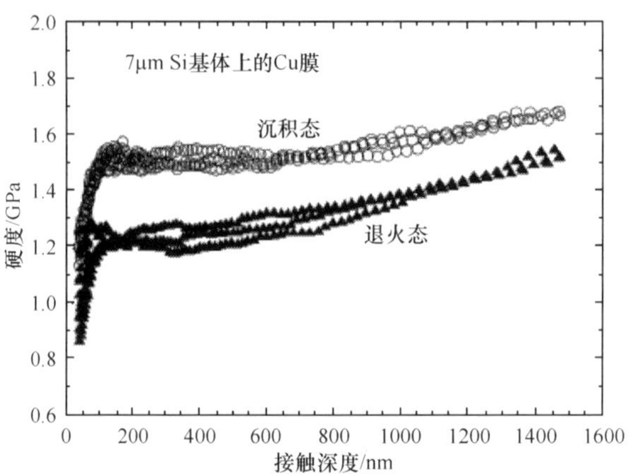

图 5-8　沉积态和退火态 Cu 膜的硬度随深度的变化[3]

2. Cr 膜的残余应力分析

Cr 膜的纳米压痕测量又揭示了薄膜残余应力测量中的另一个实际问题。图 5-9 为采用半径 30μm 的金刚石压头得到的 Cr 膜 p_m 和 a/R 的关系。应注意的是，薄膜中的残余应力非常高，具有较大的拉应力 +477MPa 和较大的压应力 −470MPa。因此，对于两种薄膜在 p_m 和 a/R 关系曲线中的垂直变化应近似为 950MPa。由图 5-9 可知，虽然 p_m 在垂直方向上的变化是正确的，但是变化的大小范围为 2000～2500MPa，比实际值大很多。

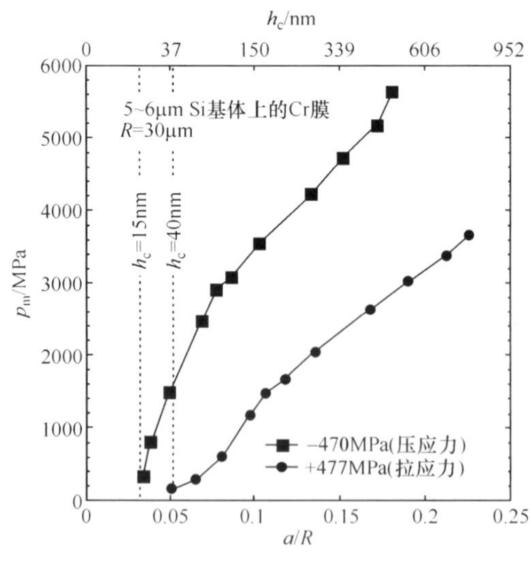

图 5-9　Cr 膜 p_m 和 a/R 的关系[3]

和 Cu 膜的情况一样，这种不一致的部分原因是薄膜结构的不同影响了其硬度。纳米压痕实验显示压应力薄膜的硬度约为 9GPa，但拉应力的仅为 5GPa。此外，还有另一个重要的因素造成了这种不一致情况的发生。仔细观察图 5-9，对于较小的 p_m，p_m 和 a/R 的关系曲线并不倾向于 $a/R=0$，且其在水平方向的补偿为不连续的正值。这种情况是不期望发生的，对于无限小的 a/R，平均接触应力 p_m 必须降为零。

水平补偿的根源是薄膜的表面粗糙度，它影响了纳米压痕的测量结果。图 5-10 显示了不同应力状态的 Cr 膜表面的 AFM 形貌，可见这两个试样的粗糙度显著不同。对 AFM 数据分析显示，存在残余拉应力的试样具有约 40nm 的峰谷粗糙度，

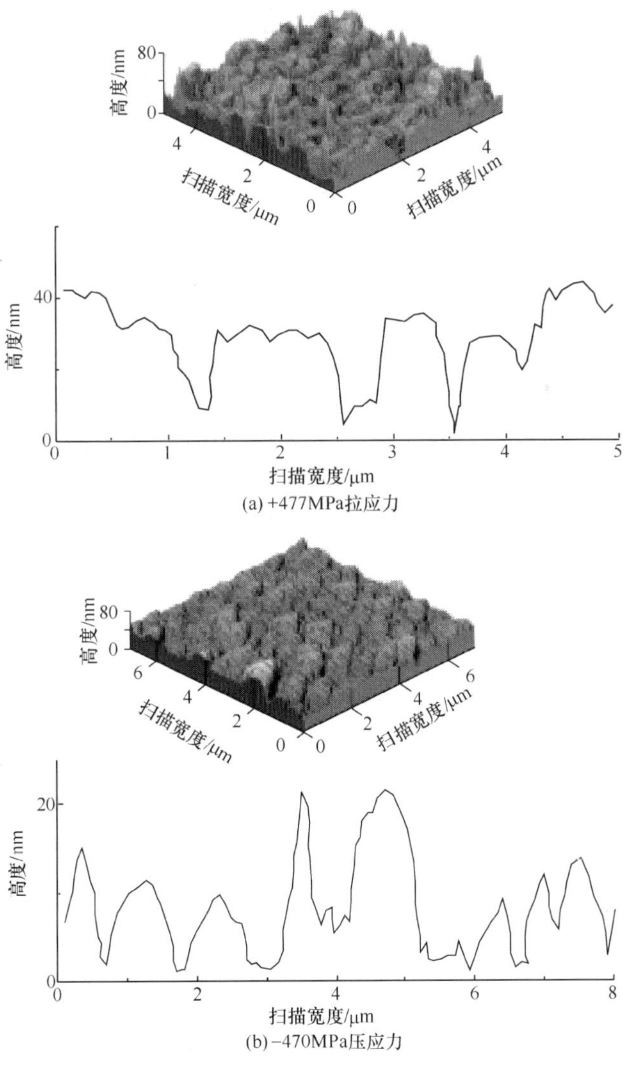

图 5-10　不同应力状态的 Cr 膜表面的 AFM 形貌[3]

而存在残余压应力的试样仅有 15nm 的峰谷粗糙度。如图 5-11 所示，当表面粗糙时，在初始阶段有一个接触期，在这个阶段，粗糙的地方被压平，同时，压入载荷的增大没有在完全平整表面时那么快，因而引起 p_m 和 a/R 的关系曲线水平向右移动。在大多数情况下，水平移动的大小近似于粗糙度。因此，比期望的 Cr 膜数据在垂直方向上变化较大有两个原因：①结构不同影响硬度；②表面粗糙度不同使曲线水平移动。由于几乎很难控制薄膜的粗糙度，所以从实验的角度很难消除这个问题。

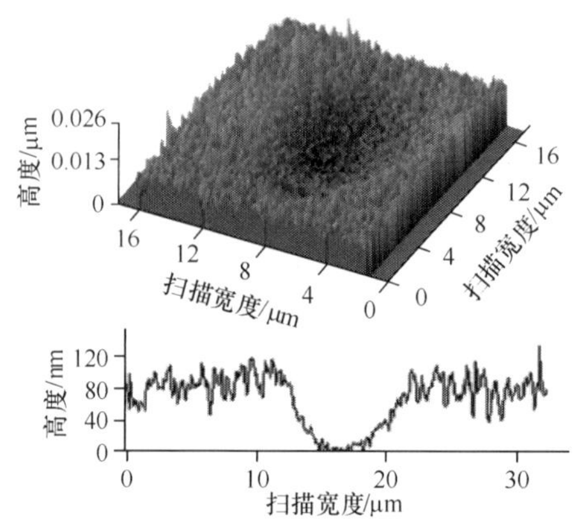

图 5-11　压痕初始阶段 Cr 膜粗糙表面的平整化[3]

使薄膜残余应力测量复杂化的第三个因素是基体对压痕数据的影响。在图 5-7 的实验数据中，基体的影响是显然的，对于较大半径的压头，平均应力以较快的速率增长。原因是对于相等的 a/R 值，较大的压头能够穿透薄膜的深度较大，从而产生较大的接触，在很大程度上与基体有弹性和塑性的相互作用。如果基体的硬度和刚性大于薄膜，如 Cu 膜的情况，则最终结果是对于较大的压头，p_m 和 a/R 的关系行为的增长速率较大。由于这种相互作用很难定量，解决它的唯一方法是使压入深度保持在足够小的深度，则基体效应就会避免。

Swadener 模型Ⅰ的优点是材料开始屈服时的测量深度受应力的影响规律可以用 Hertz 接触力学进行分析，但是该模型需要已知材料的屈服应力。Swadener 模型Ⅱ测量块体材料中残余应力的误差在 10%～20%范围内，但是测量薄膜中的应力存在很多问题，测量误差较大。

5.3　压痕断裂法的应用

5.3.1　三层氧化铝复合材料的残余应力研究

She 等[4]利用压痕断裂法测量了三层反应烧结氧化铝复合材料的残余应力分

布。该复合材料的内层为 82.5%(体积分数)的氧化铝和 17.5%的氧化锆，外层为 60%的氧化铝和 40%的莫来石。三层反应烧结氧化铝复合材料的厚度为 5.2mm，4 个不同的外层厚度分别为 0.2mm、0.4mm、0.8mm 和 1.2mm。纳米压痕实验采用维氏金刚石压头，压入载荷为 25N。将含 17.5%的氧化锆或 40%的莫来石的氧化铝陶瓷分别作为无应力参考试样对三层反应烧结氧化铝复合材料的残余应力进行测量。

利用式(3-40)和式(3-41)计算出不同外层厚度的复合材料的残余应力值，如图 5-12～图 5-15 所示。可以看出，外层的残余应力状态为压应力，其平均应力的大小随外层厚度的增大而减小。内层的残余应力状态为拉应力，其平均应力的大小随外层厚度的增大而增大。外层和内层的残余应力分布不均匀，随着与表面的距离的增大而减小。

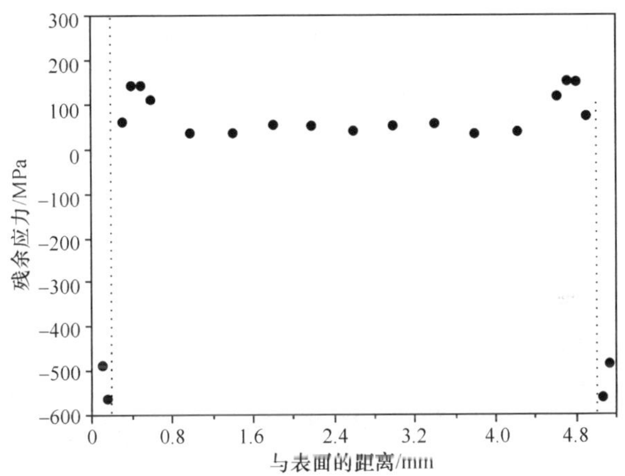

图 5-12　外层厚度为 0.2mm 的复合材料的残余应力分布[4]

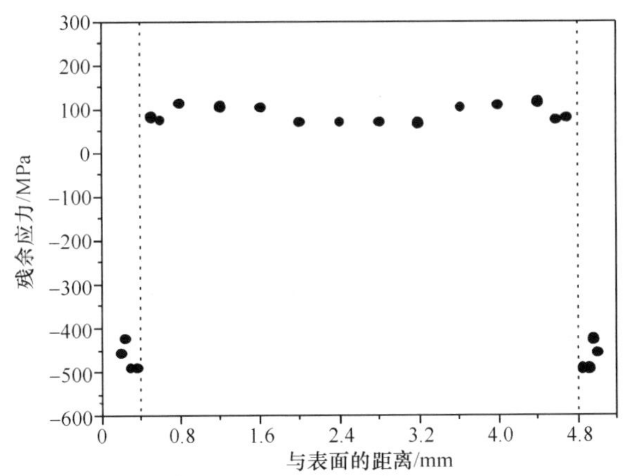

图 5-13　外层厚度为 0.4mm 的复合材料的残余应力分布[4]

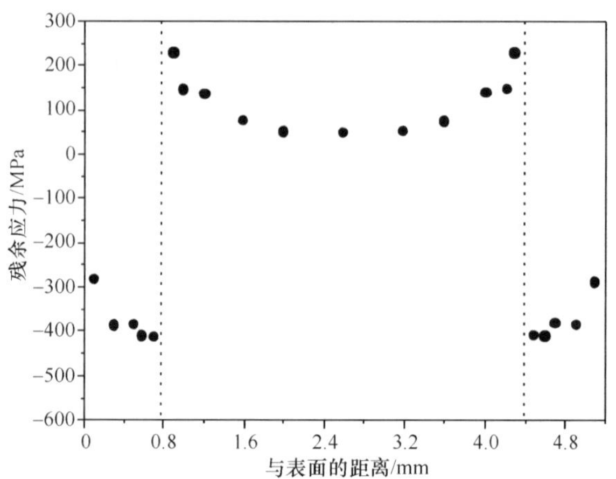

图 5-14　外层厚度为 0.8mm 的复合材料的残余应力分布[4]

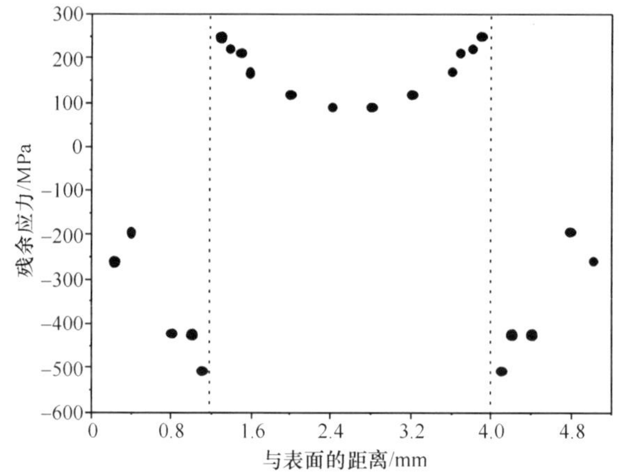

图 5-15　外层厚度为 1.2mm 的复合材料的残余应力分布[4]

5.3.2　钠钙玻璃的残余应力研究

Widjaja 等[5]利用压痕断裂法对钠钙玻璃中局部蠕变产生的残余应力进行了测量。

实验材料采用商用的钠钙玻璃，尺寸为 10.5mm×25.5mm×12.5mm。将试样在 520℃下退火 1h，然后随炉冷却以消除试样中的残余应力。采用矩形的 Si_3N_4 压头，尺寸为 2mm×2.6mm，在高温下压入钠钙玻璃试样表面进行接触蠕变实验。钠钙玻璃试样在 520℃、200MPa 的压应力下进行蠕变 15min。在载荷作用下冷却试样，然后冷却到室温时进行卸载。利用压痕断裂法测量蠕变导致的残余应力，采用 NANO Indenter Ⅱ系统对接触蠕变区域内和区域外的位置进行纳米压痕实验，选择 4 种压入载荷，分别为 10mN、50mN、100mN 和 200mN（但是，对于 10mN 和 50mN，测量出的裂纹长度并不精确）。

图 5-16 为典型的压痕形貌和对应的载荷-位移曲线。压痕形貌是用场发射扫描电镜得到的，裂纹长度是利用形貌分析软件对压痕的扫描电镜照片进行分析得到的。通过对载荷-位移曲线进行分析发现，卸除载荷后，接触蠕变区域内的压痕残余深度小于接触蠕变区域外的，表明接触蠕变区域内存在残余压应力。残余压应力会抑制压痕过程中压入载荷做功，因此接触蠕变区域内的压入深度较小。

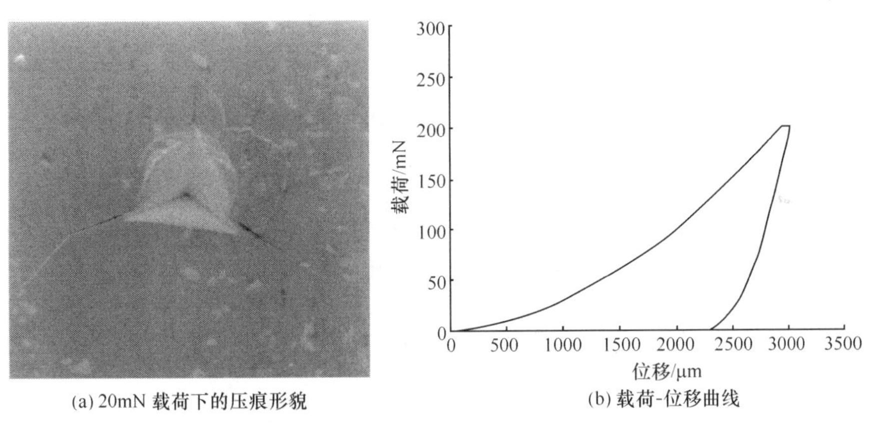

(a) 20mN 载荷下的压痕形貌　(b) 载荷-位移曲线

图 5-16　典型的压痕形貌和对应的载荷-位移曲线[5]

图 5-17 为残余应力的测量结果。对于相同的压入载荷，接触蠕变区域内压痕的裂纹长度小于接触蠕变区域外的，说明在径向裂纹萌生之前需要通过施加应力来克服接触蠕变区域内的残余压应力。根据式(3-37)，当钠钙玻璃的断裂韧度为 0.75 时，残余应力因子χ为 0.194。根据式(3-39)，回归分析压入载荷和裂纹长度

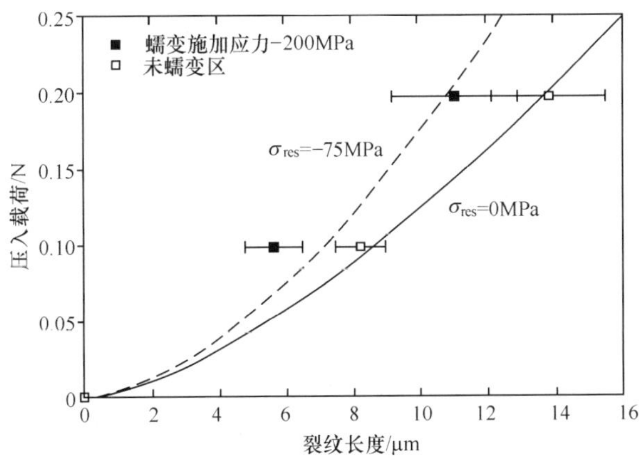

图 5-17　残余应力测量结果[5]

的实验数据就能够拟合出接触蠕变区域内的残余应力，为－75MPa。

5.3.3 二硅酸锂微晶玻璃的残余应力研究

微晶玻璃结合了传统烧结陶瓷的性能和玻璃的特殊性能，通过控制玻璃基底的结晶来获得，从而达到新的性能。从工程应用的角度，一般广泛着重于微晶玻璃的力学性能，而力学性能取决于微观结构参数和晶体附近、晶体表面层的残余应力的大小和状态。微观结构对力学性能的影响已经众所周知，而对于残余应力的影响却知之甚少。在从玻璃转变温度冷却到室温时，因两相之间的弹性和热失配而产生了残余应力，这些局部应力会造成微裂纹的产生，从而决定微晶玻璃的功能性和可靠性。因此，能够直接测量出残余应力的大小和在材料中的分布是十分重要的。Soares Jr. 等[6]利用压痕断裂法测量了二硅酸锂微晶玻璃中的残余应力大小及分布。

使用标准试剂级 Li_2CO_3 和基底巴西石英制备了成分接近 $Li_2O \cdot 2SiO_2$（LS_2）的二硅酸锂玻璃。在电炉中，将 200g 的二硅酸锂玻璃在 1450℃下的铂坩埚内熔化 2h。为了保证均匀性，将二硅酸锂玻璃研磨，并在相同的温度下重新熔化 1h。通过在钢板间挤压将液体硬化。通过 DSC（差示扫描量热计）分析得到的结果显示，制备的玻璃成分为（32.0±0.5）%（摩尔分数）Li_2O。在立管式炉中进行热处理，控制温度在 ±1℃，在 600℃ 下处理时间分别为 60min、90min、120min 和 240min。

为了得到晶体周围的残余应力，使用立方角压头定向压痕以产生垂直于晶体表面的径向裂纹。产生 6～10 个压痕，直线间距分别为 75μm 和 50μm，来验证位置对裂纹长度的影响。利用 200mN 的载荷将压头压入材料产生裂纹，用光学显微镜和 SEM 进行测量，使用背散射信号，采用免费的 UTHSCSA 图像处理软件进行图像分析。

图 5-18 显示了 200mN 载荷下使用立方角压头压痕产生的径向裂纹长度与到晶体表面的距离之间的关系。从图中可以看出，径向裂纹长度随着到晶体表面的距离的增大而减小。在实验误差内，在 600℃ 下热处理 60min 的样品的径向裂纹没有变化，因此该实验数据被忽略掉。一般来讲，当第一个压痕接近于晶体表面时，如热处理 240min 的样品中，由于晶体附近的拉应力水平，径向裂纹将延长到下个压痕（图 5-19）。对于较大载荷（300mN 和 400mN）产生的压痕，可以观察到相同的效应。在晶体表面边缘附近的残余应力比远离晶体位置的相对要大。

对未进行热处理的玻璃试样，通过在相同的载荷下产生的一系列压痕的裂纹平均长度得到 c_0。利用式（3-40）计算出二硅酸锂玻璃中的残余应力分布，如图 5-20 所示。玻璃中的残余应力水平在晶体附近处较大，随着到晶体距离的增大而减小。热处理 60min 的样品的应力误差较大，因为 c_0 和 c 的差值变得很小，在裂纹长度

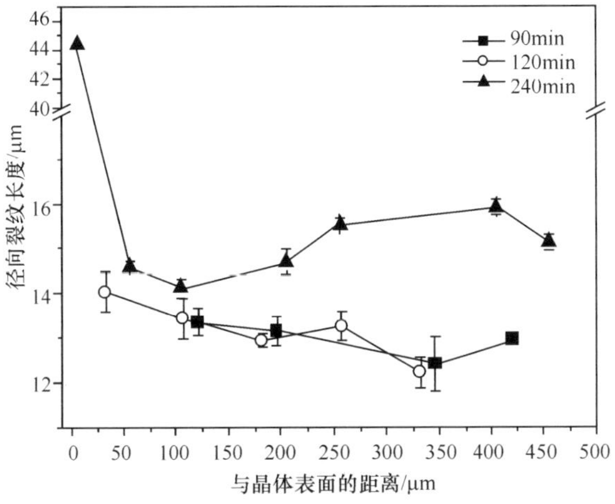

图 5-18　径向裂纹长度与到晶体表面的距离之间的关系[6]

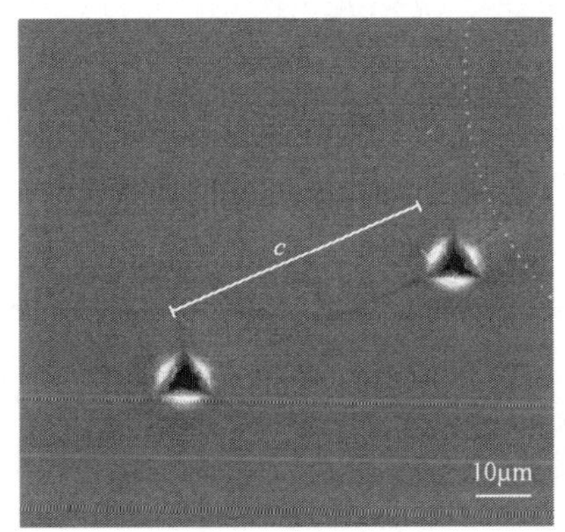

图 5-19　第一个压痕的裂纹延伸到下一个压痕[6]

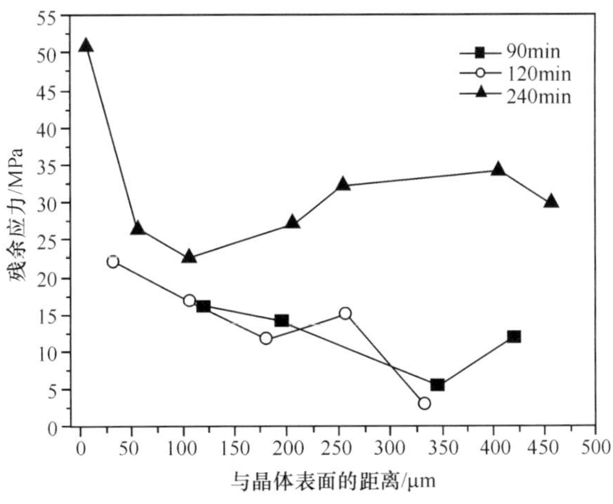

图 5-20　不同热处理时间下的残余应力分布[6]

的变化范围内，因此在较小的应力水平下，根据裂纹长度的变化计算出的应力值是不精确的。对于热处理 90min 和 120min 的样品，残余应力从约 20MPa 减小到 0 左右。热处理 240min 的样品的残余应力在晶体附近为 50MPa 左右，一旦裂纹延伸到下一个压痕，这个应力值会减半。因此，当第二个压痕产生后，有一个应力释放区域。晶体附近的残余应力集中于距离晶体表面 100μm 以下的位置。在较大的距离处，残余应力很小。

尽管压痕断裂法能够测量块体材料、涂层和薄膜中的残余应力，但是该方法仅适用于脆性材料。此外，测量纳米级的裂纹长度严重影响了压痕断裂法测量残余应力的精度。

参考文献

[1] Xu Z H, Li X. Estimation of residual stresses from elastic recovery of nanoindentation. Philosophical Magazine, 2006, 86(19): 2835-2846.

[2] Olivas E R, Swadener J G, Shen Y L. Nanoindentation measurement of surface residual stresses in particle-reinforced metal matrix composites. Scripta Materialia, 2006, 54: 263-268.

[3] Lepienski C M, Pharr G M, Park Y J, et al. Factors limiting the measurement of residual stresses in thin films by nanoindentation. Thin Solid Films, 2004, 447-448: 251-257.

[4] She J H, Scheppokat S, Janssen R, et al. Determination of residual stresses in three-layer alumina composites using an indentation technique. Journal of Materials Science, 1999, 34: 1823-1828.

[5] Widjaja S, Yip T H, Limarga A M. Measurement of creep-induced localized residual stress in soda-lime glass using nano-indentation technique. Materials Science and Engineering A, 2001, 318: 211-215.

[6] Soares Jr. P C, Lepienski C M. Residual stress determination on lithium disilicate glass-ceramic by nanoindentation. Journal of Non-Crystalline Solids, 2004, 348: 139-143.